概率深度学习

使用 Python、Keras 和
TensorFlow Probability

奥利弗·杜尔(Oliver Dürr)

贝亚特·西克(Beate Sick)　　　著

埃尔维斯·穆里纳(Elvis Murina)

崔亚奇　唐田田　但　波　　译

北　京

北京市版权局著作权合同登记号　图字：01-2021-6998

Oliver Dürr, Beate Sick, Elvis Murina
Probabilistic Deep Learning, With Python, Keras and TensorFlow Probability
EISBN: 978-1-61729-607-9

Original English language edition published by Manning Publications, USA © 2020 by
Manning Publications. Simplified Chinese-language edition copyright © 2021 by Tsinghua
University Press Limited. All rights reserved.

图书在版编目(CIP)数据

概率深度学习：使用 Python、Keras 和 TensorFlow Probability / (德) 奥利弗·杜尔，
(德) 贝亚特·西克，(德) 埃尔维斯·穆里纳著；崔亚奇，唐田田，但波译. —北京：清华
大学出版社，2022.1
书名原文：Probabilistic Deep Learning：With Python，Keras and TensorFlow Probability
ISBN 978-7-302-59865-7

I. ①概⋯　II. ①奥⋯ ②贝⋯ ③埃⋯ ④崔⋯ ⑤唐⋯ ⑥但⋯　III. ①机器学习
IV. ①TP181

中国版本图书馆 CIP 数据核字(2022)第 004255 号

责任编辑：王　军
封面设计：孔祥峰
版式设计：思创景点
责任校对：成凤进
责任印制：宋　林

出版发行：清华大学出版社
　　　　网　　　址：http://www.tup.com.cn，http://www.wqbook.com
　　　　地　　　址：北京清华大学学研大厦 A 座　　　　邮　　编：100084
　　　　社 总 机：010-83470000　　　　　　　　　　　邮　　购：010-62786544
　　　　投稿与读者服务：010-62776969，c-service@tup.tsinghua.edu.cn
　　　　质 量 反 馈：010-62772015，zhiliang@tup.tsinghua.edu.cn
印 刷 者：三河市铭诚印务有限公司
装 订 者：三河市启晨纸制品加工有限公司
经　　销：全国新华书店
开　　本：148mm×210mm　　　印　　张：11　　　字　　数：303 千字
版　　次：2022 年 3 月第 1 版　　　印　　次：2022 年 3 月第 1 次印刷
定　　价：98.00 元

产品编号：089957-01

序　言

　　首先非常感谢你购买本书，希望它能帮助你更深入地了解深度学习，同时也希望你能从中得到启发，把概率深度学习方法很好地应用到工作中。

　　我们三位作者都是研究统计学出身，于 2014 年一起开始了深度学习之旅。令人兴奋的是，深度学习至今仍是我们职业生涯的中心。深度学习有着广泛的应用，但我们对深度学习模型与统计学概率方法相结合而得到的强大性能特别关注和着迷。根据我们的经验，对概率深度学习潜力的深刻理解既需要掌握概率深度学习方法的基本思想和基本原理，又需要具备一定的实践经验。为此，本书试图在两者之间找到平衡。

　　本书在讨论具体方法之前，通常会给出清晰的思路和典型应用实例，以便于读者理解。同时，利用随附的 Jupyter notebooks 程序文件，你也可以亲自动手编程实现本书所讨论的所有方法。衷心希望你能从本书中学到尽可能多的知识，如同我们写这本书时学到的那样。请愉快阅读本书，并始终保持好奇心!

作 者 简 介

Oliver Dürr 是德国康斯坦茨应用科学大学的教授,研究方向为数据科学。**Beate Sick** 在苏黎世应用科技大学担任应用统计学教授,在苏黎世大学担任研究员和讲师,在苏黎世联邦理工学院担任讲师。**Elvis Murina** 是一名研究科学家,负责本书附带的大量练习代码的编写。

Dürr 和 Sick 都是机器学习和统计方面的专家。他们指导了大量以深度学习为研究方向的学士、硕士和博士论文,并策划和开展了多门研究生、硕士层次的深度学习课程。三位作者自 2013 年以来一直从事深度学习方法的研究,在相关教学和概率深度学习模型开发方面都拥有丰富的经验。

致　谢

感谢所有帮助我们撰写本书的人：特别感谢开发编辑 Marina Michaels，她成功地教会了一群瑞士人和德国人如何写出少于上百个单词的句子。没有她，你不会有兴趣详细研读本书。非常感谢文稿编辑 Frances Buran，他在本书的文本和公式中发现了数不清的错误和前后不一致之处，再次感谢！我们还在技术方面得到了 Al Krinkler 和 Hefin Rhys 的大力支持，他们使 notebooks 中的文本和代码更加一致且易于理解。另外，感谢项目编辑 Deirdre Hiam、校对员 Keri Hales 以及审稿编辑 Aleksandar Dragosavljevic。此外，还要感谢在本书的各个阶段提供有价值反馈建议的审阅者：Bartek Krzyszycha、Brynjar Smári Bjarnason、David Jacobs、Diego Casella、Francisco José Lacueva Pérez、Gary Bake、Guillaume Alleon、Howard Bandy、 Jon Machtynger、Kim Falk Jorgensen、Kumar Kandasami、Raphael Yan、Richard Vaughan、Richard Ward 和 Zalán Somogyváry。

最后，还要感谢 Richard Sheppard 提供的出色绘图，使本书不那么枯燥，读起来更加友好。

Oliver 的致谢：感谢我的搭档 Lena Obendiek，感谢她在我写书过程中给予的理解和耐心。我还要感谢 Tatort 观影俱乐部的朋友，他们在每周日晚上 8 点 15 分提供的食物和陪伴，让我在写书时不会精神崩溃。

Beate 的致谢：感谢我的朋友们，不是因为他们帮我写了这本书，而是因为他们与我分享了电脑屏幕之外的美好时光——首先是我的搭档 Michael，当然还包括"声名狼藉"的利马特野外烧烤小组，以及苏黎世以外的家人和朋友们。尽管大家彼此之间存在文化差异、生活在不同地区，甚至隔湖相望，但仍一起度过了美好的闲暇时光，非常感谢。

Elvis 的致谢：感谢在写本书的每个激动时刻支持我的每一个人，不仅包括专业学术上的支持，也包括私下生活里的支持，一杯简单的美酒或一场热烈的足球比赛都对我有莫大的帮助。

我们，Tensor Chiefs，很高兴一起完成了本书。我们期待着新的科学之旅，也期待着压力更小的时代，不仅是为了更好地工作，也是为了能更享受娱乐。

关于封面插图

《概率深度学习 使用 Python、Keras 和 TensorFlow Probability》封面上的插图标题为 *Danseuse de l'Isle O-tahiti*，即《来自塔希提岛的舞者》。该插图取自 Jacques Grasset de Saint-Sauveur(1757—1810)所著的不同国家服饰作品集，名为 *Costumes de Différents Pays*，于 1788 年在法国出版，书中的每幅插图都经过手工精细绘制和上色。Grasset de Saint-Sauveur丰富多样的服装收藏品生动地提醒我们，仅仅在 200 年前，世界上的城镇和地区在文化方面是多么的不同。人们彼此隔绝，讲不同的方言和语言。无论是在街上还是在乡下，只要通过着装，就可以很容易地识别出他们住在哪里，从事什么行业或处于什么地位。

后来，人们的着装方式发生了变化，当时如此丰富的地域服饰多样性已经消失。现在已经很难区分不同大陆的居民，更不用说不同的城镇、地区或国家了。也许我们已经用文化多样性换取了更加多样化的个人生活——当然是更加多样化和快节奏的技术生活。

在一个很难区分计算机书籍和其他书籍的时代，Manning 通过把两个世纪前丰富多样的地域生活作为封面，来庆祝计算机领域的创造性和首创性。这些书被 Grasset de Saint-Sauveur 绘制的图片重新赋予了生命。

关 于 本 书

通过本书，我们希望将深度学习的基础概率原理介绍给更广泛的读者。实质上，在深度学习中，几乎所有的神经网络都是概率模型。

这其中有两个强大的概率原理，它们分别是最大似然和贝叶斯。其中最大似然支配着所有传统的深度学习方法。将网络理解为采用最大似然原理训练得到的概率模型，可以帮助提高网络性能，就像谷歌从 WaveNet 提升到 WaveNet++时所做的那样，也可以用来生成令人惊叹的应用程序，就像 OpenAI 在 Glow(Glow 是一个生成逼真人脸图像的强大网络)中所做的那样。当网络需要表达"我不确定"时，贝叶斯方法就会发挥作用。奇怪的是，传统的神经网络无法做到这一点。本书的副标题是"使用 Python、Keras 和 TensorFlow Probability"，它反映了这样一个事实：你应该亲自动手编写一些代码。

本书读者对象

本书是为那些想要了解深度学习的基本概率原理的人编写的。理想情况下，你最好具有一些深度学习或机器学习方面的基础，不会抵触少许的数学和 Python 代码。我们不会省去必要的数学推导，同时在代码中也会包含示例。我们相信将数学与代码相结合，更能加深你的理解。

本书的组织方式：路线图

本书分为三部分，共 8 章。第 I 部分解释传统的深度学习(DL)架构以及如何训练神经网络。

- 第 1 章——奠定基础，引入概率深度学习。
- 第 2 章——讨论网络结构，介绍全连接神经网络(fcNN)，这是一种通用网络，还有卷积神经网络(CNN)，这是图像处理的理想选择。
- 第 3 章——展示了神经网络如何设法拟合数百万个参数。为了便于理解，我们在最简单的线性回归网络上展示梯度下降和反向传播。

第 II 部分重点讨论概率神经网络模型。与第 III 部分相反，我们专注于最大似然方法，它们是所有传统深度学习的背后基础。

- 第 4 章——探讨最大似然原理，它是机器学习和深度学习的背后基础。该章中将此原理应用于分类和简单回归问题。
- 第 5 章——介绍 TFP 概率编程工具箱，一个构建深度概率模型的框架。我们将其用于稍微复杂的回归问题，如计数数据预测问题。
- 第 6 章——更复杂的回归模型处理。最后，解释如何使用概率模型来掌握复杂分布，比如人脸图像描述。

第 III 部分介绍贝叶斯神经网络。贝叶斯神经网络可对不确定性进行处理。

- 第 7 章——激发贝叶斯深度学习需求，解释其基本原理。通过线性回归简单示例解释贝叶斯原理。
- 第 8 章——说明如何构建贝叶斯神经网络。该章讨论两种方法，分别是蒙特卡罗(MC)dropout 和变分推理。

如果你具有深度学习方面的经验，可以跳过第 I 部分。此外，第 II 部分的第 6 章，从第 6.3 节开始介绍标准化流。这些内容与第

Ⅲ部分的相关性不大，对于理解第Ⅲ部分来说，不必阅读此部分内容。第 6.3.5 节中的数学运算较为繁杂，所以如果不擅长数学运算，可以跳过它。第 8.2.1 和 8.2.2 节也存在同样的情况。

关于代码

本书包含许多源代码示例，它们主要以代码的形式单独出现或以代码加注释的形式共同出现。但无论哪种情况，源代码都以等宽体字体格式显示，以与普通文本进行区分。

代码示例以 Jupyter notebooks 文件的形式给出。这些 notebooks 文件包括附加的注释，大多数文件还包括一些应该完成的小练习，以便更好地理解本书中介绍的概念。你可以在 GitHub 网站 https://github.com/tensorchiefs/dl_book/目录中找到所有相关代码；也可以直接访问网站目录 https://tensorchiefs.github.io/dl_book/，在其中找到所有 notebooks 文件的链接；或扫描本书书封底的二维码，下载所有 notebooks 文件。notebooks 文件按章节进行编号，例如 nb_ch08_02 指的是第 8 章中的第 2 个 notebook 文件。

除了 nb_06_05，本书中的所有示例均使用 TensorFlow v2.1 和 TensorFlow Probability v0.8 进行调试。描述计算图的 notebook 文件 nb_ch03_03 和 nb_ch03_04 在 TensorFlow v1 中更容易理解。对于这些 notebooks 文件，都提供了两个 TensorFlow 版本。由于 nb_06_05 文件中所需权重仅能由 TensorFlow v1 版本提供，因此 nb_06_05 仅适用于 TensorFlow v1。

你可以在 Google 的 Colab 中或本地直接执行这些 notebooks 文件。Colab 很方便，不必安装，可以直接使用浏览器运行。只需要单击一个链接，便可以在云中调试运行相关代码。强烈建议你选择这种方式调试代码。

TensorFlow 仍处于快速发展中，对于几年后新的 TensorFlow 版本，我们无法保证现在提供的代码还能运行。为此，我们提供了一个 Docker 容器，请参见网站 https://github.com oduerr/dl_book_docker/。可以使用它来执行除了 nb_06_05，以及 TensorFlow1.0 版本的 nb_ch03_03 和 nb_ch03_04 的所有 notebooks 文件。如果想在本地执行 notebooks 文件，则此 Docker 容器是最佳选择。

目　　录

第Ⅰ部分

深度学习基础

本书第Ⅰ部分主要让你对概率深度学习(Deep Learning，DL)是什么、能做什么有个初步的理解和掌握。在本部分，你将了解用于回归(用于数值预测)和分类(用于类别预测)等不同任务的神经网络结构，同时获得建立深度学习模型的实战经验，了解如何调整模型以及如何控制网络训练过程。如果你先前对深度学习不是很了解，那么应该首先认真学习本部分的内容，然后开始第Ⅱ部分有关概率深度学习模型的学习。

第 *1* 章

概率深度学习简介

本章内容：

- 什么是概率模型
- 什么是深度学习，什么时候使用它
- 以图像分类为例，比较传统机器学习方法和深度学习方法
- 曲线拟合与神经网络两者背后的相同原理
- 非概率模型和概率模型的比较
- 什么是概率深度学习以及为什么它非常有用

深度学习(Deep Learning，DL)是当今数据科学和人工智能领域的研究热点。随着 GPU 的广泛使用，深度学习直到 2012 年才变得切实可行，但短短几年间，深度学习已渗透到人们日常生活的各个方面，例如，与数字助理进行语音交流；使用 DeepL(DeepL 是一家提供翻译服务的公司，其后台的翻译引擎是采用深度学习方法搭建的)免费翻译服务对文本材料进行翻译；当使用Google之类的搜索引擎时，深度学习也在幕后发挥了神奇作用。此外，许多最先进的深度学习应用(如文本转语音)广泛采用概率深度学习模型来进一步提升性能，而自动驾驶等对安全性要求比较高的应用，则采用贝叶斯概率深度学习模型来进一步提升可靠性。

本章首先对深度学习和概率深度学习进行概念性介绍。然后通过简单的示例，对非概率模型和概率模型之间的差异进行讨论。在此基础上，进一步对概率深度学习模型的优点进行说明。最后，简单介绍贝叶斯概率深度学习模型的妙用。在本书的其他章节中，还将进一步讨论如何实现深度学习模型，以及如何对其进行调整以获得性能更强的概率模型。同时，也将了解到深度学习背后的基本原理，以便构建自己的模型，并能理解高级现代模型，以便根据自己的需要进行改造。

1.1   概率模型初探

首先让我们了解一下什么是概率模型以及如何使用它。我们通过日常生活中简单的示例，来讨论非概率模型和概率模型之间的区别。这个示例强调了概率模型的一些优点。

绝大多数人在开车时都会用到卫星导航系统(satnav，也称为GPS)，该系统告诉我们如何能从 A 地到达 B 地。对于每条推荐的路线，卫星导航系统还可以预测该路线所需的行驶时间。这个预测的行驶时间可以理解为最佳预测。众所周知，即使从 A 地到达 B 地采取相同的路线，需要花费的时间也不相同，有时会多些，有时会少些。但是，标准的卫星导航系统是非概率的：它仅预测一个行驶时间值，而不会告诉你可能的取值范围。如图 1.1(a)所示，从纽约的克罗克斯顿到同样位于纽约的现代艺术博物馆(The Museum of Modern Art, MoMA)有两条路线，其对应的预计行程时间就是卫星导航系统根据以前的数据和当前的路况所得到的最佳预测。

假设有一个性能更加优异的卫星导航系统，其采用的是概率模型。它不仅可以为你提供最佳的行驶时间预测，还可以给出该行驶时间存在的不确定性。对于给定路线，其行驶时间的概率预测则通过概率分布的形式给出。如图 1.1(b)所示，两个高斯钟形曲线描述的是两条路线的预计行驶时间分布。

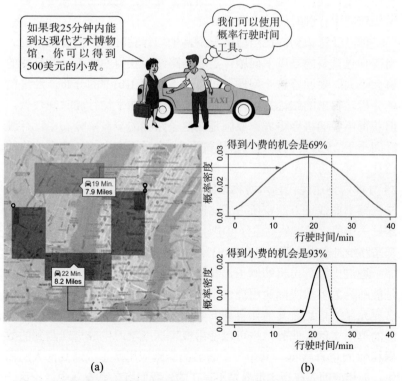

(a)　　　　　　　　　(b)

图 1.1　卫星导航对行驶时间的预测。在(a)中，会看到一个确定版本——仅给
出了一个具体数值；在(b)中，会看到两条路线行驶时间的概率分布

那么，知道这些预计的行驶时间分布，可以得到什么好处呢？假设你是一个纽约的出租车司机。在克罗克斯顿，一名艺术品经销商乘坐了你的出租车，她想去现代艺术博物馆参加一场盛大的艺术品拍卖会，而拍卖会则在 25 分钟之后开始。如果能准时到达那里，她会给你一笔 500 美元的小费。这可是一笔很大的奖励！

你的卫星导航工具推荐了两条路线，如图 1.1(a)所示。猛地一看，你可能会选择上面的路线，因为这条路线的行驶时间预计需要 19 分钟，比另一条路线的 22 分钟时间要短一些。但幸运的是，你已经拥有了最新的卫星导航工具，它使用的是概率模型，不仅输出平均行驶时间，还输出行驶时间的整体分布。更好的消息是，你知道如何利用行驶时间输出分布。

你已经意识到，在当前情况下，平均行驶时间是没有意义的。当前真正重要的是以下问题：走哪条路线，获得 500 美元的小费的机会更大？要回答这个问题，可以查看图 1.1(b)中的分布。经过简单分析，得出的结论是，尽管下面的那条路线平均行驶时间较长，但获得小费的机会更大。原因是在这条路线的窄概率分布中，行驶时间小于 25 分钟的部分所占比例更大。为了用有力的数字支持你的估计，可以将卫星导航工具与概率模型一起使用，计算两种分布在 25 分钟内到达现代艺术博物馆的概率，此概率即为图 1.1(b)中虚线左侧概率曲线下方面积所占的比例，其中图中的虚线表示的 25 分钟这一关键值。通过从上述分布中计算出相应概率，可以得出，走下面那条路线时获得小费的机会是 93%，而走上面那条路线时只有 69%。

通过出租车司机的例子，我们可以知道，概率模型的主要优点是能够为大多数实际应用提供不确定性估计，从而为最终决策提供必要充足的信息。其他如自动驾驶汽车或数字医学都是使用概率模型的典型实例。此外，也可以使用概率深度学习生成与观测到的数据相似的仿真数据。其中一个著名的有趣应用是生成逼真的人脸图像，而相应的人在现实世界是不存在的。我们将在第 6 章中讨论这一点。下面让我们先整体了解一下深度学习，然后深入介绍曲线拟合。

1.2　初步了解深度学习

深度学习究竟是什么？我们可以简单概括为：它是一种基于人工神经网络(Artificial Neural Network，ANN)的机器学习(Machine Learning，ML)技术，是受人脑工作方式启发而产生的。在给出深度学习的定义之前，我们首先了解一下人工神经网络具体是什么样子(如图 1.2 所示)。

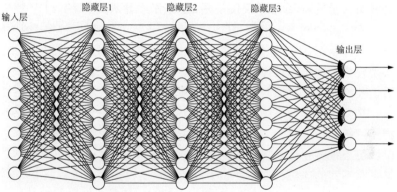

图 1.2　具有三个隐藏层的人工神经网络模型示例。输入层的神经元个数与模型输入的数量保持一致

图 1.2 是一个典型的传统人工神经网络，该网络具有三个隐藏层，每层有多个神经元，并且每层中的神经元与下层中的所有神经元均相连接。

人工神经网络是受到人脑的启发设计出来的，人脑由多达数十亿个神经元组成，处理外部环境感知信息，例如视觉和听觉信息等。人脑中的神经元并不是与其他每个神经元都相连接，而且信号是通过神经元的分层网络进行处理的。你可以在图 1.2 所示的人工神经网络中看到类似的分层网络结构。由于生物神经元在处理信息方面非常复杂，人工神经网络中的神经元是通过对生物神经元进行简化和抽象得到的。

　　为了初步了解人工神经网络，可以将神经元想象为数字容器。输入层中的神经元相应地保存输入数据的编号。输入数据可以是客户的年龄(以年为单位)、收入(以美元为单位)和身高(以英寸为单位)。下层中的所有神经元的输入是通过对与其相连的所有上层神经元的值进行加权求和得到的。一般来说，不同连接的重要性并不完全相同，即具有不同权重，这些权重则决定了输入神经元数值对下一层神经元数值的影响(这里我们省略了加权和输入在神经元内的进一步处理)。深度学习模型也是一种神经网络，但它们的特殊之处是具有大量的隐藏层(不仅仅是图 1.2 示例中显示的三个)。

　　人工神经网络中的权重(神经元间的连接强度)需要根据手头的任务进行学习。在学习步骤中，可以利用训练数据来调整权重，以实现模型与数据的最佳适配，此步骤称为拟合。只有在拟合步骤之后，才能使用该模型对新数据进行预测。

　　构建深度学习系统通常包括两个步骤。在第一步中，选择一种神经网络结构。在图 1.2 中，我们选择了一个三层网络，并且每层中的每个神经元都与下层的每个神经元相连接。其他不同类型的网络具有不同的连接，但原理是一样的。在第二步中，需要对模型的权重进行调节，以确保更好地描述训练数据。该拟合步骤通常使用梯度下降的方法来实现。你将在第 3 章中学习有关梯度下降的更多内容。

　　请注意，深度学习的上述两步过程并没有什么特殊之处，相同的步骤也存在于标准统计建模和机器学习中。拟合背后的基本原理对于深度学习，机器学习和统计数据都是相同的。因此我们坚信，通过在深度学习中运用统计领域过去几个世纪积累的知识，仍可从中获益良多。这本书继承传统统计方法，并以此为基础来讲述深度学习。因此，可通过学习分析简单线性回归等类似内容来理解深度学习的大部分内容。我们在本章以及整本书中都把线性回归作为一个简单示例，以便理解相关的内容。在第 4 章中，线性回归将作为一种概率模型，不仅为每个样本给出一个预测输出，还提供其他更多信息。在该章中，将讨论如何选择适当的分布，以对输出结果的可变性进行建模。在第 5 章中，将展示如何使用 TensorFlow Probability 框架来拟合类似的概率深度学习模型。进而，基于 TensorFlow Probability 框架，可以通过设计和拟合合适的概率深度学习模型，来解决遇到的新情况和新问题，它们不仅可以提供高性能的预测，还可以对数据的噪声进行度量和建模。

成功之路

深度学习已经彻底改变了迄今为止难以用传统机器学习方法掌握，但人类易于解决的领域，例如图像目标识别(计算机视觉)能力和书面文本(自然语言处理)处理能力，或者更概括地讲，是任何类型的感知任务。图像分类绝不仅仅是一个学术问题，它能用于多种实际应用：

- 人脸识别
- MRI 图像中脑肿瘤的诊断
- 自动驾驶汽车的路标识别

尽管深度学习在不同应用领域中展示了重要应用潜力，但从计算机视觉的角度对其进行讲解，仍然是最容易掌握的。因此，让我们通过计算机视觉最大的成功案例之一来激励你了解深度学习。

2012 年，当来自 Geoffrey Hinton 实验室的 Alex Krizhevsky 在国际知名的 ImageNet 竞赛中，用基于深度学习的模型击败了所有竞争对手时，深度学习引起了巨大轰动。在这场比赛中，来自多个顶级计算机视觉实验室的团队在约 100 万幅图像的大数据集上训练了他们的模型，目的是"教会"模型如何区分 1000 种不同类别的图像内容。相应的图像类别有船、蘑菇和豹子等。在正式比赛中，对于一组新的测试图像，所有训练模型都必须列出最可能的五种类别。如果列出的五种类别没有一个与测试图像真实类别相符，则记为一次预测错误。图 1.3 显示了深度学习方法如何在图像分类任务上大获成功。

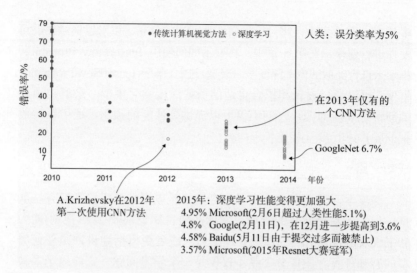

图 1.3　深度学习在 ImageNet 竞赛中的骄人成绩

　　在没有深度学习模型以前，最好模型程序的错误率约为 25%。 2012 年，Krizhevsky 首次使用深度学习模型，实现了错误率的大幅下降(仅为 10%～15%)。仅一年后，也就是在 2013 年，几乎所有参赛选手都使用了深度学习模型，至 2015 年，各种深度学习模型方法已接近于人类的能力水平，错误率约为 5%。你也许会疑惑为什么人类在图像分类时，每 20 幅图像会有 1 幅出现错误(即 5%错误率)。一个有趣的事实是：该数据集中有 170 个不同的犬种，使得人类很难准确地对全部图像进行分类。

1.3　分类

　　下面介绍非概率、概率和贝叶斯概率分类之间的区别。众所周知，深度学习方法要优于传统方法，尤其是在图像分类任务中。在详细介绍本节内容之前，首先通过人脸识别问题来了解一下深度学习方法与传统方法之间的共性与差异。附带说明一下，我们与深度学习的最早接触就是始于人脸识别问题研究。

　　作为统计学家，我们与一些研究计算机科学的同事进行了一个合作项目，目的是在一台 Raspberry Pi 微型计算机上进行人脸识别。计算机科学家时常开玩笑说我们采用的统计方法过于古老陈旧，这让我们备受挑战。我们决定接受他们的挑战，并提出采用深度学习来解决人脸识别问题，这让他们惊讶到说不出话。第一个项目的成功接连带来了许多其他联合的深度学习项目，同时我们对深度学习的兴趣也在不断增长，从而更深入地研究了这些模型背后的基本原理。

　　下面我们设定一个具体的图像分类任务。Sara 和 Chantal 在一起度假，拍了许多照片，每张照片中至少包括她们中的一个。任务是创建一个程序，可以分析照片并确定照片中的人是她们两者中哪一个。为了获得训练数据集，我们标记了 900 张图片，每位女士 450 张，同时为每张图片标注对应女士的名字。可以想象拍摄的图像看上去会存在很大区别，因为拍摄角度可能不同，同时拍摄对象也是多变的，或开怀大笑，或疲倦不堪，或盛装打扮，或休闲装束，或心情沮丧。尽管如此，这个分类任务对你来说仍是相当容易的。但对于计算机而言，图像只是像素值数组，对其进行编程以区分出两位女士并非是一件容易的事。

1.3.1　传统图像分类方法

　　传统图像分类方法不是直接对图像像素进行处理，而是分两步进行。第一步，领域专家首先定义对图像分类有用的特征。其中一个简单特征就是所有像素值的平均强度，该特征可用于区分照片是夜间拍摄的，还是白天拍摄的。通常这些特征更加复杂，并且是根据特定任务进行定制的。在人脸识别问题中，可以考虑选用容易理解的特征，例如鼻子长度、嘴巴宽度或两眼间距离(如图 1.4 所示)。

图 1.4　Chantal(左图)双眼之间的距离很大，嘴巴很小；Sara(右图)
　　　　双眼之间的距离很小，嘴巴很大

　　但是通常这些高阶特征是很难确定的，因为需要考虑多方面的
因素，例如模仿者、比例、观测角度以及光照条件等。因此，非深
度学习方法通常使用比较抽象的低阶特征来获取图像的局部属性，
例如尺度不变特征变换(Scale-Invariant Feature Transform, SIFT)特征，
这些特征几乎不受放大或旋转等变换的影响。例如，可以考虑使用
边缘检测器，图像无论如何旋转或缩放，边缘并不会消失。

　　这个简单例子已清楚地表明，从图像中定义和提取那些对分类
至关重要的属性，即特征工程，是一项复杂且耗时的任务，通常需
要高水平的专业知识。在诸如人脸识别的许多计算机视觉应用中，
其缓慢的发展历程主要是通过构建新的、更好的特征来推动的。

　　注意　需要从所有图像中提取全部这些特征，然后才能处理实
际的分类任务。

　　提取到的特征的值分别代表各幅图像。为了从图像的特征表示
中识别 Sara 或 Chantal，需要选择并拟合一个分类器。

　　那么，这种分类模型的任务是什么呢？它应该区分不同的类别
标签。为了便于理解，我们假设图像仅由两个特征来描述：双眼之
间的距离和嘴巴的宽度。尽管我们知道，在大多数实际应用中，对
图像进行良好的表征需要更多的特征信息。

　　由于不是一直从正面拍摄，而是从不同的角度进行拍摄，因此
对于同一位女士，不同图像中双眼之间的距离并不总是相同的。嘴

巴宽度的变化甚至更大，这主要取决于女人是在笑还是在飞吻。当采用这两个特征来表征女士图像时，可以用平面图把特征空间可视化，平面图的一个轴表示双眼的距离，另一轴表示嘴巴的宽度(如图1.5 所示)，每幅图像在特征平面图中都由一个点表示。Sara 的照片以 S 标记，而 Chantal 的照片用 C 标记。

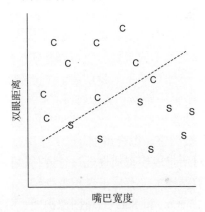

图 1.5　由嘴巴宽度和双眼距离两大特征构成的二维空间。每个点代表由这两个特征描述的图像(S 代表 Sara，C 代表 Chantal)。虚线是区分两个类别的决策边界

非概率分类模型可以理解为模型定义了一个决策边界，把特征空间划分为了不同区域(如图 1.5 中的虚线所示)，而每个生成区域则对应一种类标签。在这个示例中，我们确定了一个 Sara 区域和一个Chantal 区域。进而，可以使用此决策边界对仅有两个特征值的测试图像进行分类：如果测试图像在二维特征空间中的对应点最终落在Sara 区域中，则将其分类为 Sara；反之，则为 Chantal。

根据过往的数据分析经验，你应该了解如下机器学习方法，这些方法都可以用于分类任务(如果不熟悉这些方法也不必担心)。

- 逻辑或多项式回归
- 随机森林
- 支持向量机

● 线性判别分析

大多数分类模型都是参数模型，包括上面所列方法，以及深度学习方法。参数模型通常具有一些能确定决策边界的参数。对模型参数进行赋值后，该模型即可实施分类或类别概率预测任务。而拟合就是关于如何找到这些值以及如何量化参数值的确定性过程。

利用已知类别标签的一组训练数据来拟合模型，进而确定参数的值并固定特征空间中的决策边界。根据分类方法和参数数量，这些决策边界可以是简单的直线，也可以是扭曲的复杂边界。根据传统的工作流程，可通过如下三步创建一个分类方法：

(1) 从原始数据中定义和提取特征；

(2) 选择参数模型；

(3) 通过参数调整，拟合模型。

为进一步对所生成模型的性能进行评估，可以使用验证数据集，其包含的训练数据样本没有用于过模型训练。在人脸识别示例中，验证数据集由 Chantal 和 Sara 的新图像构成，并且与训练数据集完全不同。然后，使用训练好的模型对验证数据集中的图像进行类别标签预测，并将正确分类的百分比作为模型的一个(非概率的)性能指标。

根据实际情况不同，总有一种分类方法将在验证数据集上获得最好的结果。但是，在经典图像分类问题中，最重要的成功因素往往不是分类算法的选择，而是所提取的图像特征的质量。如果提取的特征对不同类别的图像具有明显不同的值，那么在特征空间中可以明显看出各类别点之间具有明确界限。此种情况下，许多分类模型都能实现较高的分类性能。

在 Sara 和 Chantal 图像分类示例中，你经历了传统图像分类的全部工作流程。为了获得良好的特征，你首先必须意识到这两位女士的嘴巴宽度和双眼距离不同。然后，基于这两个具体的特征，构建性能良好的分类器已经变成一件很简单的事情了。但是，要区分另外的两位女士，这些特征可能就无法起作用了，因此需要重新构建新的特征。而这正是使用定制特征进行分类时，存在的固有缺陷。

1.3.2　深度学习图像分类方法

不同于传统图像分类方法，深度学习方法直接从原始图像数据开始进行处理，仅使用像素作为模型的输入特征。从图像的特征表示来看，像素数量直接决定了特征空间的维度大小，即使对于 100×100 像素大小的低分辨率图像，它的特征空间也已高达 10 000 维。

除所构成的特征空间维度比较大以外，图像分类的主要挑战在于像素相似并不意味着类别相同。图 1.6 形象地说明了这个问题：对于同一列的图像，其图像类别是相同的，但在像素方面存在明显差异；与此同时，对于同一行的图像，其像素具有高度相似性，但类别明显不同。

图 1.6　左列显示了类别为小狗的两幅图像；右列显示了类别为桌子
的两幅图像。当对图像进行像素比较时，即使在同一行中，
一幅图像显示小狗，另一幅显示桌子，同一列中两幅图像的
像素相似度也比同一行中两幅图像的相似度低

深度学习的核心思想是把特征构建直接融合到拟合过程当中，从而取代特征工程这一艰巨而又耗时的任务。除此之外，深度学习也并没有什么神奇之处。与传统图像分析类似，深度学习也是根据像素值来构建特征的，只不过在深度学习中，特征构建是直接通过深度学习模型的隐藏层来完成的。

在深度学习中，每个神经元对其输入进行处理，以生成一个新的数值。通过这种方式，对于其输入而言，每一层就可以得到一种新的特征表示。通过设置多个隐藏层，神经网络可以把原始数据到最终结果间的复杂变换，层次分解为多个简单变换处理的级联。随着网络层数的升高，所得到的图像表示将会越来越抽象，当然也越来越易于对不同图像类别进行分辨。在第 2 章中，你将学习到更多相关内容，同时也将会看到，在拟合过程中深度学习网络能学会越来越复杂的层级特征。这样，就可以在不需要手工设定特征的情况下，直接实现图像分类。

打造深度学习品牌

在机器学习(ML)的早期，神经网络(NN)已经存在，然而从技术角度看，要训练具有多层结构的深度神经网络几乎是不可能的，这主要是因为缺乏计算能力和训练数据。在解决了这些重要技术障碍后，再加上一些新技巧的发现，训练数百层的人工神经网络成为了可能。

那么，为什么我们现在经常谈论深度学习而不是其本质上的人工神经网络呢？答案是：相比于人工神经网络，深度学习这个名字更响亮，也更易于传播。这听上去可能不够尊重，但是个明智之举。过去几十年来，神经网络一直没有兑现当初的承诺，致使其声誉受损，能力遭受质疑。我们使用具有许多隐藏层的"深度"神经网络，加深特征构造中的层次结构，从而使特征在层次结构中的每一层每一步都能变得更加抽象。

在定义了深度神经网络结构后，深度神经网络可以被理解为包含数百万个参数的模型。该模型的输入为 x，输出为 y，每个深度学习模型(包括强化学习)都是如此。深度学习建模工作流程可以分为以下两个步骤：

(1) 定义深度学习模型结构

(2) 根据原始数据，对深度学习模型进行拟合

下一节将讨论非概率分类模型与概率分类模型的含义，以及使用贝叶斯概率分类模型有什么好处。

1.3.3　非概率分类

首先让我们了解一下非概率分类。为了便于解释，我们仍以图像分类为例进行说明。图像分类的目的是对新给定的图像类别进行预测。在 1.2 节的 ImageNet 竞赛中，需要对 1000 个不同类别进行分类预测，在本章的人脸识别示例中，则仅有 Chantal 和 Sara 两个类别。

非概率图像分类只能获得每幅图像的预测类别标签。更准确地说，向非概率图像分类器输入原始图像，非概率图像分类器经过处理，仅输出关于图像类别标签的最优预测。在本章的人脸识别示例中，它的输出即为 Chantal 或 Sara。因此，可以把非概率模型视为不存在任何不确定性的确定性模型。从概率的角度观察非概率模型时，其输出的结果总是肯定，不存在任何不确定性，即非概率模型总是以 1 的概率预测图像属于某个类别，

假设 Chantal 重新染了头发，其发色与 Sara 头发颜色一样，并且在拍摄图像时，Chantal 的头发挡住了她的脸。此时，对于人类来说，已经很难分辨出该图像显示的是 Chantal 还是 Sara 了，但非概率分类器仍能预测一个类别标签(如Sara)，并不会给出当前分类结果存在任何不确定性。下面我们做一个更极端的假设：向分类器提供的图像，既不是 Chantal 的，也不是 Sara 的(如图 1.7 所示)，非概率分类器会输出什么样的结果呢？你希望分类器告诉你当前它无法做出可靠的预测。然而，非概率分类器仍将 Chantal 或 Sara 作为最终的预测结果，并且不会给出任何有关不确定性的信息输出。因此，

为应对复杂或异常情况的挑战，我们可以采用概率分类器和贝叶斯概率分类器，它们均可以输出结果的不确定性，进而及时对不可靠的输出结果做出提示。

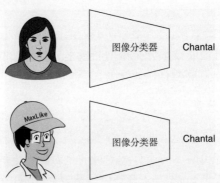

图 1.7　用于人脸识别的非概率图像分类器将原始图像作为输入，并将类别标签作为输出。此处预测的类别标签为 Chantal，但只有上图是 Chantal，下图中的女士既不是 Chantal 也不是 Sara

1.3.4　概率分类

概率分类的特殊之处在于，不仅可以得到类别标签的最优预测，而且能以概率分布的方式，对类别预测结果存在的不确定性进行度量。在人脸识别示例中，概率分类器将人脸图像作为输入，输出图像为 Chantal 和 Sara 的具体概率，并且两个概率值加起来为 1(如图 1.8 所示)。

为得到最优预测，应选择预测概率最高的类别结果，通常将预测类别的概率视为预测结果的不确定性。当待预测数据与训练样本数据足够相似时，这样处理是没问题的。

然而，现实情况远远要复杂得多。假设你为分类器提供的图像既不是 Chantal 也不是 Sara，那么分类器别无选择，只能对 Chantal 类或 Sara 类分配概率。此种情况下，如果概率分类器对两个类别预测的概率大致相同，即每个类别的概率为 0.5 左右(两者和为 1)，则也可对预测结果的不确定性进行说明，表示预测结果是极不准确的。不幸的是，概率神经网络模型的实际输出结果往往并非如此，通常仍会将相当高的概率分配给错误的类别(如图 1.8 所示)。为解决这个问题，在本书的第Ⅲ部分，我们采用贝叶斯方法对概率模型进行扩展，它能给出关于不确定性的更多信息，有助于对新出现的未知类别进行检测。

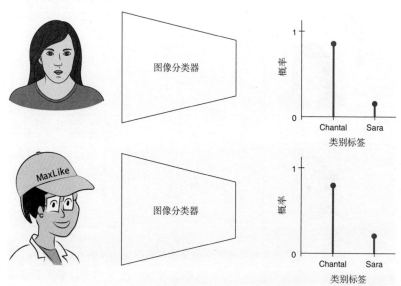

图 1.8　用于人脸识别的概率图像分类器将原始图像作为输入，并将每个类别标签的概率作为输出。在上图中，输入图像为 Chantal，分类器预测这个图像中是 Chantal 的概率为 0.85，是 Sara 的概率为 0.15。在下图中，输入图像既不是 Chantal 也不是 Sara，但分类器预测这个图像是 Chantal 的概率为 0.8，是 Sara 的概率为 0.2

1.3.5　贝叶斯概率分类

贝叶斯模型的好处是它们可以对预测的不确定性进行表示。在人脸识别示例中，非贝叶斯概率模型输出为 Chantal 和 Sara 的概率预测分布，和为 1。那么预测概率本身存在多少不确定性呢？非贝叶斯概率模型没有给出答案，但贝叶斯模型可以回答这个问题。在本书的第III部分，你将详细了解贝叶斯是如何给出答案的。简而言之，就是你可以多次询问贝叶斯模型，并且每次询问贝叶斯模型都会给出不同的结果。而多次不同的结果，就是模型内部关于不确定的输出(如图 1.9 所示)。如果你现在难以理解基于相同的输入，模型是如何得到不同输出的，那请不必着急和担心，你将在本书的第III部分学习了解它们。

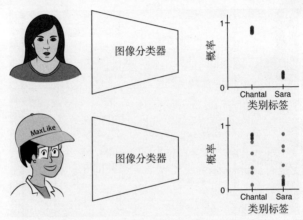

图 1.9　用于人脸识别的贝叶斯概率图像分类器将图像作为输入，并将两个类别标签的概率预测集合的分布作为输出。在上图中，输入图像是Chantal，并且概率预测集中每个元素都预测 Chantal 的概率较大，而Sara 的概率较小。在下图中，输入图像既不是 Chantal 也不是 Sara 女士，因此分类器输出的概率预测集内部差异较大，表明不确定性很高

　　因此，贝叶斯模型的主要优点是它们可以对同一图像，给出不同预测结果所构成集合的大小和范围，来表示不可靠的预测。这样，你就有更大的可能识别出新出现的类别，例如图 1.9 的下半部分，根据预测概率输出结果的大范围波动，可以判断出这位年轻女士既不是 Chantal 也不是 Sara。

1.4　曲线拟合

下面对概率深度学习方法和非概率深度学习方法在回归任务上的差异进行简单讨论。回归有时也称为曲线拟合，这使人不禁想起一句名言：

深度学习令人印象深刻的所有非凡成就最终不过是曲线拟合罢了！
　　　　　　　　　　　　　　　　　　　　—Judea Pearl, 2018

当我们听说2011年图灵奖(相当于计算机科学领域的诺贝尔奖)获得者Judea Pearl 公开宣称深度学习不过是曲线拟合而已时(曲线拟合已经存在几个世纪了，经常用于线性回归等简单数据分析中)，我们起初深感惊讶，甚至感到有点被冒犯。深度学习在实际应用中已经取得巨大成功，在此种情况下，在如此骄人的成绩面前，他怎么能对深度学习如此不尊重呢？由于我们不是计算机科学家，而是物理学和统计数据分析研究背景的统计学家，曲线拟合对我们而言不仅仅是一项拟合曲线的简单技术，这使我们对 Judea Pearl 的表述能表现得相对平静。通过进一步对 Judea Pearl 的表述进行思考分析，同时仔细对比曲线拟合和深度学习，我们理解了 Judea Pearl 表述背后的深意：深度学习和曲线拟合的基本原理在许多方面是相同的。

1.4.1　非概率曲线拟合

首先，让我们仔细研究一下传统非概率曲线拟合方法。简单来说，非概率曲线拟合就是将线穿过数据点的科学方法。最简单形式的线性回归是一条穿过二维空间中的数据点的直线(如图 1.10 所示)。在图 1.10 的示例中，假设输入为单个特征 x，预测输出为连续变量 y。在这种简单示例中，线性回归模型仅有两个参数 a 和 b：

$$y = a \cdot x + b$$

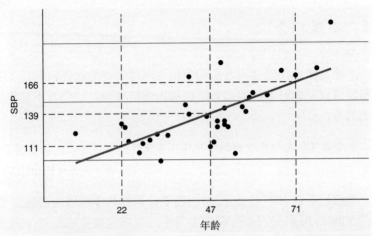

图 1.10 收缩压(SBP)示例的散点分布图和回归模型。散点是测得的数据点，
       直线是建立的线性模型。对于三个年龄值(22、47、71)，水平线的位
       置表示线性模型对 SBP 的最优预测值(111、139、166)。

在定义模型之后，需要确定参数 a 和 b，以便该模型对给定 x
输出得到对应 y 的最优预测。在机器学习和深度学习中，对参数值
进行搜索寻优的过程称为训练。但是如何训练神经网络呢？简单线
性回归和深度学习模型的训练原理是相同的，都是根据训练数据对
模型参数进行寻优，即曲线拟合。

需要注意的是，不同模型的参数数量是不相同的，多少不一，
较少的如一维线性回归模型，仅有 2 个参数；较多的如高级深度学
习模型，有 5 亿个参数。虽然模型参数的变化较大，但整个训练过
程与线性回归模型保持一致。对于非概率线性回归模型参数的具体
拟合方法，将在第 3 章中进行学习。

那么，非概率模型拟合训练数据到底是什么意思呢？让我们再
看一看图 1.10 中的示例，在该示例中，根据年龄 x 预测血压 y，图
中散点为 33 名美国妇女的年龄和收缩压(SBP)数据，图中实线为我
们得到的具体线性模型，其参数为 a=1.70 和 b=87.7。在非概率模型
中，对于每个年龄输入，仅能得到一个该年龄段女性 SBP 的最优预

测输出，如图 1.10 所示，当向模型输入了三个年龄值(22、47 和 71)时，模型可以得到相应年龄的 SBP 最优预测值(111、139 和 166)，如水平虚线所示。

1.4.2　概率曲线拟合

对于同样的训练数据，当采用概率模型时会得到什么结果呢？你可以获得整个概率分布，而不仅仅是对血压的一个最优预测。概率分布会清晰表明同龄女性也很可能会有不同的 SBP(如图 1.11 所示)。

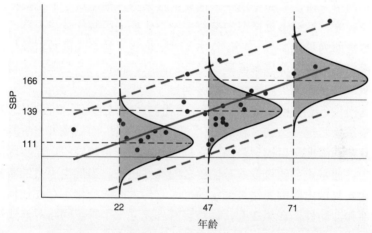

图 1.11　收缩压(SBP)示例的散点分布图和概率回归模型。散点表示测得的数据点。在每个年龄值(22、47、71)处，均拟合得到了高斯分布，该分布描述了相应年龄女性可能的 SBP 值概率分布。对于这三个年龄值，黑边曲面为预测得到的概率分布。实线表示不同年龄值对应概率分布的SBP 均值，年龄范围为 16～90 岁。上下虚线表示一个置信区间，模型预测出的对应年龄的 SBP 值出现在该区间范围内的概率为 0.95

利用非概率线性回归模型，对 22 岁女性的 SBP 进行预测，得到的结果是 111(如图 1.10 所示)。而利用概率线性回归模型，对 22岁女性的 SBP 进行预测，得到的结果是一个关于 SBP 的概率分布(如图 1.11 所示)。在概率分布中，概率峰值出现在 111 左右，当 SBP

偏离 111 时，概率变小。非概率线性回归模型得到的 111，实际上仅是概率线性回归模型所得到概率分布中概率最大值而已。

图 1.10 中的实线表示不同年龄值对应概率分布的 SBP 均值，年龄范围为 16～90 岁。图 1.11 中的实线与图 1.10 中的回归直线是完全相同的，但图 1.10 中的回归直线是利用非概率模型预测得到的。与平均值实线相平行的两条虚线表示一个区间范围，模型 95% 的 SBP 期望输出分布在该区间范围内。

那么，如何在非概率模型和概率模型中搜索得到参数的最优值呢？简单来讲，首先使用一个损失函数来描述模型拟合训练数据的好坏程度，然后调整模型的参数来最小化损失函数，最终得到的模型参数即为最优参数。在第 3～5 章中，你将了解损失函数以及如何使用它们来拟合非概率或概率模型，同时，你也将看到非概率模型和概率模型的损失函数之间的区别。

当然，线性回归模型很简单。而我们之所以采用线性回归模型，主要是为了把复杂的问题简单化，用简单的线性回归模型来解释说明复杂的深度学习模型，因为它们的基本原理是相同的。在实际应用中，通常不会假设输入与输出之间线性相关，当然也不会经常假设输入与输出间的变化是恒定的，即它们之间的变化不存在任何随机性和波动性。在第 2 章，你将会看到建立一个神经网络对非线性关系建模是一件很容易的事，在第 4 章和第 5 章，你会进一步发现为回归任务建立概率模型也并不是很难，不仅能对非线性关系进行描述，还能对非线性关系的变化和波动进行描述(如图 1.12 所示)。此外，应该使用未在训练过程中使用过的、全新的验证数据集，以对训练好的回归模型性能进行评估。图 1.12 为概率深度学习模型在全新的验证数据集上的预测效果，可以看出模型有效地对数据间的非线性关系和变化波动进行了描述。

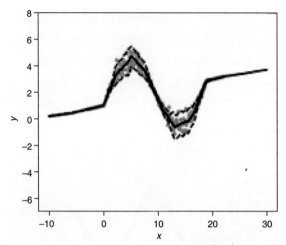

图 1.12　验证数据的散点图和非贝叶斯概率回归模型预测输出。假设输入特
　　　　　征 x 和输出 y 之间具有非线性相关性，并且其相关性存在非常量的数
　　　　　据变化。对模拟数据进行模型训练拟合。实线表示所有预测分布平均
　　　　　值的位置，上下虚线表示一个置信区间，表示实际结果出现在该区间
　　　　　范围内的概率为 0.95

　　如果使用模型对训练数据范围外的 x 值进行预测，会出现什么
结果呢？如图 1.12 所示，实际数据只在-5～25 的范围内，但是显
示的预测范围更宽，为-10～30。从图中可以进一步看出，模型对
于从未训练接触过的数据范围，其预测输出随机性很小，即确定性
很强。这明显与实际情况不相符，这可不是优秀模型应该具备的性
质。而模型存在如此缺点的原因则在于，它仅对数据波动性进行了
建模，但未对最终拟合得到参数的不确定性进行建模度量。在统计
学中，有多种方法可以求取参数本身的不确定性，贝叶斯就是其中
一个典型方法。特别是当采用深度学习模型时，贝叶斯是最可行和
最合适的方法。你将在本书的最后两章中了解到这一点。

1.4.3　贝叶斯概率曲线拟合

　　贝叶斯深度学习模型的主要优势是它能对未训练过的新情况做

出提示。对于回归模型，其实就是外推问题，即使用模型对训练范围外的数据进行预测输出。图 1.13 为贝叶斯神经网络输出的结果，对比图 1.12 非贝叶斯神经网络输出的结果，可以发现，当预测输入超过训练数据范围时，贝叶斯神经网络增加了预测输出的不确定性。这是一个很好的模型特性，因为它清晰地表明模型可能会给出不可靠的预测输出。

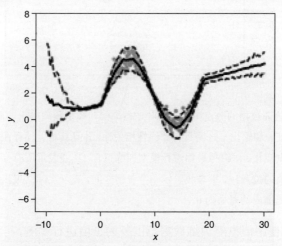

图 1.13　验证数据的散点图和贝叶斯概率回归模型预测输出。仿真设置与图
　　　　1.12 相同。实线表示所有预测分布平均值的位置。上下虚线表示一个
　　　　置信区间，表示实际结果出现在该区间范围内的概率为 0.95

1.5　何时使用和何时不使用深度学习

最近，深度学习取得了多个令人瞩目的成功。因此，你可能会问：是否可以放弃传统的机器学习方法，全部采用深度学习技术呢？答案取决于具体情况和具体任务。在本节中，我们将介绍哪些情况不能使用深度学习以及哪些情况适用于使用深度学习。

1.5.1 不宜使用深度学习的情况

深度学习通常具有数百万个参数，因此通常需要大规模训练数据。如果你仅能得到每个对象的有限数量特征，那么深度学习并不是你的最佳选择。比如以下几种情况：

- 仅根据高中时期的成绩来预测大学生第一年的成绩。
- 根据一个人的性别、年龄、BMI(体重指数)、血压和血胆固醇浓度，预测明年心脏病发作的风险。
- 根据乌龟的重量、高度和足长，对乌龟的性别进行分类。

此外，如果你只有少量训练数据，并且确切知道哪些特征决定最终结果的情况下(并可以很容易地从原始数据中提取这些特征)，那么应该选用这些特征，并将其作为传统机器学习模型的基本输入。例如，你从法国和荷兰足球运动员集合中获取了他们的个人图像。此外，你知道法国队的球衣总是蓝色，而荷兰队的球衣总是橙色。如果你的任务是开发一个分类器用于区分这两个球队的球员，那么就可以简单高效地直接根据图像中蓝色像素和橙色像素的数量多少来实现球队分类。如果蓝色像素多，那么图像中的球员隶属法国队；如果橙色像素多，则隶属荷兰队。除此之外，其他特征(如头发的颜色)，不仅不会有助于分类，还会影响原有的分类结果，产生负作用。因此，在该例子中，选择提取新的特征用于分类可不是一个好的主意。

1.5.2 适宜使用深度学习的情况

对于每个对象都由复杂原始数据描述(如图像、文本或声音)，同时也难以选用提取关键特征进行类别区分的问题，那么深度学习无疑是你的最佳选择。深度学习模型能够从原始数据中提取生成特征，并且性能优于通过手动选取特征的模型方法。图 1.14 表示深度学习最近取得成功的各类任务，深度学习已经改变了游戏规则。

深度学习模型的输入 x		深度学习模型的输出 y		应用
类型	示例	类型	示例	
图像		标签	"老虎"	图像分类
音频	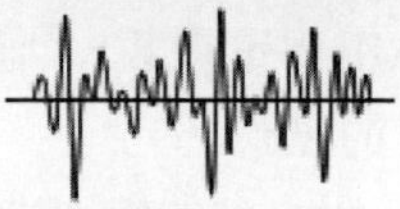	序列/文本	"see you tomorrow"	语音识别
ASCII 序列	"Hallo,wie gehts?"	Unicode 序列	你好，你好吗？	翻译
环境	输入由两部分组成。第 I 部分是外部环境状况。第 II 部分是对上一个动作的反馈(无论是好是坏)	神经网络的输出是代理下一步执行的动作	向左走/将石头放在 Go 板上的特定位置	深度强化学习，例如 Go

图 1.14　深度学习解决了长期以来传统机器学习无法解决的各种任务

1.5.3　何时使用和何时不使用概率模型

你将会在本书中看到，对于大多数深度学习模型，都可以构建该模型的概率版本，这些版本基本上都很容易获得，并且大部分情况下，采用概率模型都能得到益处，因为，它不仅能提供非概率模型能提供的信息，还能提供对于决策至关重要的其他信息。如果你进一步采用贝叶斯概率模型，则还能获得模型参数不确定性这一有益信息。参数不确定性度量可以对模型的不可靠预测输出进行提示和确认，这在实际应用中是很重要的。

1.6　你将在本书中学到什么

本书将为你提供概率深度学习的有关介绍，并指导你进行实操实战。我们将以 Jupyter Notebooks 的形式提供练习和代码演示，让你获得实际经验，进而对相关概念有更深入的了解。为学好本书内容，你应该了解如何运行简单的 Python 程序以及如何对模型进行数据拟合(线性回归之类的简单模型就可以了)。为了深入地理解更高阶的学习内容(在标题末尾以星号表示)，你应该精通诸如矩阵代数和微积分等中等数学知识，以及诸如概率分布解释的中等统计学知识。总之，在本书中，你将学到以下内容：

- 使用 Keras 框架实现不同结构的深度学习模型。
- 实现概率深度学习模型，根据给定输入，预测输出的整体分布。
- 对于给定的任务，基于最大似然原理和 TensorFlow Probability 框架，选择适当的输出分布和损失函数。
- 构建灵活的概率深度学习模型，例如当前使用的各种先进模型，从文本生成图像到语言翻译。
- 建立可表达不确定性的贝叶斯深度学习模型，让你识别出不可靠的预测。

在下一章，我们将介绍不同的深度学习结构。

1.7　小结

- 机器学习(ML)方法可以让计算机从数据中进行知识学习。
- 人工神经网络(ANN)作为一种机器学习方法，它直接对原始数据进行处理，把特征提取处理过程直接融合到模型中。
- 深度学习(DL)方法是一种神经网络(NN)，而之所以称为"深度"，是因为它包含很多网络层。
- 在诸如抓取图像内容以及将文本转换为语音等各类感知任务中，深度学习优于传统的机器学习方法。
- 曲线拟合是一种利用样本数据，对曲线或分布等各类模型进行拟合的技术。
- 深度学习和曲线拟合具有相同的原理，彼此相似。这些原理就是本书要讲述的核心内容。深刻理解这些原理，可以让你在预测准确性、标准度和预测不确定性度量方面具有显著的优势，从而构建性能更好的深度学习模型。

- 概率模型不仅能提供单值预测，还可以提供实际数据波动信息和模型拟合不确定信息，从而有助于做出更好的决策。
- 贝叶斯概率模型有助于识别不可靠的预测。

第 *2* 章

神经网络架构

本章内容:

- 不同的数据类型需要不同的网络类型
- 采用全连接神经网络处理表格类数据
- 采用二维卷积神经网络处理图像类数据
- 采用一维卷积神经网络处理序列数据

绝大多数深度学习都由 1～3 个网络层基本结构组合连接而成，其中典型的网络层基本结构包括全连接结构、卷积结构和循环结构等。深度学习模型性能的好坏实质上主要取决于是否针对需要解决的问题，选取了合适的神经网络架构。

如果要分析非结构化数据，如 Excel 工作表中的表格数据，应当考虑采用全连接网络；如果待处理数据与图像类似，具有特殊的局部结构，那么卷积神经网络无疑是最佳选择；除此之外，如果待处理数据与文本类似，遵循逻辑顺序，那么应首要选择一维卷积神经网络。本章对深度学习中的典型神经网络结构进行介绍，同时对它们各自的适用范围和适用场景提供建议。

2.1 全连接神经网络(fcNN)

在详细研究各种不同深度学习结构之前，让我们首先看一下图 2.1，回顾一下我们在第 1 章中讨论过的传统典型人工神经网络结构。从图中可以看到，该神经网络具有 3 个隐藏层，每层包含 9 个神经元，并且每层中的任意一个神经元都与下层中的任意一个神经元相连接。

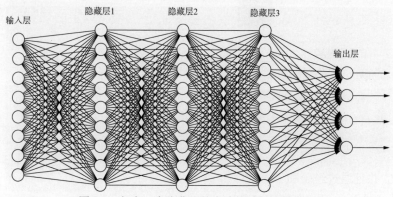

图 2.1 包含 3 个隐藏层的全连接神经网络示例

根据相邻层神经元的连接特点，该神经网络结构被形象地称为密集连接神经网络或全连接神经网络 (fully connected neural network，fcNN)。

2.1.1　人工神经网络的生物学原型

受生物大脑工作方式启发，人们设计了神经网络，但不能认为人们是完全按照生物大脑设计了神经网络，这只是一种启发。大脑是由神经元构成的网络，包含大约 1000 亿个神经元，而每个神经元平均与 10 000 个其他神经元相连接。让我们看一下大脑的基本单元——神经元(如图 2.2 所示)。

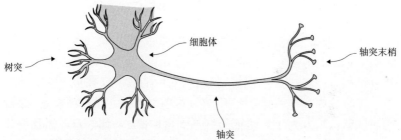

图 2.2　单个生物脑细胞。神经元通过其树突(如图左侧)从其他神经元接收信号。如果累积的信号超过某个阈值，则会触发脉冲，并从轴突传递到轴突末梢(如图右侧)，进而耦合到其他神经元

图 2.2 是神经元的精简图。神经元通过树突接收来自其他神经元的输入信号，有些输入具有激活作用，而某些输入具有抑制作用。神经元细胞体对接收到的信号进行累积和处理。如果输入信号强度足够大，神经元就会被触发，这意味着它将产生一个信号，该信号将被传输到轴突末梢。每个轴突末梢会与另一个神经元相连接，一些连接可能比其他连接更强，从而使得信号更容易传导至对应神经元，并且通过经验和不断的学习可以改变不同神经元间的连接强度。计算机科学家从生物脑细胞中得出了一种数学抽象：人工神经元(如图 2.3 所示)。

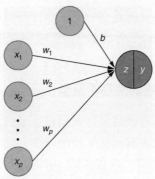

图 2.3　生物脑细胞的数学抽象——人工神经元。z 值是由 x_1 到 x_p 共 p 个输入
　　　　值的加权和，并加上偏置项 b 计算得到，其中偏置项 b 对输入的加权
　　　　和进行上下偏移。y 值则由 z 值输入激活函数后得出

　　人工神经元对于接收到的一些数字输入值 x_i，按照公式
$z = x_1 \cdot w_1 + x_2 \cdot w_2 + \cdots + x_p \cdot w_p + 1 \cdot b$ 进行处理，得到输入累加值，具体
计算过程为：首先将所有输入值 x_i 与对应的数字权重 w_i 相乘，然后
进一步将加权和与偏置项 b 相加(偏置项也可被看作一项权重，此时
对应的默认输入为 1)，进而最终得到累加值 z。请注意，累加值计
算公式与线性回归公式是相同的。当然，也可以进一步采用 Sigmoid
函数等非线性激活函数，对得到的累加值 z 进行转换处理，将 z 转
换为 0 到 1 之间的数字(如图 2.4 所示)。典型非线性激活函数 Sigmoid
函数公式如下：

$$y = \sigma(z) = \frac{1}{1+e^{-z}} = \frac{e^z}{1+e^z} \qquad \text{式(2-1)}$$

　　由图 2.4 得出，如果 z 值是非常大的正数，其输出值接近 1；如
果 z 值是非常大的负数，其输出接近 0。从这个意义上讲，输出值 y
可以解释为神经元放电的概率。或者，在分类问题中，可以认为是
某个类别的概率。如果要构建二元分类器(可能的类别为 0 和 1)，该
分类器接收多个数值特征 x_i 输入，经过处理，最后输出结果是类别
为 1 的概率。可以看出该分类器与神经元的数据处理过程是完全一
致的，因此可以使用单个神经元作为该分类器进行处理。如果你学

过统计学，则可能会对这个问题很熟悉，实际上，在统计学中具有单个神经元的网络也称为逻辑回归，如果你从没学过逻辑回归，也不必担心，因为你正在学习。

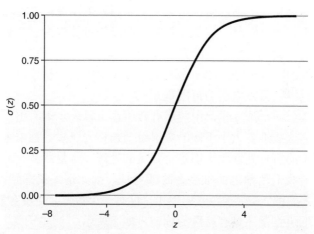

图 2.4　Sigmoid 函数 f 将任意数字 z 转换(压缩)为 0 到 1 之间的数字

2.1.2　神经网络的实现入门

在了解学习深度学习之前，我们首先了解一下相关的基本数据结构、张量以及处理这些数据的软件包。

1. 张量：深度学习中的基本实体

对于神经元的数学抽象表示(如图 2.3 所示)，你可能首先会有一个疑问："输入和输出是什么？"假定图 2.3 中 $p=3$，那么会看到有三个数值(x_1，x_2 和 x_3)进入了神经元，经过神经元处理后，有一个数值(y)离开神经元。这三个数值可被视为具有一个索引的数组。更复杂的神经网络可以将灰度图作为输入，例如 64×32 像素大小的灰度图。灰度图也可以表示为数组，不同之处是该数组为二维数组，具有两个维度的索引，第一维索引 i 的范围是 0~63，第二维索引 j 的范围是 0~31。

进一步，假设神经网络的输入为彩色图像，并且它有红色、绿色和蓝色三种颜色。对于该图像，除了 i、j 二维坐标对像素位置进行索引外，还有第三个新增索引，对像素颜色进行索引，即彩色图像也可以表示为三维数组，数组中元素可通过 (i, j, c) 索引。让我们把情况更复杂一下，假设将总共 128 幅彩色图像一次性输入到神经网络中。那么此时，这 128 张彩色图像仍可被视为一个数组，只不过是四维数组，数组中的元素可通过 (b, i, j, c) 索引，其第一维度索引 b 的范围是 0～127。同样，图 2.3 中的三个权重也可以表示为一维数组，数组索引的范围是 0～2。

　　事实证明，深度学习中的所有数值都可以表示为数组。在深度学习中，这些维度大小不同的数组统一被称为张量。抽象来看，深度学习中的所有处理操作都是对张量的处理。张量所具有的索引数多少就是我们所熟悉的维度、阶或者秩，因此请不要感到困惑。0 阶张量，如图 2.3 中神经元的输出，仅有一个数值，是没有索引的。同时，低阶张量还具有特殊的称谓，如下所示：

- 0 阶张量称为标量。
- 1 阶张量称为向量。
- 2 阶张量称为矩阵。

　　张量的形状定义了每个索引可表示值的数量。例如 64×32 像素大小的灰度图，则对应张量的形状为 (64, 32)。使用深度学习时，仅仅了解张量的这些知识就足够了。但是请注意，当你使用 Google 搜索 "张量" 时，可能会发现令人害怕的东西，例如通过张量的变换特性对张量进行数学定义。不过不必担心，在深度学习中，张量只是具有特殊结构(如矢量或矩阵)的数据容器。如果你想再巩固一下向量和矩阵的相关知识，建议阅读 *Deep Learning with Python* 一书的第二版(François Chollet 著，Manning 出版社，2017 年)第 2 章的内容(请参阅 http://mng.bz/EdPo)中有相关内容的进一步解释阐述。

2. 软件工具

　　张量操作处理软件框架的开发对推动深度学习的普及起到至关重要的作用。在本书中，我们主要使用 Keras 软件框架(请参阅

https://keras.io/)和 TensorFlow 软件框架(请参阅 https://www. tensorflow. org/)，它们是当前深度学习开发研究人员最常用的两个框架。其中 TensorFlow 是由 Google 公司开发的开源框架，对深度学习实现提供了强大的支持。而 Keras 是一个用户友好的高级神经网络 API，采用 Python 语言开发，能够在 TensorFlow 上运行，便于用户快速实现原型网络。

为了完成本书中的练习，我们建议你使用 Google 的 Colab 环境(请参阅 https://colab.research.google.com)作为在浏览器中运行的云解决方案。在 Colab 环境中，深度学习中最重要的框架、软件包和工具均已安装配置好了，你可以立即开始编程。如果你想在自己的计算机上安装深度学习框架，我们建议你按照 Chollet 所著图书的第 3 章(请参阅 http://mng.bz/NKPN)中的相关说明和提示进行安装。

- 为了更深入地研究 TensorFlow，可以先从 Martin Görner 的教程入手(请参阅 https://www.youtube.com/watch?v= vq2nnJ4g6N0)。
- 要了解有关 Keras 的更多信息，我们建议你直接访问网站 https://keras.io/。

我们使用 Jupyter notebooks(请参阅 https://jupyter.org/)为你提供一些编程动手练习和代码示例。Jupyter notebooks 可以将 Python、TensorFlow 和 Keras 等代码，与文本和 Markdown 标记混合使用。Jupyter notebooks 代码文件由多个独立单元构成，每个单元包含文本或代码，并独立执行。这使得你可以通过仅更改独立的单元格中的代码来实现整体代码的调试。在许多练习中，我们提供了大部分代码你可以在独立单元中自己编写代码来实现该实验的功能调试。同时，你也可放心地在 Jupyter notebooks 代码文件中的任意位置更换代码，而不会改变程序结构。鉴于深度学习通常涉及大量数据集并需要巨大的计算能力，我们摘录了一些简单的深度学习示例，以便于你可以与 Jupyter notebooks 快速交互结果和调试参数。我们在本书中使用以下图标，指示你此时应该打开 Jupyter notebooks，调试练习相关代码：

可以直接在 Google Colab 中打开 Jupyter notebooks，然后在浏览器中编辑和运行它们。Colab 非常方便、实用，不足之处是需要在线运行。另一个选择(适合离线工作)是使用我们提供的 Docker 容器。有关如何安装 Docker 容器的详细信息，请参阅网站 https://tensorchiefs.github.io/dl_book/。在 Jupyter notebooks 中，我们使用以下图标指示你此时结束编程练习，返回书本继续学习：

3. 设置第一个神经网络模型来识别真假钞票

下面开始进行第一个深度学习实验。在此实验中，使用单个人工神经元来区分真假钞票。

 实操时间　打开网站 http://mng.bz/lGd6，你将在其中找到一个数据集，该数据集共包含 1372 个样本，对应 1372 张钞票，每个样本包含 2 个特征和 1 个样本类别标签 y，其中两个特征为钞票的表征数据，类别标签表明样本实际真假情况。

数据集样本中的两个特征数据是按照传统图像分析中经常使用的方法，通过对钞票图像进行小波分析构建得到的。按照通常做法，首先把输入和期望输出存储在两个单独的张量中。其中输入数据集包含 1372 个数据实例，每个实例由两个特征描述，需要一个二维张量对其进行表示，第一维，也被称为 0 轴，用于描述样本。在本例中，你有一个形为(1372,2)的二维输入张量。而期望输出是正确的类别标签，它可以存储在形为(1372)的第二个一维张量中。

深度学习模型通常在显卡(也称为 GPU)上运行。这些 GPU 的内存通常是有限的，因此，无法一次处理整个数据集。整个数据集通常被分成较小的批次，每个数据批次仅包含整个数据集的一部分，这些批次数据通常被称为小批数据(mini-batch)，通常包含 32、64 或 128 个数据实例。在我们的钞票示例中，我们使用大小为 128 的小批数据。

由于钞票仅由两个特征描述，因此可以在平面图中轻松展示出钞票的全部特征，如图 2.5 所示。从图中可以明显看出，两个类别是无法通过一条简单的直线进行分隔区别的。

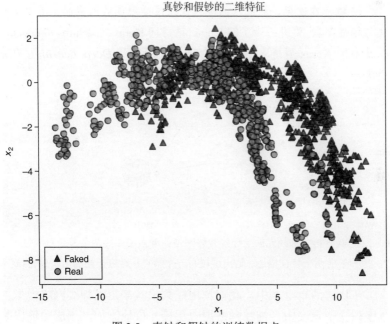

图 2.5 真钞和假钞的训练数据点

如图 2.6 所示，构建一个单神经元神经网络，并设定其激活函数为 Sigmoid 函数，以此作为分类模型，对如图 2.5 所示的真假钞票数据进行分类判别，所构建的单模型也称为逻辑回归模型。

在编写 Keras 代码之前，首先构建模型所需的张量数据结构。什么是网络的输入呢？如果仅采用单个样本数据进行训练，那么神经网络的输入为包含两个元素的向量(下一节再讨论偏置项的处理方法)。如果采用批处理的方式进行训练，每批样本数为 128，那么神经网络的输入为形为(128,2)的 2 阶张量(矩阵)。通常，在定义网络的时候，并不会提前指定批处理的大小，此时，可以采用None 标识作为相关函数中关于批处理大小参数的特定输入。定义好输入后，如图 2.6 所示，所构建的单神经元用 Sigmoid 激活函数激活神经网络后，进一步对输入进行处理。

注意　在这里，我们仅简要讨论深度学习实验所需的主要功能模块与相关函数。要进一步了解 Keras，请访问 Keras 网站 https://keras.io/，以及参阅 Keras 创建者 François Chollet 所著的 *Deep Learning With Python*。

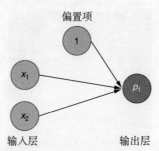

图 2.6　具有单个神经元的全连接神经网络。输入层中的两个节点对应每张钞票的两个特征描述。输出层仅有一个节点，对应于类别 1(真钞)的概率

在代码清单 2.1 中，我们使用序列模式来定义神经网络模型。在序列模型定义中，神经网络层一层接一层地添加，一层的输出是下一层的输入，以此类推。因此，除神经网络的第一层外，你通常不需要对其他神经网络层的输入张量形状进行预先设定，但对于第一层，你需要明确设定外部输入张量的形状。

在后台，Keras 将所构建的模型转换为具体的张量运算。在代码清单 2.1 中的简单模型中，稠密层 Dense(1)的输入张量为 *X*，其维度为(batch_size，2)。稠密层 Dense(1)中输入的张量 *X* 与 1×2 向

量 *W* 相乘，然后加上偏置项 *b*，之后进一步经过激活函数处理，最终得到了长度为 batch_size 的向量。如果你无法理解这一步，请浏览 http://mng.bz/EdPo 网站上 Chollet 所著的 *Deep Learning With Python* 一书的第 2 章，以了解有关矩阵乘法的更多信息。

　　定义模型后，模型已完成编译，此时需要确定设置所采用的损失函数和优化函数。在该实验中，我们使用交叉熵损失函数，该函数通常用于分类模型，对模型的正确分类预测能力进行量化度量。你将在第 4 章了解有关损失函数的更多信息。最后但同样重要的是，在迭代训练过程中，我们将采用随机梯度下降算法(Stochastic Gradient Descent, SGD)来对神经网络的权重参数进行优化。关于 SGD 算法，我们将在第 3 章具体讨论。整个神经网络的拟合训练过程是通过调整模型所有的权重参数，以不断减小模型损失，并最终使损失达到最小值。在模型训练过程中，每个小批训练数据(本例中为 128 个)输入模型后，模型的权重参数都会得到更新。对完整数据集的一次迭代称为一个训练周期(epoch)，在该实验中共训练 400 个周期。

代码清单 2.1　输入后仅为单个神经元的神经网络的定义

```
model = Sequential()

model.add( Dense(1,
           batch_input_shape=(None, 2),
           activation='sigmoid')
)
sgd = optimizers.SGD(lr=0.15)



model.compile(
        loss='binary_crossentropy',
        optimizer=sgd
)
history = model.fit(X, Y, epochs=400,
                    batch_size=128)
```

向神经网络添加新层，所添加的新层仅包含单个神经元，即 Dense(1)参数中的 1

输入大小为 (BatchSize,2) 的张量，参数 None 表示我们现在不需要明确指定批次数据的大小

Squential 开始定义网络

定义并使用随机梯度下降优化器

选择 Sigmoid 激活函数(如图 2.4 所示)

编译模型,结束模型的定义

设定批数据大小，每批数据包含 128 个样本

使用 *X* 和 *Y* 中存储的数据,对模型进行 400 周期的训练

实操时间　运行 http://mng.bz/lGd6 网站上的 Jupyter notebooks 代码文件，将得到模型的训练结果图，从中你会发现随着训练周期的增加，模型损失不断减少，模型分类准确性不断提高，这表明很好地实现了模型的优化训练。

下面使用训练好的神经网络进行预测，并对预测效果进行分析评估。如图 2.7 所示，给定不同的特征 x_1 和 x_2，得到了神经网络预测能力的系统性评估结果。

在图 2.7 中，采用不同灰度对神经网络关于实例类别的预测概率进行表示，每个实例对应一个二维特征数据，即图中二维特征空间的一个点。灰度颜色越深，对应的神经网络预测概率越小，表示该钞票为真的概率越小，为假的概率越大；反之，灰度颜色越浅，对应的神经网络预测概率越大，表示该钞票为真的概率越大。灰色(黑和白的中间颜色)表示特征空间中两个类别概率均为 0.5 的位置，其上侧的特征点概率小于0.5，判断为假钞，下侧的特征点概率大于0.5，判断为真钞。因此，该灰色边界被称为决策边界。由图可见，该决策边界是一条直线。这实际上并不是巧合，而是 Sigmoid 激活函数单神经元神经网络的固有特点：对于二维特征输入，它的决策边界是一条直线，没有任何弯曲扭曲；对于三维特征输入，它的决策边界是一个没有任何扭曲的平面；对于超过三个维度的特征输入，它的决策边界是一个超平面，同样不存在任何扭曲。

由图 2.7 中下图可见，真假钞票的真实边界并不是一条直线，而是一条曲线，因此单个神经元无法根据钞票二维特征，准确输出真钞票概率，并实现真假钞票的准确判别。为了获得更灵活、表达能力更强的模型，在输入层和输出层之间，引入了一个附加层，如图 2.8 所示。由于新添加神经网络层的数值是根据输入层数值进一步计算得到的，无法直接观测，因此该层也被称为隐藏层。

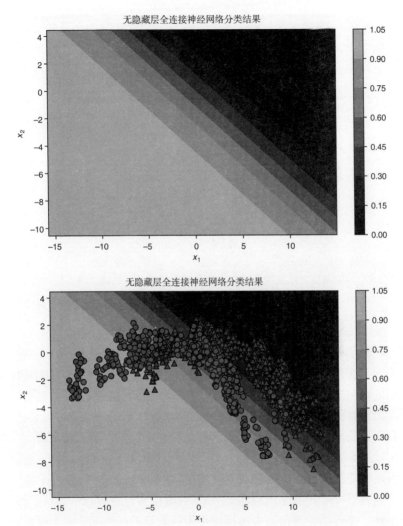

图 2.7 输入层之后只有一个神经元的神经网络给出了线性决策边界。二维特
征空间背景颜色显示了是真钞的不同可能性。下图进一步叠加了训练
数据，表明线性决策线难以对真假钞票间的类别边界进行拟合

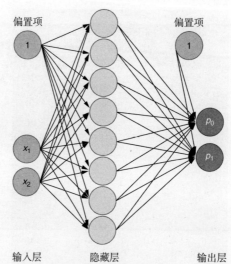

图 2.8　单隐藏层全连接神经网络。隐藏层由 8 个节点组成，输入层具有 2 个
节点，与钞票数据集中的两个特征对应，输出层具有 2 个节点，对应
于真钞和假钞两个类别

　　新构建的隐藏层包含 8 个神经元，其信息处理过程为：首先，
隐藏层神经元对输入特征进行加权求和，在该计算过程中，对于不
同的隐藏层神经元，输入都是相同的，不同的是求和权重；然后，
隐藏层神经元进一步采用激励函数，对加权求和值进行非线性转换；
最后，隐藏层神经元输出相应计算结果。从特征表示的角度看，也
可以把隐藏层中的神经元视为原有输入的新特征表示。最初，钞票
由两个特征值表示，经隐藏层处理后，它由 8 个新特征表示，即 8
个隐藏层神经元的输出。因此，添加隐藏层有时也被称为特征扩展。
当然，你可以在隐藏层中选择使用不同数量的神经元，这实际是神
经网络设计的一部分。

　　输出层给出了该实例为真钞或假钞的概率。如你所见，在二元
分类问题中，采用一个神经元就够了，因为知道一个类别的概率 p，
那么另一个类别的概率就确定为 $1-p$。当然，也可以采用两个神经
元作为输出：一个神经元输出第一个类别的概率，另一个神经元输

出第二个类别的概率。这种输出层设计很容易扩展应用于两个以上类别的分类任务，其中输出层的神经元数量与分类问题的类别数量保持一致，每个神经元代表一个类别，神经元的输出即为该类的预测概率。那么，如何实现呢？在神经网络中，主要采用 softmax 函数来实现：以输出层神经元计算得到的加权求和 z_i 为输入，采用函数 $p_i = \mathrm{e}^{z_i} \big/ \sum_j \mathrm{e}^{z_j}$ 对其进行计算，进而得到相应概率 p_i。

采用 softmax 进行处理，可以确保神经网络的输出介于 0 到 1 之间，并且所有输出加起来等于 1。因此，你可以把 p_i 视为类别 i 的预测概率。softmax 中的 soft 表示，神经网络不是直接把可能的类别硬性地输出为最终结果，而是通过赋予其他类别较小的概率，间接地把可能的类别软性地输出为最终结果。

为了与神经网络的输出保持一致，需要对训练数据的 y 向量进行适当更改。在原训练数据中，$y=1$ 表示该钞票为真，则 $y=0$ 表示该钞票为假。在新的训练数据中，与神经网络输出对应，一个样本标签 y 应该描述两个可能的输出，即真钞的输出应该为 $p_0=1$ 和 $p_1=0$，假钞的输出应该为 $p_0=0$ 和 $p_1=1$。对于此类问题，神经网络中常常采用独热编码来实现：首先建立一个零向量，其长度由类别数量多少决定(此处为两个)，然后设置第 y 位置所对应的条目为 1。因此按照独热编码规则，对于 $y=0$，将第 0 个条目设置为 1，得到向量(1,0)，对于 $y=1$，则得到向量(0,1)。有关所构建的全连接神经网络新架构，请参见图 2.8，相应的 Keras 实现代码，请参见代码清单 2.2。

代码清单 2.2　具有 1 个隐藏层的网络定义

具有 8 个神经元的
隐藏层的定义

```
model = Sequential()
model.add(Dense(8, batch_input_shape=(None, 2),
                   activation='sigmoid'))
model.add(Dense(2, activation='softmax'))
# compile model
model.compile(loss='categorical_crossentropy',
                   optimizer=sgd)
```

具有 2 个输出神经元的输出层

采用新的神经网络结构，训练后，得到分类结果如图 2.9 所示。由图可见，该网络生成了弯曲的决策曲线，可以更好地对训练数据进行分类识别。

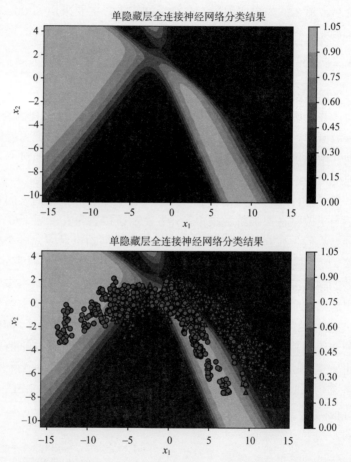

图 2.9　全连接神经网络产生了弯曲的决策边界。二维特征空间的灰度背景表示全连接神经网络对目标为真钞的预测概率，全连接神经网络包含一个具有 8 个神经元的隐藏层，网络输入为钞票特征 x_1 和 x_2。下图覆盖了训练数据，清晰地表明了弯曲的决策边界可以更好地对真假钞票间的边界进行拟合

实操时间　打开网站 http://mng.bz/lGd6，在真假钞示例的 Jupyter notebooks 代码文件中，添加更多隐藏层。完成上述操作后，恭喜你，关于深度学习你已经入门了。它比机器学习要容易得多(如图 2.10 所示)。

图 2.10　正在工作的深度学习专家。灵感来自网站 http://mng.bz/VgJP

那么，如果再添加一个隐藏层，会发生什么呢？原则上，它和添加第一个隐藏层效果一样，新的隐藏层仍可被看成新的特征表示，不同的是，它的输入不是直接来自神经网络的输入层，而是来自于它的上一层。例如，第二个隐藏层的特征表示是由第一个隐藏层中的特征构建的(如图 2.12 所示)。这种特征的层次构造结构是非常高效的，因为它可让你逐步进行复杂特征学习，基于上一层简单的特征，在下一层可以构建更抽象的复杂特征。

通过堆叠更多的隐藏层，可以使神经网络构造的特征更具层次性和复杂性。随着层数的加深，隐藏层所构建的特征表示也越来越抽象，越来越聚焦于具体任务。隐藏层的数量和每层神经元的个数是神经网络设计的一部分。因此，你需要根据问题的复杂度、个人经验以及其他人的研究成果，进行综合考虑和设计。

深度学习的主要优点是不需要预先定义网络权重，来决定网络如何从前一层的特征构造下一层的特征。神经网络可以通过训练自己学会这一点。并且，在神经网络训练过程中，也不需要对每个神经网络层分别进行训练，一般是进行整体训练，即所谓的端到端训练(end-to-end training)。整体训练的好处是，每一层中权重的变化都会自动触发联动其他层的适应性变化调整。在第 3 章，你将学习如何实现神经网络的整体训练。

2.1.3　使用全连接神经网络对图像进行分类

现在，运用前面学习的知识，建立一个更大的神经网络，并在手写数字识别任务中，对其进行训练测试。不同的科学学科经常采用不同的模型系统作为基准，对它们领域中的方法进行测试。譬如，分子生物学家使用一种名为 C. Elegance 的蠕虫进行测试，社交网络分析中经常采用 Zachary Karate Club 数据。同样，在深度学习中，经常采用著名的 MNIST 数字数据集作为基准测试集，对深度神经网络性能进行测试。该基准数据集由 70 000 个手写数字组成，可以从网站 http://mng.bz/xW8W 进行下载。数据集中的每个样本是一个手写数字灰度图像，图像大小为 28×28 像素，每个灰度像素的取值范围为 0～255。图 2.11 显示了该数据集的前 4 幅图像。

该数据集在机器学习领域非常出名。如果你开发了一种新的图像分类算法，通常需要在 MNIST 数据集上，对算法性能进行测试和报告。MNIST 数据集中的图像为灰度图像，每一像素的灰度值用 0～255 中的一个整数表示。一般为了公平地比较，还有一个标准的数据拆分规则：60 000 幅图像用于训练网络，10 000 幅图像用于测试网络。在 Keras 中，你可以用一行代码下载整个数据集，如代码清单 2.3 所示。也可以从 http://mng.bz/AAJz 网站下载此部分配套的 MNIST notebook 程序文件，便于后续的实验调试。

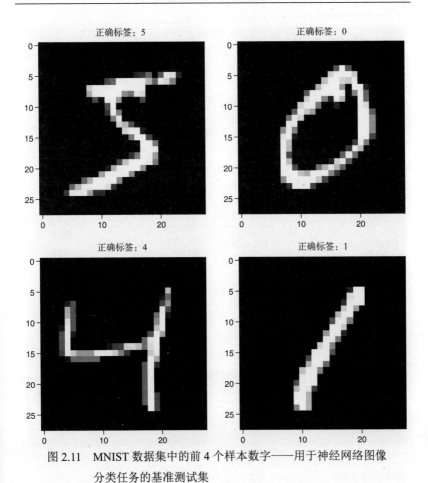

图 2.11　MNIST 数据集中的前 4 个样本数字——用于神经网络图像
　　　　分类任务的基准测试集

　　简单的神经网络无法处理二维图像处理，仅能处理一维向量数
据。因此，需要将大小为 28×28 像素的二维图像数据压平成大小为
28×28 像素=784 的一维向量，作为神经网络的输入。神经网络的输
出应指明输入图像是数字 0~9 中的哪个数字。更准确地说，对于输入
图像，需要对神经网络认定为某个数字的概率建模。因此，神经网络
的输出层具有 10 个神经元，每个数字类别对应一个，并采用 softmax
作为激励函数，以确保计算出的输出可以理解为概率(0 和 1 之间的

数字),且概率总和为 1。在此示例中,神经网络应包含多个隐藏层。
图 2.12 是一个全连接神经网络的简化版本,代码清单 2.4 中给出了相
应的 Keras 代码。

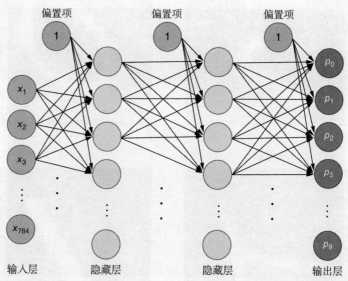

图 2.12　具有两个隐藏层的全连接神经网络。在 MNIST 示例中,输入层有 784
　　　　　个值,对应于 28×28 像素的图像;输出层有 10 个节点,对应于数字
　　　　　图像的 10 个类别

代码清单 2.3　加载 MNIST 数据

```
from tensorflow.keras.datasets import mnist
(x_train, y_train), (x_test, y_test) = \
mnist.load_data()              加载 MNIST 训练
                               集(60 000 幅图像)
                               和测试集

X_train = x_train[0:50000] / 255
Y_train = y_train[0:50000]        取 50 000 幅图像进行训
                                  练,并分别将其像素值
Y_train = to_categorical(Y_train,10)  除以 255,以使像素值的
X_val=x_train[50000:60000] / 255   取值范围在 0 到 1 之间
...
                                  把以 0 到 9 整数给出的类
             对验证集进行          别标签,转换存储为独热
             相同的预处理          编码向量
```

注意 该代码清单中，我们还没有用到测试集。

另外，在代码清单 2.4 中，我们首先把类别标签存储在 y_train 变量中，然后进一步将每个类别标签转换为大小为 10 的类别向量，得到标签矩阵 Y_train，以匹配神经网络的输出。例如，数字 1 标签被转换为(0,1,0,0,0,0,0,0,0,0)，这就是所谓的独热编码方式。在下面的代码清单中，将看到一个小的全连接神经网络，它使用独热编码标签矩阵 Y_train 进行训练。

代码清单 2.4 MNIST 数据的全连接神经网络的定义

```
model = Sequential()

model.add(Dense(100, batch_input_shape=(None, 784),
                    activation='sigmoid'))
model.add(Dense(50, activation='sigmoid'))
model.add(Dense(10, activation='softmax'))

model.compile(loss='categorical_crossentropy',
              optimizer='adam',
      metrics=['accuracy'])

history=model.fit(X_train_flat, Y_train,
                  batch_size=128,
                  epochs=10,
                  validation_data=(X_val_flat, Y_val)
                  )
```

第一个隐藏层具有 100 个神经元，与输入层连接，输入层大小为 28×28，对应图像的所有像素

第二个全连接层具有 50 个神经元

第三层为输出层，具有 10 个神经元

采用比 SGD 更快的优化器(请参阅第 3 章)

在训练过程中，计算记录准确性指标，具体定义为对于训练集和验证集，神经网络正确预测分类所占的比例

实操时间 现在打开网站 http://mng.bz/AAJz 上的 MNIST notebook 程序文件，运行它，并尝试理解上面的代码。

通过观察损失函数随迭代次数的变化曲线，如图 2.13 所示，可以发现该模型很好地拟合了训练数据。经测试，训练好的全连接神

经网络在验证集上的准确性约为97%，这还不错，但当前最优结果为99%左右。

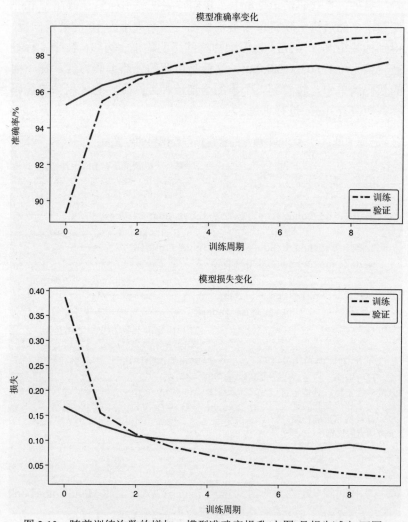

图 2.13　随着训练次数的增加，模型准确率提升(上图)且损失减少(下图)

建议你玩一下"深度学习游戏"，在该实验中，请尝试叠加更多隐藏层，看看会出现什么结果。另一个经常使用的调试技巧是用更简单的 ReLU 激活函数替换隐藏层中的 Sigmoid 激活函数。其中，ReLU 是修正线性单元，虽然简单，但实际效果非常好。如图 2.14 所示，该函数对于所有负值输入，输出为零，对于所有的正值输入，直接等值输出。可以看出 ReLU 仍属于非线性函数，而在隐藏层中使用非线性激活函数是非常必要的。由于一个线性层相当于一个矩阵相乘，多个线性层相当于多个矩阵相乘，而多个矩阵相乘可以转换为一个矩阵相乘，因此如果使用线性函数作为激活函数，就可以把多个叠加的线性层替换为一个线性层，也就是说，一个线性层和多个线性层的效果是一样的，叠加多个线性层不会产生任何实际效果。在 Keras 中更改激活函数非常简单，只需要把函数 sigmoid 替换为 relu 即可。如果想尝试一下，可在 http://mng.bz/AAJz 网站 notebook 程序文件中，对相应激活函数进行更改。

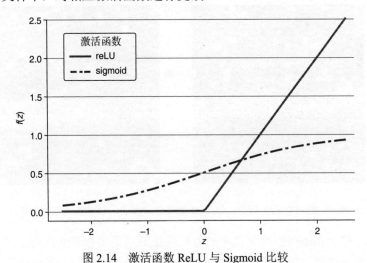

图 2.14　激活函数 ReLU 与 Sigmoid 比较

　　下面通过一个小实验研究一下，如果在像素值输入网络之前，将像素值位置打乱，会出现什么结果呢。图 2.15 显示了与图 2.11 相同的数字，但是数字图像中的像素位置已经完全打乱，重新进行了随机排列。

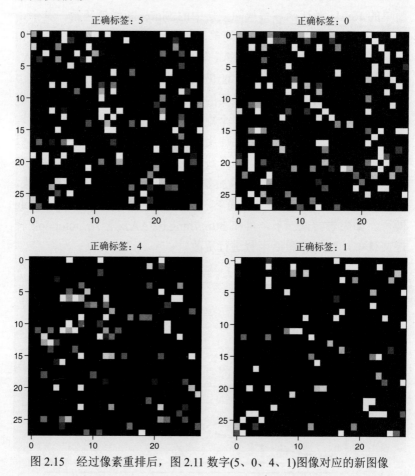

图 2.15　经过像素重排后，图 2.11 数字(5、0、4、1)图像对应的新图像

　　对于 MNIST 数据集中的每幅图像数据采用相同的排列方式进行重新排列。如果让你对重排后的数字图像进行识别，相信即使你看过几千个样本后，你也很难正确地说出相应的数字。那么，神经网络仍然可以识别出正确的数字吗？

实操时间 尝试使用 http://mng.bz/2XN0 网站上的 MNIST notebook 代码，看看能得到什么结果。

注意 你仅需学习调试"MNIST 数据 CNN 分类识别模型"这一节之前的程序。"MNIST 数据 CNN 分类识别模型"这一节的程序，我们将在后续学习卷积神经网络的时候进行调试学习，那时会重新访问该文件。

在该实验中，考虑到网络性能上下合理波动，从统计意义上讲，你可能会得到相同的准确率。起初这可能令人感到意外，但仔细一想，对于全连接神经网络架构，输入数据的具体顺序是不重要的。因为这种类型网络没有相邻像素的概念，不存在什么邻域的问题，因此全连接神经网络也被称为置换不变神经网络。其性能与输入数据的具体顺序没有任何关系，输入数据位置的变换，对网络性能不产生任何影响(但训练数据顺序和新测试数据顺序应保持一致)。然而，真实图像并不具有置换不变性，临近像素往往具有相似的像素值。如果你随机置换图像像素位置，人眼将无法识别它们。同时，两张相同数字图像也并不需要像素值完全相同，对图像中像素进行稍微移动或平移，图像仍然能正常显示原有对象。

人类在视觉任务中表现出色，但对重新打乱的图像却存在识别困难。这表明人类在进化过程中，找到了如何利用图像特性进行识别的新方法。虽然全连接神经网络适合于顺序无关数据，例如电子表格类数据，但当数据中顺序或空间关系变得重要时，就需要更合适的神经网络架构，譬如卷积神经网络。虽然原则上讲，全连接神经网络也能用于图像数据，但为了让网络能学习到邻近像素具有相似性和图像整体具有平移不变性，可能需要更多的网络层和更庞大的训练数据集。

2.2 用于图像类数据的卷积神经网络

虽然对于全连接神经网络，即使仅有一个隐藏层，也可以对任何函数进行表示，但对于复杂函数，全连接神经网络将变得非常庞大，权重参数也非常多，以至于通常没有足够的训练数据来拟合它们。深度学习的许多进步都围绕着架构创新开展，通过构建能对数据结构信息进行有效利用的网络架构，来实现网络性能的提升。对于图像类数据，一种有效的网络结构是卷积神经网络。

在前面的内容中，我们对单隐藏层全连接神经网络进行了讨论，如图 2.8 所示，我们知道隐藏层中的神经元可以看作基于输入特征得到的新特征，隐藏层神经元的数据决定了新构造的特征数量。因此，这意味着如果你想解决一个复杂的问题，需要在隐藏层中设置大量神经元。然而，隐藏层包含的神经元越多，需要学习的参数就会越多，进而所需的训练数据也越多。通过层次堆叠，可以使模型能够以分层方式学习适用于任务的特征。与单隐藏层全连接神经网络相比，这种网络堆叠方式可以通过较少的参数，来构建复杂的特征，所需训练数据也比较少。

根据上一节内容，我们知道，如果向全连接神经网络添加更多隐藏层，则可以进一步拓展全连接神经网络性能。使网络变深是增强神经网络性能的重要技巧，这也是深度学习命名的由来。同时，我们还知道，由于全连接神经网络会忽略图像像素间的相邻结构，这表明可能有其他更好的神经网络架构来处理图像数据。事实上，如果没有能利用图像局部结构信息的网络架构，深度学习就不可能在计算机视觉领域取得成功。

使神经网络能适用于图像数据等局部相关数据，具备局部相关信息提取能力的核心关键就是所谓的卷积层。在本节中，我们介绍说明卷积层的工作原理。主要由卷积层构成的神经网络被称为卷积神经网络(Convolutional Neural Networks，CNN)，其应用范围非常广泛，包括：

- 图像分类，例如区分卡车与路标
- 视频数据预测，例如生成未来的雷达图像以进行天气预报
- 基于图像或视频的生产线质量控制
- 组织病理切片中不同肿瘤的分类和检测
- 同一图像中不同对象的分割

2.2.1　卷积神经网络架构中的主要思想

下面聚焦于图像数据，并讨论一种特定类型的神经网络架构，该架构考虑并利用了图像中高度局部化结构的特点，如图 2.16 所示。2012 年，Alex Krizhevsky 在国际知名的 ImageNet 竞赛中采用了这种架构，使得深度学习在计算机视觉领域取得了重要突破。

图 2.16　图像分解为多种局部结构特征，例如边缘、纹理等等

现在，我们深入探讨卷积神经网络架构特点，看看它们是如何得名的。首先让我们看一下卷积神经网络的主要思想：不是对相邻层的所有神经元进行连接，而是仅将一小块相邻像素连接到下一层的神经元，如图 2.17 所示。通过这个简单的技巧，网络架构内置了图像局部结构，并且显著减少了神经网络中权重参数的数量。如图 2.18 所示，如果按照此局部连接模式，仅将一小块区域像素，例如 3×3 像素区域，与下一层神经元相连接，那么仅需要学习 $3 \times 3 + 1 = 10$ 个权重参数，便可按公式 $z = x_1 \cdot w_1 + x_2 \cdot w_2 + \cdots + x_9 \cdot w_9 + b$ 计算求取加权和，作为下一层神经元的输入。

如果你以前做过经典图像分析，那么会知道这个想法并不是一个新概念。这里所做的实际上就是一般的卷积。

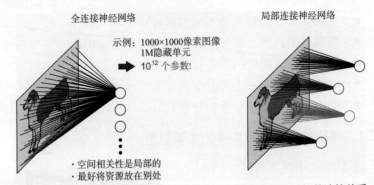

图 2.17　不同神经网络架构下，输入图像与第一个隐藏层神经元间的连接关系，左图为全连接神经网络架构，右图为卷积神经网络架构。图中省去了偏置项

输入图像 6×6×1							3×3 卷积核				特征/激活图 4×4×1			

255	220	150	200	110	100
240	50	35	45	200	130
0	20	245	250	230	120
170	180	235	145	170	255
190	185	170	165	130	120
255	255	245	190	200	175

-0.7	0.2	0.1
0.3	0.5	0.4
-0.2	-0.4	0.2

32.5	-105.5	185.5	54
-105.5	104	217.5	31
-44	224	38.5	-18
-60.5	213.5	52.5	37.5

图 2.18　采用 3×3 卷积核，设置步长为 1，无填充，对 6×6 像素的灰度图像进行卷积处理，得到 4×4 像素的特征图输出。将卷积核应用于所有 16 个可能的位置，计算得到激活图中 16 个不同的值。在输入图中，用粗实线和虚线边框标记了两个可能的卷积核位置，在激活图中，也采用相同边框对相应卷积计算结果进行了标记。卷积神经网络通过将像素值与其上覆盖的卷积核值相乘，然后对所有相乘结果求和(假设偏差为 0)，计算得到相应卷积结果

　　如图 2.18 所示，有一个 6×6 像素大小的小图片和 3×3 大小的卷积核，小图片为卷积处理的输入，卷积核为预先定义的网络权重。把卷积核放到输入图片上，并以 1 个像素为步长(此时跨度=1)，移

动卷积核，得到多个不同的卷积位置(图中共 16 个)。在每个卷积位置，把卷积核权重和其所覆盖的小区域像素逐元素相乘，并按照 $z = x_1 \cdot w_1 + x_2 \cdot w_2 + \cdots + x_k \cdot w_k + b$ 公式逐项相加，得到卷积核和小区域图像的卷积和，也即网络神经元间的加权和。其中 w 为卷积核中的权重，k 是连接到每个神经元的像素数，由卷积核大小决定，b 是偏置项。在每个卷积位置上，计算得到的卷积和对应于输出矩阵中的一个元素，移动卷积核，在不同卷积位置上进行计算，最终得到输出矩阵，完成输入图像与卷积核的卷积处理操作。卷积处理后输出的矩阵也称为激活图或特征图。

在图 2.18 的示例中，卷积操作的输入为大小为 6×6 像素图像，卷积核为 3×3 大小内核，两者进行卷积处理，最终得到大小为 4×4 像素的激活图输出。在卷积处理中，卷积核在输入图像上移动时，要求卷积核必须处于图像内部，这样就会得到维度减少的激活图。例如，如果卷积核大小为 3×3，则与原输入图像相比，生成的激活图中各个维度都会少一个像素，如果卷积核大小为 5×5，则生成的激活图中各个维度都会少两个像素。如果要保持卷积后图像大小不变，可以对输入图像采用零填充处理(可设置参数 padding='same'，这是代码清单 2.5 中卷积层定义函数中的参数。如果你不希望零填充，可设置参数 padding='valid')。

在卷积神经网络中，可以通过网络训练，学习卷积核权重(请参阅第 3 章)。因为在每个卷积位置都使用相同的卷积核，即网络权重是共享的，在我们的示例中，只需要学习 3×3=9 个权重即可计算得到整个激活图。一般还包含一个网络偏置项，即共需要 10 个权重。请访问网址http://setosa.io/ev/image-kernels/，将不同内核应用于真实图像，实时交互一下，看看输出什么结果。

激活图中的值具有什么意义,能告诉我们什么信息呢? 实际上，在卷积处理过程中，如果将内核应用于图像中所有可能的位置，则会得到一个强信号输出，信号的底层图像展示了内核的模式；如果卷积核所覆盖的区域图像不完全，则会得到一个弱信号输出。将卷积核应用于图像中所有可能位置，把所有不同位置的卷积和输出进行排列组合，就会得到卷积输出图。可见，卷积输出图能清晰地表示出输入图像的哪个位置出现了卷积核所包含的内在模式，这也是卷积输出图像通常被称为特征图或激活图的原因。

　　同一激活图中的神经元都具有相同数量的输入连接，并且连接权重也相同，但每个神经元所连接的上层区域块是不同的(你很快就会看到，实际应用中常常使用多个卷积核)。这意味着同一特征图中的神经元在上层输入的不同位置，共同寻找同一模式，图 2.19 对这一点进行了充分说明。如图 2.19 所示，输入图像是由多个矩阵区域构成的抽象图像，卷积核具有"垂直边界"模式，输出的特征图为输入图像与卷积核的卷积处理结果。我们经常会采用图 2.19 所示的处理技术进行图像处理，譬如来增强或模糊图像的边缘。请访问网站 http://setosa.io/ev/image-kernels/，以了解不同卷积核对复杂图像的处理效果。

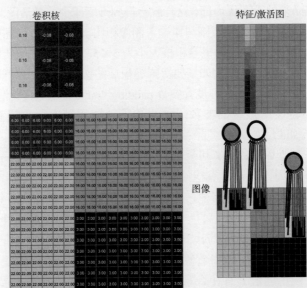

图 2.19　将一个 3×3 卷积核(左上，其权重表示一种垂直边界模式)，与由多个方形区域构成的图像(左下图和右下图)进行卷积处理，最终输出一个特征图。特征图突出显示了输入图像中垂直边界的位置(右上图)。在左半部分图中，数字表示卷积核的权重值(左上图)和输入图像的像素值(左下图)

在图 2.19 中，可以在输入图像的三处位置看到卷积核的垂直边界(从亮到暗)。其中，在输入图像从亮到暗的垂直边界处，通过卷积处理，可以获得较高的输出值，在激活图中显示为深灰色像素；在输入图像的从暗到亮的垂直边界处，通过卷积处理，可以获得较低的输出值，在激活图中显示为浅灰色像素；在其他不存在垂直边界的位置，卷积输出结果值不高也不低，在激活图中显示为中灰像素。由于本例中，卷积核(也称显示滤波器)所有权重的和刚好为 0，因此如果卷积计算中图像块具有恒定灰度值，则激活图中的对应输出为零。

2.2.2　"边缘爱好者"最小卷积神经网络

假设有一个艺术爱好者,他特别喜欢包含垂直边界的艺术图像。当前你的任务是对一组条纹图像进行预测，预测该艺术爱好者会喜欢其中的哪些图片。条纹图像中部分图像包含水平边界，部分图像包含垂直边界。因而，你需要构建一个垂直边界检测模型，以实现垂直条纹图像的快速识别。为此，可能需要执行类似于图 2.19 所示的操作，使用预定义的垂直边界滤波器进行卷积处理，并将生成特征图中的最大值作为最终的识别得分，以表明该艺术爱好者是否会喜欢这幅图。

当已经知道感兴趣的特征是什么，并且该特征能被描述为一种局部模式时，按照传统图像处理分析方法，可以使用预定义的卷积核进行图像卷积处理。在此情况下，直接采用传统图像分析方法是一种机智的做法。然而，如果你不知道该艺术爱好者喜欢垂直边界，只有他喜欢的和不喜欢的图像列表，此时，你该如何设置卷积核矩阵所包含的网络权重，以进行图像卷积处理呢？答案是使用卷积神经网络。图 2.20 给出了该网络架构的简单构成，其中卷积核的大小为 5×5，生成的隐藏层是一个特征图。

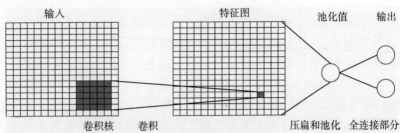

图 2.20   只有一个隐藏层的卷积神经网络，隐藏层由一张特征图组成。取特征
图中所有值的最大值作为池化值。本例中添加了一个稠密层来确定输
出中两个可能的类别标签的概率

通过卷积处理得到特征图之后，如果要进一步检测输入图像是否
包含卷积核模式，可以提取特征图矩阵的最大值作为特征值。基于特
征图最大特征值，就可以对该艺术爱好者喜欢这幅图像的可能性进行
预测。此时，结合前面分类识别网络相关知识，我想你已经知道该
如何设计网络了：添加具有两个输出节点的全连接层，使用 softmax
激活函数来确保能够将两个输出值看作两个类别的概率(该艺术爱好
者喜欢图像和该艺术爱好者不喜欢图像)，并且概率和为 1。一种可以
完成该任务的简单卷积神经网络如图 2.20 所示，首先在卷积层，原
始图像与小卷积核进行卷积处理，输出特征图(第一个隐藏层神经
元)，然后进行压扁和池化处理，得到特征图最大特征值，最后采用
单层全连接网络实现最终的分类识别。如图 2.20 所示的卷积神经网络
应该是能想到的最小规模的卷积神经网络架构了。采用 TensorFlow 和
Keras 对图像数据进行建模，需要创建如下形式的 4 维张量：

(批大小，高度，宽度，通道)

其中，批大小表示一批次训练所包含的图像样本数量，接下来
的两个元素则是以像素为单位对输入图像的高度和宽度进行定义，最
后一个维度定义通道数量。例如，典型的 RGB 彩色图像具有 3 个通
道，那么每张彩色图像由 256 行和 256 列像素构成，包含 128 张彩色
图像的批数据，可以以(128, 256, 256, 3)形状的张量存储表示。

可以使用简单的几行 Keras 代码来构建、训练和评估 CNN 模型(见代码清单 2.5)。你唯一需要的是由水平或垂直条纹图像和相应类别标签构成的数据集。当然，这可以很容易地通过仿真来建立。

实操时间　在网站 http://mng.bz/1zEj 上打开 edge lovers' notebook 程序文件，按照里面的说明生成仿真图像数据集，并训练拟合网络模型。对于训练好的卷积神经网络，从中找出学习到的卷积核权重，检查一下这些权重能否形成垂直边界。如果你无法重现结果，请不要担心。只需再次训练网络，直到获得相应结果。与此同时，实验研究一下不同激活函数和池化方法对结果的影响。

代码清单 2.5　边缘爱好者的卷积神经网络

构建一个卷积层，卷积核大小为 5×5，填充模式为 same

```
model = Sequential()

model.add(Convolution2D(1,(5,5),padding='same',\
                        input_shape=(pixel,pixel,1)))
model.add(Activation('linear'))

# take the max over all values in the activation map
```

添加一个线性激活函数(对所有值进行处理)

```
model.add(MaxPooling2D(pool_size=(pixel,pixel)))
model.add(Flatten())
model.add(Dense(2))
model.add(Activation('softmax'))
```

最大池化层提取特征图的最大值

压平前一层的输出，转换为一个向量

由两个神经元构成的稠密层，对两种类别概率进行预测

```
# compile model and initialize weights
model.compile(loss='categorical_crossentropy',
              optimizer='adam',
              metrics=['accuracy'])
```

增加一个 softmax 激活函数来计算这两个类别的概率

```
# train the model
history=model.fit(X_train, Y_train,
```

```
validation_data=(X_val,Y_val),
batch_size=64,
epochs=15,
verbose=1,
shuffle=True)
```

注意　在代码清单中，使用 padding ='same'的卷积层意味着输出特征图的大小与输入图像的大小相同。

在网站 http://mng.bz/1zEj 上，采用 edge lovers' notebook 程序进行实验时，你可能会发现并不总是能学习到垂直边界卷积核，有时会学习到水平边界卷积核。这很正常，因为数据集包含两类图像，分别具有水平边界和垂直边界，而分类任务就是区分水平边界图像和垂直边界图像，没有找到水平边界同样表明该图像仅包含垂直边界。

在这个"边缘爱好者"示例中，无论是你直接使用预定义的卷积核，或通过网络训练，间接学习卷积核权重，都可以得到相同的结果。但是在现实应用中，有时很难预先选取最佳分类模式，而能学习到最佳卷积核权重则是卷积神经网络的一个重要优势。在第 3 章中，将学习如何对网络进行训练，以得到卷积核权重。

2.2.3　卷积神经网络架构的生物学起源

"边缘爱好者"仅仅是一个简单示例。或许你可能会认为，在真实的大脑中肯定不会有喜欢边界的神经元。事实恰恰相反！实际上，在人类和动物的大脑中所谓的视觉皮层中确实就具有这样的边敏感神经元。两位生物学家，胡贝尔(Hubel)和维塞尔(Wiesel)因这一发现而获得了 1981 年诺贝尔生理学或医学奖。他们获得这一重大发现的方式非常有趣，而且正如科学研究中经常遇到的那样，有很多运气的成分。

在二十世纪五十年代后期，胡贝尔和维塞尔希望对猫视皮层神经元活动情况与外部刺激间的相关性进行研究。为此，他们麻醉了一只猫，并在它前面的屏幕上投影了一些图像。他们选择了一个神经元来测量它的电信号(如图 2.21 所示)。但是，该实验似乎没有任何结果，因为他们向猫展示不同的图像时，无法观察到神经元的刺激反应。为此，他们试图增大投影仪中幻灯片的播放频率，看看能有什么新的发现。随着播放频率越来越高，最终幻灯片被卡住了，他们摇了摇投影机，神奇的是，此时猫的神经元开始出现刺激反应。就是以这种方式，他们获得了诺贝尔奖级重大发现：如果边界图像从不同方向在猫眼的视网膜前滑过，将会激活视觉皮层中不同位置的神经元。

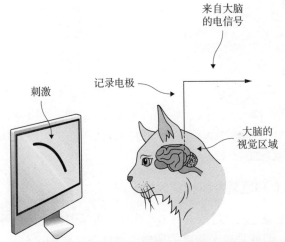

图 2.21　胡贝尔和维塞尔所做实验的装置。通过实验，他们发现当向猫
　　　　展示移动的边界时，猫的视觉皮层中的神经元会做出反应

　　随着大脑研究的不断进步，人们对大脑的认识越来越深刻。众所周知，在胡贝尔和维塞尔进行实验的大脑区域(也被称为 V1 区域)，上面的所有神经元都能对视网膜上不同区域获取的简单刺激做出反应。不仅猫是这样，其他动物和人类也是如此。此外，如图 2.22所示，当前人们还了解到 V2、V4 和 IT 等大脑其他区域的神经元会对越来越复杂的视觉刺激做出反应，例如整个面部。同时研究表明，神经元的信号可以从一个区域传递到另一个区域，并且一个区域中仅有部分神经元与下一个区域神经元相连接。通过神经元间的连接，

不同神经元刺激以分层方式组合在一起，最终使神经元能对越来越大的视网膜区域和越来越复杂的视觉刺激做出反应。

注意　你很快就能发现，深度卷积神经网络架构设计应该是受大脑视觉层次化检测机理的启发，即通过简单结构的层次化检测，最终实现复杂结构检测。但也不应该把两者过度类比，毕竟大脑中神经网络连接与卷积神经网络连接是不同的。

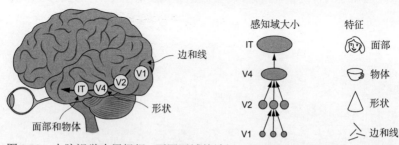

图 2.22　大脑视觉皮层组织。不同区域的神经元能对越来越大的感知域和越来越复杂的刺激做出反应

2.2.4　建立和理解卷积神经网络

与前面描述的"边缘爱好者"相比，实际图像分类任务更复杂。实际当中，即使是对于简单的图像分类任务，譬如区分 MNIST 数据集中的 10 个数字，卷积神经网络也需要学习更多更复杂的图像特征，而图 2.20 所描述的卷积神经网络架构过于简单，仅学会检测一种局部图像模式(如边缘)，能力十分有限，难以应用于复杂图像分类问题。那么该怎么做呢？我想你应该猜到答案了：把网络变深是主要秘诀。在变深之前，我们首先让卷积神经网络变广，增加第一层的卷积核数量，扩展特征学习能力。

每个卷积核都可以学习到一组权重，因此每个卷积核都会在隐藏层中输出一个激活图，如图 2.23 所示。此外，如果输入图像不仅仅包含 1 个通道，而是 d 个通道，则卷积核同样需要 d 个通道来匹配并计算生成激活图。对于一般的彩色图像，通常包含红色、绿色和蓝色三个通道，即 $d = 3$，此时正确的卷积核也应该包含 3 个通道，例如在绿色通道中具有"垂直边界"检测能力，在蓝色和红色通道中具有"水平边界"检测能力。当然，无论卷积核大小如何变化，仍然可以理解为神经网络加权和计算通式中的权重，确定了激活图中各神经元对应输入的强度。

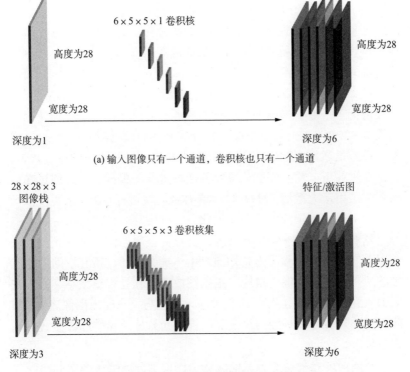

(a) 输入图像只有一个通道，卷积核也只有一个通道

(b) 输入图像具有三个通道，卷积核也具有三个通道

图 2.23　将输入图像与 6 个卷积核进行卷积，会得到 6 个激活图

　　现在讨论一下全连接神经网络和卷积神经网络之间的异同。全连接神经网络为每个神经元学习一组权重(学习过程将在第3章中讨

论），据此对前一层的输入进行组合，得到一个新数据，可以看作是图像的新特征表示，如图 2.8 所示。在全连接神经网络中，你可以通过添加网络层使神经网络变深，所添加网络层中的每个神经元都与下层网络中所有神经元相连接。从这个意义上讲，卷积神经网络中卷积核或激活图的数量是与全连接神经网络层中神经元的数量相对应的。如果你想使卷积神经网络变深，需要添加更多的卷积层，这意味着你需要对多个卷积层中的卷积核进行学习，而每层中的卷积核都进一步对前一层得到的激活图栈进行卷积处理。图 2.25 形象地展示了卷积神经网络的卷积过程，该网络包含 3 个卷积层。可以看出，卷积神经网络内部的激活图栈卷积，与第一层的多通道输入图像卷积没有什么区别。

图 2.23 中对 3 通道输入图像进行卷积，生成了 6 个激活图。但一般情况下，卷积神经网络中设置的卷积核远不止 6 个。通常第一层设置 32 个及以上的卷积核，并且从上一卷积层到下一卷积层时，卷积核数量通常会翻倍。因此，为减少卷积神经网络中的权重数量，通常在进行下一轮卷积之前先对激活图进行下采样。一般通过在激活图中采用最大激活，对每个 2×2 神经元块进行替换，来实现激活图的下采样，此步骤称为最大池化。

随着卷积神经网络层数增多，神经元在原始图像中看到的区域会逐渐变大。我们称其为感知域，由与神经元通过所有中间层相连接的所有原始图像像素组成。根据图像大小和卷积核大小，通常在大约 4 到 10 个卷积层后，所有神经元都能与整个输入图像连接。与此同时，随着卷积神经网络变深，神经元能够感知的图像模式也越来越复杂。

不同深度卷积层更容易响应哪个图像部分或哪种图像刺激呢？如图 2.24 所示，当我们对此进行深入分析就会发现：靠近输入的卷积层会响应简单的图像模式，例如边缘，而靠近输出的卷积层会对由简单模式组合而成的复杂模式做出响应。

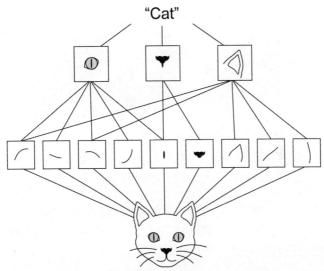

图 2.24　在卷积神经网络的不同卷积层中，激活神经元的图像模式显示出越来
越复杂的层次：简单的模式(如边缘)组合成局部对象(如眼睛或耳朵)，
进一步组合成更高层次的概念(如猫)。该图出自 FrançoisChollet 所著
的 *Deep Learning with Python*(Manning，2017 年)，获得许可而使用

　　卷积层数和每层卷积核数是卷积神经网络中的调整参数。随着
问题复杂性的增加，通常需要更多的卷积层和每层更多的卷积核。
在最后一个卷积层中，我们得到了原始输入新的表示。进一步展平
这一层的所有神经元，使其变成一个向量，此时得到了图像的新特
征表示，其特征数量与最后一个卷积层中的神经元个数一样多，如
图 2.25 所示。之后，就是似曾相识的情况：输入由图像特征向量来
描述，区别在于，现在这些特征来自于训练得到的卷积核。最后，
添加多个稠密层来完成最后的预测。

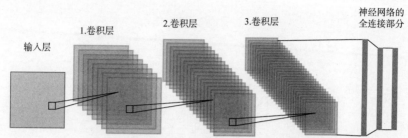

图 2.25　一个典型的卷积神经网络,包含 3 个卷积层和后面的 3 个全连接层。每个卷积层中特征图的数量表示学习到的卷积核集合数量,而全连接层神经元数量表示学习到的权重集合数量

让我们在 MNIST 数据上尝试一下卷积神经网络。在代码清单 2.6 中,你将看到卷积神经网络的定义,该卷积神经网络由卷积层和后面的全连接层构成。

实操时间　再次打开网站http://mng.bz/AAJz上的 MNIST notebook 程序文件,利用 MNIST 数据集,对包含两个卷积层的卷积神经网络进行训练拟合(请参阅 notebook 中的第二部分)。然后将其性能与全连接神经网络的性能进行比较。改写代码,做一个有趣的输入数据像素位置变换实验,检查输入图像像素的顺序是否会对卷积神经网络的性能产生影响。

代码清单 2.6　用于 MNIST 分类的卷积神经网络

```
# define CNN with 2 convolution blocks and 2 fully connected layers
model = Sequential()

model.add(Convolution2D(8,kernel_size,\
padding='same',input_shape=input_shape))
model.add(Activation('relu'))
model.add(Convolution2D(8, kernel_size,padding='same'))
model.add(Activation('relu'))
model.add(MaxPooling2D(pool_size=pool_size))
```

设置卷积层,8个卷积核,每个 3×3 大小

将 ReLU 激活函数应用于特征图

该最大池化层的池化大小为 2×2,跨度为 2

将 ReLU 激活函数应用于特征图

设置卷积层，16 个卷积核，每个 3×3 大小

该最大池化层将 14×14×16 输入张量下采样为 7×7×16 输出张量

展平前一层的输出，得到长度为 784(7×7×16)的向量

```
model.add(Convolution2D(16, kernel_size,padding='same'))
model.add(Activation('relu'))
model.add(Convolution2D(16,kernel_size,padding='same'))
model.add(Activation('relu'))
model.add(MaxPooling2D(pool_size=pool_size))

model.add(Flatten())
model.add(Dense(40))
model.add(Activation('relu'))
model.add(Dense(nb_classes))
model.add(Activation('softmax'))

# compile model and initialize weights
model.compile(loss='categorical_crossentropy',
              optimizer='adam',
              metrics=['accuracy'])
```

设置输出数量 nb_classes(此处为 10)

使用 softmax 函数将输出转换为 10 个预测概率

```
# train the model
history=model.fit(X_train, Y_train,
                  batch_size=128,
                  epochs=10,
                  verbose=2,
                  validation_data=(X_val, Y_val)
                  )
```

　　如代码清单所示，第一个卷积层具有 8 个卷积核，按相同模式填充，卷积处理后输出的特征图与原输入图像大小保持相同。具体在 MNIST 数据集中，输入图像大小为 28×28×1 像素，经第一层卷积后，每个卷积核生成的特征图大小为 28×28 像素，8 个卷积核生成的特征图整体可表示为 28×28×8 像素，经第一次池化处理后，特征图大小变为 14×14×8 像素。

　　MNIST notebook 程序(网站 http://mng.bz/AAJz)实验结果清晰地表明：在MNIST 图像分类任务中，卷积神经网络的性能显著优于全连接神经网络，卷积神经网络可达到 99%左右的准确率，而全连接神经网络仅能达到 96%左右的准确率。同时，像素位置变换实验清晰地表明：图像像素位置对于卷积神经网络很重要，在原始图像数

据集上，训练好的卷积神经网络能达到99%的准确率，而在像素位置随机改变的图像数据集上，训练好的卷积神经网络仅能达到95%的准确率。上述实验最终有力地证明了：对于图像相关任务，卷积神经网络成功的关键在于能有效利用和提取图像中的局部结构信息。在继续学习之前，让我们回顾一下，对于图像数据处理，卷积神经网络具有的主要优点：

- 网络局部连接可有效利用图像数据中的局部结构信息。
- 与全连接神经网络相比，卷积神经网络所需的权重参数较少。
- 对于图像平移变换，卷积神经网络的性能几乎保持不变。
- 卷积网络部分能使整体网络面向特定任务，分层地学习抽象图像特征。

除了图像数据，深度学习能够有效处理的另一种特殊数据类型是序列类数据。下面进一步学习相关内容。

2.3　用于序列数据的一维卷积神经网络

序列数据可以是文本(如单词或字符序列)、时间序列(如苏黎世的每日最高气温)、声音或任何其他有序的数据。相关典型应用包括：

- 文档和时间序列分类，如识别文章主题或书籍作者。
- 序列比较，如估计两个文档或两支股票行情之间的相关程度。
- 序列到序列的学习，如将英语句子编译为法语。
- 情感分析，如将推特或电影评论的情感分类为正面还是负面。
- 时间序列预测，如根据某地最近天气数据预测其未来天气。

2.3.1　时序数据格式

使用 TensorFlow 和 Keras 对序列数据建模处理，需要采用三维张量进行表示和存储：

(批大小，时间步长，输入特征)

批大小维度具体设定在一次批处理中，序列数据的数量。在一个批次中同时使用多条序列数据主要是从处理性能方面进行考虑的，实际内部处理过程中，同一次批次不同序列间是相互独立处理的。这与前面的卷积神经网络的情况相同，卷积神经网络中同一批次不同图像也是独立处理的。在计算损失函数时，将同一批中不同序列的损失结果取平均值即可求得。

让我们看一个例子。你想预测明天的最高温度，你有 12 年的历史数据，希望基于过去 10 天的气温，预测明天的气温。假定设置的批大小为 128，那么此种情况下，输入张量形状为(128,10,1)。考虑到附近五个城市的每日最高气温信息也许有助于提高预测精度，进一步对预测模型进行优化，把附近五个城市的气温也作为输入，最终得到的输入张量形状为(128,10,6)。

序列数据处理的另一个重要应用领域是文本分析。假设要分析以字符串为输入的文本。在相应的 3D 张量输入数据表示中，时间步长维度指定字符在序列中的位置，输入特征维度为每个序列和每个时间点保存实际值。

再举一个更具体的例子。假设要对小写字符串序列进行文本分析。输入批数据中，第三个序列的开头为字符串 hello。可根据字母表中位置，直接对字符进行编码，此时得到向量表示为(8,5,11,11,14)。但是，这种编码方式会使字符串向量表示中包含人为设定的序列信息，而这些信息对于文本分析是没有任何益处，甚至可能会误导网络学习。因此，在深度学习中，经常采用独热编码把类别数据转换为向量。有关独热编码的详细说明，请参阅网站http://mng.bz/7Xrv。在三维输入张量中，此序列前两个字符经独热编码为：

```
input [2,0,:] = (0,0,0,0,0,0,0,1,0,0,0,0,0,0,0,0,0,0,0,0,0,0,0,0,0,0)
#               a,b,c,d,e,f,g,h,i,j,k,l,m,n,o,p,q,r,s,t,u,v,w,z,x,z
#the 1 at position 8 indicates the 8th character in the alphabet,
which is h

input [2,1,:] = (0,0,0,0,1,0,0,0,0,0,0,0,0,0,0,0,0,0,0,0,0,0,0,0,0,0)
#               a,b,c,d,e,f,g,h,i,j,k,l,m,n,o,p,q,r,s,t,u,v,w,z,x,z
#the 1 at position 5 indicates the 5th character in the alphabet,
which is e
```

如果需要在字符级上对文本进行建模，并且总字符数比较少，独热编码是很有效的。然而，如果需要在单词级别上对文本进行建模，此时进行独热编码，对于每个词，得到的向量与总词汇量大小相同。由于词汇量一般比较大，这样最后得到的编码向量也会变得大而稀疏。对于这种情况，最好进行稠密表示，也称"嵌入"。通过嵌入，可以把每个单词重新表示为较低维度的数字向量。在 Chollet 著作的第 6 章，可以找到有关文本向量转换的更多详细信息，以及基于 Keras 的一些演示代码。

2.3.2　有序数据有何特别之处

对于文本和其他有序数据，序列通常具有某些特定属性。第一个特性是时间上没有起点。从哲学上讲，如果不考虑时间大爆炸起点，仅考虑正常的时间跨度，就没有明显的时间起点，这导致所有物理定律必须具有时间不变性。如果现在打乒乓球，那么球的运动轨迹与 15 世纪时候的运动轨迹是相同的。第二个特性是时间序列数据之间通常包含长期依赖关系。考虑以下字符串(摘自维基百科上关于 Kant 的文章，详细内容请查阅网址 https://en.wikipedia.org/wiki/Immanuel_Kant)：

1724 年 4 月 22 日，康德(Kant)出生于东普鲁士柯尼斯堡(Königsberg)的普鲁士德国家庭，家人都是虔诚的新教徒。…… [此处省略数千字]. 传说康德一生，从未离开柯尼斯堡超过 16 公里(9.9 英里)……[此处省略数千字]。康德长期贫穷，健康状况恶化，死于＿＿＿＿＿。

　　空格中所填内容应该是以下哪一个选项：a)光剑，b)伦敦，c)柯尼斯堡？通过上面的例子，可以看出序列数据中存在长期依赖关系。当然，在其他序列数据中也能找到长期依赖关系。例如，如果想知道地球上任意位置的每日最高温度，很可能在 365 个数据点之后出现相似的温度(至少比182 天之后出现的可能性大)。由于时间序列中有过去，现在和将来的概念，序列数据的第三个特征在时间序列中表现更明显。在这种情况下，未来不会对过去产生影响。此特征适用于诸如天气预报等应用中的时间序列，例如温度序列，但不适用于情感分析任务。

　　在设计最佳网络时，应能直接将这些基本事实纳入网络架构设计中，这样就不必通过后续的数据训练来学习它们。如同卷积神经网络通过权重共享架构，使网络对于输入图像具备平移不变性一样，对于因果网络，最佳网络架构应能首先确保只有过去的信息才能对现在产生影响。

2.3.3　时间序列数据网络架构

　　对于时间序列数据结构，经常采用循环神经网络(Recurrent Neural Networks，RNN)进行处理，譬如长短期记忆网络(Long Short-term Memory Networks，LSTM)。从概念上讲，这些网络比卷积神经网络更复杂，并且难以训练。因此在许多应用中，人们优先采用卷积神经网络，而不是循环神经网络进行序列数据处理，正如最近的研究论文所指出的那样(由 Bai 等人发表，请参阅网站 https://arxiv.org/abs/1803.01271)：

　　我们得出的结论是，应该重新考虑序列建模与循环网络彼此之间的关系，应该将卷积网络作为序列建模任务的首要选择。

　　鉴于此，同时考虑到本书的其余部分都用不到循环神经网络，因此继续采用卷积神经网络对序列数据进行建模分析，有关循环神经网络的详细内容，请参阅 Chollet 著作的第 6 章(http://mng.bz/mBea)。

采用卷积神经网络处理时间序列数据

除了循环神经网络外，还可以采用一维卷积神经网络结构处理时间序列数据。通过把时间维度看作一种空间维度，一维卷积神经网络适用于各种序列任务，譬如情感分析。下面具体说明如何在时间序列预测任务中运用一维卷积神经网络。

对于时间序列数据，未来一定不会对现在或过去产生任何影响。此外，也不应该明确设置时间起点。你可以将训练好的卷积核应用于任意长短的序列。因此，应该把它们沿序列进行无差别滑动，并且不对任何时间点进行特殊对待。在现实世界中，现在和未来仅与过去和现在的影响有关，即现实世界存在因果约束。在时间序列预测中，可以仅利用前一段时间或当前时刻信息来预测未来输出，以满足因果约束。基于此，人们提出了因果卷积网络。图 2.26 给出了一种因果卷积网络，网络的输入为 10、20 和 30，卷积核大小为 2，权重值为 1和 2。

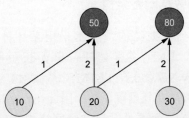

图 2.26　简单因果卷积，输入值为 10、20、30，卷积核权重为 1、2。第一个卷积输出结果为 50，它仅取决于过去和现在的值(10,20)，而与将来值 30无关

由图 2.26 可知，一维卷积得到的上面第二层元素变少了。为了使所有层大小相同，对输入层数据进行零填充操作，即在序列前面补 0。完成 0 填充操作后，得到图 2.27。

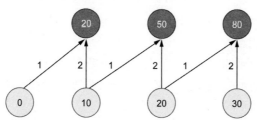

图 2.27　简单因果卷积，输入值为 10、20、30，卷积核权重为 1、2，
为确保输出大小不变，对输入进行零填充操作

　实操时间　如果想更好地了解一维卷积神经网络的工作原理，可以浏览网站 http://mng.bz/5aBO 中的 notebook 程序文件。在该程序文件中，我们还介绍了时间膨胀因果卷积，这种卷积方式允许长期的时间依赖。

现在，你已经学习了解了深度学习中，构建具体神经网络所需的主要基本结构：全连接神经网络、卷积神经网络和循环神经网络。这些只是基本结构，是具体网络的基本组成模块。在构建具体的网络架构时，可以相互结合使用它们。例如，可以将图像首先输入卷积网络基本结构中，然后使用循环神经网络生成有序文本输出。这种具体网络结构已成功应用于图像标题生成任务中。

到目前为止，我们主要讲解了神经网络的构成和组成神经网络的基本结构，对于深度学习中的另一项核心内容，即如何调整网络中的权重，我们还没有具体讲解。在下一章中，我们从具有数百万个权重的神经网络中回过头来，看一看如何训练仅有一到两个权重的线性回归模型。但最后你会惊奇地发现，目前为止我们讨论的所有架构，从线性回归简单模型，到卷积神经网络、时间膨胀卷积网络等高级模型，都可以使用相同的方法进行训练。这种方法就是梯度下降。

2.4　小结

● 全连接神经网络由多个神经网络层叠加构成。

- 在全连接神经网络中，每个神经元都与上一层的所有神经元相连。
- 神经元的输入由上一层相连神经元的加权和得到。
- 激活函数进一步对加权和进行处理，最终计算得到神经元的输出。
- 激活函数必须是非线性的，否则单个网络层就可以替代叠加的多层网络。
- 在隐藏层中，建议使用 ReLU 激活函数。实际应用表明，与 Sigmoid 激活函数相比，ReLU 激活函数的训练效果会更好。
- 在分类任务中，在输出层中采用 softmax 激活函数。softmax 函数的输出可作为对于不同类别标签的预测概率。
- 卷积神经网络(CNN)可以由两部分简单组成：一是卷积部分，从输入数据中提取特征；一是全连接部分，将所有特征结合得到卷积神经网络的最终输出。
- 卷积神经网络的卷积部分可表示为多层特征图输出的叠加。
- 特征图中的每个神经元仅与前一特征图中的一小块区域相连接，这反映和表征了图像数据中的局部结构特征。
- 深度神经网络实现高性能的根源在于能面向给定任务学习层次结构的最优特征。
- 最佳神经网络应能直接利用已知数据结构的特征，而不必重新从头开始学习它们。因此：

1. 如果是二维图像数据或者具有二维结构的其他数据，可以使用二维卷积神经网络，通过局部连接和权值共享来直接利用图像的局部结构。

2. 如果是序列数据，请尽可能使用一维卷积神经网络，或使用循环神经网络。

3. 如果数据没有特定的结构，请使用全连接神经网络。

第 *3* 章

曲线拟合原理

本章内容:

- 如何拟合参数模型
- 什么是损失函数,如何使用损失函数
- 线性回归,神经网络之母
- 梯度下降,一种损失函数优化工具
- 采用不同的软件架构实现梯度下降

深度学习模型之所以出名，是因为它们在各种相关任务中的表现，例如，计算机视觉和自然语言处理，都优于传统的机器学习方法。在上一章中，我们了解到深度、层次化架构是深度学习模型成功的关键因素。深度学习模型具有数百万个可调参数，那么如何调节这些参数以便模型发挥最佳性能呢？实际上，它的解决方法非常简单：首先定义一个损失函数，以描述模型在训练数据上的错误程度，然后调节模型参数以最大限度地减少损失。这种解决方法或过程一般称为拟合。

对于机器学习中的简单损失函数，通常可以建立模型参数的解析求解公式，利用训练数据直接求出模型最佳参数值。但复杂模型往往无法建立解析求解公式，难以直接求出最佳参数值。开发复杂模型的优化程序需要耗费数十年时间来进行针对性研究，然而具体针对深度学习而言，则主要采用其中的梯度下降法来确定网络中的权重参数。在本章中，你将了解到梯度下降是一种非常简单的优化技术，神奇之处在于该优化方法虽然简单，但在深度学习中却能展现出优异的性能，而其他更复杂、更高级的优化方法却表现一般，甚至较差。

深度学习参数优化中的优化对象是网络权重，优化目标是损失函数，基本原理是通过对网络权重进行调节，使损失函数在训练数据上达到最优。单纯从参数寻优角度讲，线性回归与深度学习非常类似，包含深度学习参数优化的全部过程，可以说线性回归虽然简单，但步骤齐全，一句俗语能很形象地描述它，"麻雀虽小，五脏俱全"。为了清晰地讲述梯度下降方法，本章将逐步演示说明简单线性回归模型的拟合过程，并详细介绍线性回归模型拟合中最常用的损失函数，以及损失函数优化方法。实际上，从前面章节可知线性回归被看作是一种最小的神经网络，因此可以说它是机器学习和深度学习中的"Hello World"入门教程。下面，让我们从深度学习的角度来了解线性回归。

3.1　曲线拟合中的 "Hello World"

让我们首先看一个简单的线性回归问题。假设你是一名初级医疗助理，与你一起工作的妇科医生要求你如果在常规检查中发现病人的收缩压(SBP)异常，要及时通知她。为此，她提供了一个收缩压表格，里面记录了每个年龄段正常收缩压的取值范围。通过这个表格可以发现，收缩压值呈现出随着年龄的增长而增加的整体趋势。这也许会让你好奇不已，想知道表格数据是否与过去常规检查时测量得到的实际数据相一致。为了进一步研究这个问题，你还需要一些额外的实测数据。幸运的是，可以使用多名患者的血压量测数据进行内部分析。

第一步，随机选择了一组患者，共 33 名，并且他们在至少一次就诊中被医生诊断为健康。对于选中的患者，在任意一次常规检查中，详细记录患者的年龄和血压信息，但要确保患者是健康的。为了加深对血压数据的理解，可以首先把收集得到的血压数据以散点图的形式画出来，得到收缩压值与年龄的关系图，如图 3.1 所示。

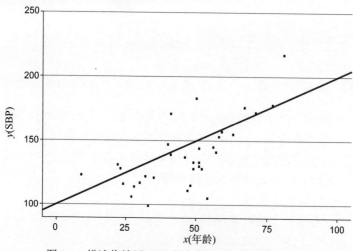

图 3.1　描述收缩压(SBP)与年龄(女性)关系的散点图

　　由图 3.1 可以看出，大多数收缩压值在 100 到 220 的范围内。散点图清晰地表明收缩压与女性年龄间存在确定的趋势：健康女性的血压随着年龄的增长而增加。这与妇科医生给你的血压表格相吻合。进一步对图进行分析可以发现，即使两名年龄相仿的健康女性的收缩压也可能存在较大差别，即年龄和收缩压之间并不存在一一对应的确定性关系，因此血压表格给出了各个年龄对应的正常血压范围是很合理的，其结果与图中内容也是一致的。

　　现在进一步建立一个描述血压如何随年龄变化的模型。若不考虑血压的个体差异，整体来看，收缩压与女性年龄间似乎具有线性关系。尝试一下手动绘制一条直线穿过这些点，最终会得到类似于图 3.1 中的直线。可以用线性模型来描述这样一条直线

$$y = a \cdot x + b$$

　　其中 a 表示直线的斜率，b 表示与 y 轴的截距。线性模型的深度学习表达方式如图 3.2 所示的图模型所示。

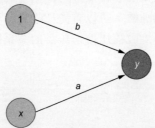

图 3.2　线性回归模型（$y = a \cdot x + b$）可看作全连接的神经网络(fcNN)或计算图

　　该图或许是能想到的最小规模全连接神经网络(fcNN)，同时，它也是第 1 章图 1.2 所示的复杂神经网络的重要组成部分。更为重要的是，它以图方式表示出在已知参数值 a 和 b 的情况下，由已知 x 值，求解 y 值所需的全部计算步骤：

（1）将输入 x 乘以 a 得到（$a \cdot x$）

（2）将输入 1 乘以 b 得到（$b \cdot 1$）

（3）将上述两个结果相加即可得到 $y = a \cdot x + b$

无论将模型解释为线性方程还是全连接神经网络，只有当 a 和 b 的值固定时，才可以运用该模型，利用输入的 x 值来计算平均值 y 的估计值。因此，a 和 b 称为模型的参数。由于参数是以线性方式进入模型的，因此该模型被称为线性模型，并且由于只有一个输入特征 x，因此我们进一步将其称为简单线性模型。那么，如何能得到线性模型斜率参数 a 和截距参数 b 的合理估计值呢？

利用损失函数进行线性回归模型拟合

可以凭直觉手动绘制一条直线，穿过散点图中的点。尝试一下，或许能得到一条斜率 $a=1$，截距 $b=100$ 的直线，如图 3.1 所示。得到线性模型后，可以进一步使用此模型进行预测，譬如对一位31 岁新患者的收缩压进行预测。

- 如果使用模型的网络表示或方程表示，则是将 31 直接乘以 1 再加上 100，最终得出平均收缩压预测值为 131。
- 如果使用图 3.1 中拟合线的图形化表示，则先从 $x = 31$ 垂直向上直达拟合线，然后水平向左直达 y 轴。

经过上述预测步骤，你可以得到 31 岁新患者的收缩压预测值约为 $\widehat{SBP} \approx 130$。需要注意的是，通常会在变量的顶部加一个"帽子"，以表示变量的预测值或估计值，如图 3.3 和表 3.1 所示，但本书为了方便，对于模型的预测值和模型参数的估计值经常省去这些帽子不写，特此说明。

如果要求不同的人分别使用肉眼分析，并根据图 3.1 中的点画出一条直线，那么很有可能会得到多个彼此相似但又不完全相同的线性模型。那么谁得到的线性模型是最优的呢？为了确定不同模型对数据的拟合程度，并最终找到最佳的拟合模型，需要一个清晰且可量化的标准。

图 3.3 中显示了实际数据点 y_i 与模型相应预测值 $\hat{y}_i$ 之间，具有一定差异，在统计学中将观测值与估计值的差称为残差。在图 3.3 中，采用垂直线段对残差进行表示，线段长短表示残差的大小。

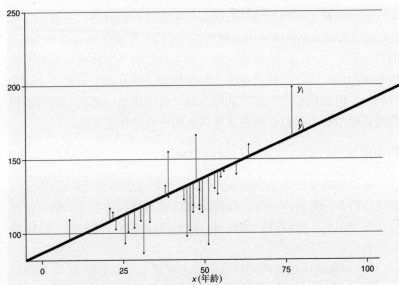

图 3.3　测量数据点(图中点)与线性模型(图中斜线)。数据点和线性模型之间的
　　　　差异(图中垂直线)称为残差。你看到右边变量 y_i 上面的"帽子"了吗?

表 3.1　图 3.3 中前 5 项测量数据,和根据斜率为 1、截距为 100 的线性
　　　　模型计算得出的预测值

x	y	$\hat{y} = a \cdot x + b$	残差	残差平方
22	131	122	9	81
41	139	141	−2	4
52	128	152	24	576
23	128	123	5	25
41	171	141	30	900

　　平方误差准则是一个非常著名的标准,18 世纪 90 年代由 Gauss
首次使用,并在 1805 年由 Legendre 首次发表。在统计入门课程中,
会对相关内容进行讲解。在选定平方误差准则作为损失函数后,对
于线性模型拟合,只需要选择 a 和 b,以使平方误差和达到最小即
可。为什么是平方而不是绝对值或立方值呢?我们将在第 4 章中解

释这一点。这通常称为残差平方和(Residual Sum of Squared Errors，RSS)。假设线性模型中的 $a=1$ 和 $b=100$，首先简单计算一下图 3.3 中 5 个数据点的残差平方和。

将表 3.1 中"残差平方"列中的所有项相加，可得出残差平方和为 1586。通常，残差平方和的计算公式为：

$$RSS = \sum_{i=1}^{n} \left(y_i - \hat{y}_i\right)^2 = \sum_{i=1}^{n} \left(y_i - \left(a \cdot x_i + b\right)\right)^2$$

残差平方和量化了目标测量值 y_i 与建模值 $\hat{y}_i$ 之间的偏差。它是衡量模型拟合数据程度的一个重要标准。因此，显然最佳拟合模型得到的残差平方和最小。如果模型完美拟合所有数据点，则残差平方和为 0，反之则大于 0。对于图 3.1 所示的血压示例，可以看出残差平方和是不可能为 0 的，因为一条直线不会贯穿所有点。但是什么才是可接受的残差平方和呢？对于残差平方和标准，是完全没有答案的，因为拟合所用数据点不可能都位于回归线上，残差平方和会随着拟合所用数据点的增加而增大。

但是，可以肯定的是，训练数据越多，所应达到的拟合效果应该越好，因此残差平方和难以直接衡量拟合效果。如果进一步将残差平方和除以训练数据数量，则可得出建模值 $\hat{y}_i$ 与量测值 y_i 间的均方差。相应的损失函数称为均方误差(Mean Squared Error，MSE)，这个量不会随着训练数据数量的变化而系统地增加或减少。因为训练数据数量 n 为常数，所以均方误差只是在残差平方和基础上，除以了常量 n，如公式 3.1 所示，因此对于同一模型，均方误差与残差平方和存在相同的最小值。刚才计算得出的残差平方和为 1586，进一步通过 1586/5 转换为均方误差，得到 317.2。如果每个血压建模值都与血压观测值之间相差 $\sqrt{1586/5} = 17.8$，那么这个值就是线性模型与训练数据间的均方误差。

通常，每个数据点上会产生不同的误差。由于误差对损失的影响是取其平方，因此一些大的误差需要由更多小误差来平衡。由于均方误差不依赖于训练数据的样本量，并且具有比残差平方和更好的解释力，因此通常将它作为损失函数的首选。我们终于自豪地看到了我们的第一个损失函数——均方误差：

$$\text{loss}=MSE = \frac{1}{n}\sum_{i=1}^{n}\left(y_i - \hat{y}_i\right)^2 = \frac{1}{n}\sum_{i=1}^{n}\left(y_i - \left(a \cdot x_i + b\right)\right)^2 \qquad \text{式(3-1)}$$

仔细观察公式，可以发现该损失函数度量的是多个目标测量值 y_i 与相应建模值 $\hat{y}_i$ 间平方差的平均值。模型参数 a 和 b 是损失函数的变量，是待优化参数，需要找到合适的值以使损失函数达到最小。除了模型参数外，损失函数也依赖于训练数据 x 和 y。

现在，参见清单 3.1，让我们看一下均元误差的代码实现。为了确定整个数据集而不仅是在 5 个点上的损失，首先需要将模型参数固定为某个确定的值，这里设定 $a = 1$ 和 $b = 100$，然后使用公式 3-1 计算均方误差损失函数。需要注意的是，在深度学习中，会频繁使用线性代数来加快计算速度。建议按照以下方式在 Python 中直接编写残差平方向量：

$$\left(\boldsymbol{y}-\left(a\cdot\boldsymbol{x}+b\right)\right)^2 = \left(\boldsymbol{y}-a\cdot\boldsymbol{x}-b\right)^2$$

此表达式作为向量对应于表 3.1 中的最后一列。

注意，一般采用斜体加粗表示向量和矩阵，在上式中，$\boldsymbol{y}$ 和 $\boldsymbol{x}$ 现在是向量，因此去除了行号 i，$\boldsymbol{y}-a\cdot\boldsymbol{x}$ 运算得到的结果也是一个向量。如果仔细观察表达式，你可能会对向量或矩阵运算过程中的维度兼容性存在疑问。如果 $\boldsymbol{y}-a\cdot\boldsymbol{x}$ 是向量，那么如何添加或减去标量 b 呢？这涉及所谓的广播机制，在上述计算过程中，b 会首先被转换为一个与 $\boldsymbol{y}$ 相同长度的向量，并且其所有元素的值均为 b。关于广播机制的详细内容，请参见网站 http://mng.bz/6Qde 上 *Deep Learning With Python* 的 2.3.2 节(2017 年，Manning 出版社，François Chollet 著)。代码清单 3.1 显示了如何在 Python 中计算均方误差。

代码清单 3.1　在 Python 中使用 NumPy 模块计算均方误差

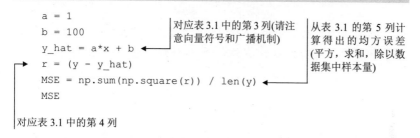

```
a = 1
b = 100
y_hat = a*x + b
r = (y - y_hat)
MSE = np.sum(np.square(r)) / len(y)
MSE
```

对应表 3.1 中的第 3 列(请注意向量符号和广播机制)

从表 3.1 的第 5 列计算得出的均方误差(平方，求和，除以数据集中样本量)

对应表 3.1 中的第 4 列

实操时间　打开网站 http://mng.bz/oPOZ 上的 notebook 程序文件，并逐步执行代码，以了解如何仿真产生训练数据，如何利用具有特定参数的线性模型计算均方误差损失函数，以及最终如何对其进行线性回归模型拟合。你将很快完成 notebook 中的第一个练习，该练习由钢笔图标指示。在本练习中，我们要求你试验不同的参数值，目的是希望手动找到最优的参数 a 和 b，以得到最小均方误差损失。

如前所述，可以在 notebook 文件中使用来自 33 位女性的收缩压数据，已知她们的年龄和血压测量值。有了这些信息，可以轻松地为 $a = 1$、$b = 100$ 的线性模型计算损失。

现在，让我们去找到最合适的线性模型！在图 3.1 中，可以看到无法找到一条可以贯穿所有数据点的直线。因此，将损失减少到 0 是不可能的。相反，我们应该找到最优的参数值 a 和 b，以使均方误差最小化。

简单线性回归模型最优参数估计的闭式解

下面将进行简单的公式推导，以得到简单线性回归模型最优参数估计的闭式解。通过该闭式解，可以直接从训练数据中计算出参数最优值。要使损失函数达到最小值，变量 a 和 b 的值应能使损失函数的一阶导数为 0，即变量 a 和 b 应满足以下两个等式：

$$\frac{\partial \text{loss}}{\partial a} = 0 \text{和} \frac{\partial \text{loss}}{\partial b} = 0$$

作为练习，对具有两个方程和两个未知数的线性方程组进行简单推导展开，可得到参数 a(斜率)和 b(截距)的估计值分别为：

$$\hat{a} = \frac{\sum_{i=1}^{n}(x_i - \bar{x})(y_i - \bar{y})}{\sum_{i=1}^{n}(x_i - \bar{x})^2} \text{和} \hat{b} = \bar{y} - \hat{a} \cdot x$$

上述公式即线性模型参数的计算公式，一旦具有至少两个不同 x_i 值的数据点，就可以向公式输入训练数据，进而直接计算得出参数值的估计值。

上述公式称为闭式解。在前面的公式中，a 和 b 上方的帽子表示它们是根据数据估算得到的。这个公式结果形式非常简单，向公式输入训练数据(x 和 y)，就可以直接计算得到线性模型最佳参数估计值 $\hat{a}$ 和 $\hat{b}$，从而使均方误差达到最小。在我们的血压示例中，通过上述公式计算，得出斜率 $\hat{a} = 1.1$ 和截距 $\hat{b} = 87.67$。

在上面的例子中，通过简单的推导，很容易地得到了模型参数的闭合解，实现了模型参数的最优估计(请参阅上述补充内容)。但这仅是部分特殊情况，因为该模型具有简单的损失函数且训练数据较少。如果使用的是神经网络等复杂模型，则无法利用训练数据，直接计算出可以用于优化的模型参数(就像我们在补充内容中所做的那样)。另一个阻碍直接计算参数的原因是庞大的数据集。在深度学习中，通常会有很多样本数据点，并且没有闭式解，此种情况下，需要使用迭代方法。为此，我们采用梯度下降法对模型参数进行求解。下一节将对梯度下降法进行详细说明。

3.2 梯度下降法

梯度下降是机器学习中最常用的迭代优化方法，并广泛运用于深度学习中。在本节中，你将了解此方法的原理和过程，首先是对一个参数进行优化迭代，然后对两个参数进行优化迭代。可以肯定的是，深度学习模型中数百万个参数也可以使用相同的方法进行迭代优化。

3.2.1 具有一个模型自由参数的损失函数

为了清晰呈现梯度下降的原理与过程，首先从只需要优化一个模型参数的特殊情况开始。为此，继续以血压为例，并假设以某种方式已知截距的最佳值为 $b=87.6$。为了使损失函数最小化，只需要找到第二个参数 a 的值。在这种特征情况下，代入已知截距 $b=87.6$，前面讨论的损失可进一步表达为：

$$\text{loss}=\frac{1}{n}\sum_{i=1}^{n}\left(y_i-\hat{y}_i\right)^2=\frac{1}{n}\sum_{i=1}^{n}\left(y_i-\left(a\cdot x_i+87.6\right)\right)^2=\frac{1}{n}\sum_{i=1}^{n}\left(y_i-a\cdot x_i-87.6\right)^2$$

根据此等式，利用训练数据样本(x, y)，对于不同的参数 a，可以很容易地计算出模型损失。

梯度下降的直观解释

图 3.4 绘制了模型损失与参数 a 间的关系。由图可得，模型损失达到最小时，对应的参数值 a 略大于 1。

如何系统性地找到参数 a 的值，以使损失函数达到最小？为便于理解，让我们首先把损失函数想象为现实世界中的风景区，特殊之处是该风景区是一维的，只能在一个维度活动。一个盲人旅行者在风景区进行漫步，他想达到风景区的最低点。如果风景区呈碗状，例如是一个峡谷，与图 3.4 中的损失函数形状一样，那么这是一个相当容易的任务。即使旅行者是盲人，只能探索局部环境，他也清晰地知道为了达到最低点，应该沿着向下的方向走。但这对参数 a 意味着什么呢？参数 a 上的运动方向取决于损失函数的局部斜率。如果局部斜率是负的，如图 3.4 中所示的旅行者当前位置(如 $a = 0$ 处虚切线的斜率为负)，则应朝 a 值变大的方向移动一步，即往损失函数最小值方向移动。如果是在斜率为正的位置(如 $a = 2$ 处虚切线的斜率为正),则应朝 a 值变小的方向移动一步,即同样往损失函数最小值方向移动。

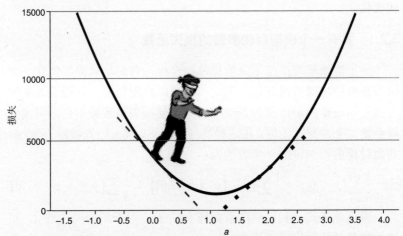

图 3.4　损失(参见公式 3.1)与回归模型自由参数 a 的关系图,其中 b 固定为最佳值。在 $a=0$ 位置处,用虚线绘制一条切线;同样在 $a=2$ 位置处,也用虚线绘制一条切线

　　函数的导数给出了切线的斜率。该导数称为梯度,由于我们正在研究与 a 相关的损失,所以用 $\mathrm{grad}_a(\mathrm{loss})$ 表示。其正负号表示损失函数增加的方向。

　　由图 3.4 可得,曲线距离最小值越近则越平坦,而距离最小值越远,曲线就越陡峭。斜率越陡,梯度的绝对值越大。如果示例中的旅行者是数学家,那么可以建议他朝 $\mathrm{grad}_a(\mathrm{loss})$ 函数负号所指示的方向移动,并且移动步长与梯度的绝对值大小成比例。如果离最小值较远,此时坡度陡峭,则旅行者应迈一大步。当接近最小值时,此时坡度变得更平坦,为了避免直接迈过最小值需要采取较小的步幅。只有在最小值处,斜率才为 0。

　　那么如何决定步幅大小,即如何选择比例系数呢?比例系数也被称为学习率 η(eta)。这听起来有些难度,但是你会很快发现,在采用梯度下降法对参数进行迭代优化时，正确合理地设置学习率 (η) 是参数成功优化的最为关键的因素。

盲人数学家旅行的例子形象直观地说明了如何系统地调节参数 a 以使损失函数最小化。可以进一步把上面冗长的文字描述转换为简单的数学公式，从而更加清晰准确地描述如何对参数值进行迭代更新。这在梯度下降法中称为更新规则(update rule)。

梯度下降的更新规则

根据梯度下降优化过程，得出的参数更新公式：

$$a_{t+1} = a_t - \eta \cdot \mathrm{grad}_a(\mathrm{loss}) \qquad 式(3\text{-}2)$$

此更新规则总结了梯度下降的迭代过程：首先对于参数值a，随机设置一个初始值 a_0(例如 a_0=0)，并以此开始进行后续迭代；然后确定损失函数关于参数 a 的梯度值(关于如何计算梯度，请参见第 3.4 节)，$\mathrm{grad}_a(\mathrm{loss})$ 前的负号表示参数 a 需要变化的方向，以便减小模型损失。更新步长与梯度的绝对值和学习率 η(eta) 成正比，公式 3-2 确保你朝着减少损失的方向移动；重复上述步骤，逐步更新直到参数 a 收敛；最后，采用参数 a 建立模型，进而得到最优拟合模型。

在更新公式 3-2 中，应该选择多大的学习率 η(eta) 呢？你可能会尝试使用较大的学习率，以便更快地使损失最小化。

 实操时间 再次打开网站 http://mng.bz/oPOZ 上的 notebook 程序文件，并继续完成练习 1 之后的代码。你将了解如何利用闭式解公式计算线性模型的斜率和截距，以及当一个参数固定时，如何采用梯度下降法来调节优化另一个参数。在 notebook 的结尾处，你将找到第二个练习，其任务是研究学习率对收敛的影响。记得完成它！

通过上述实验，你观察到了什么？你可能会看到，随着学习率的提高，损失函数越来越大，而不是减少。它经过几次迭代后，最终达到 NaN 或无穷大。这是怎么回事呢？

　　仔细观察图 3.5，它显示了损失与参数 a(在血压示例中表示斜率)之间的相互作用关系。此时截距已固定为最优值 87.6，接下来的唯一任务是找到参数 a 的最优值。这可通过梯度下降法来完成。在图3.5 中，通过使用三种不同的学习率，从第一个随机设置的初始值a_1=-0.5 开始，观察 a 值的变化情况。

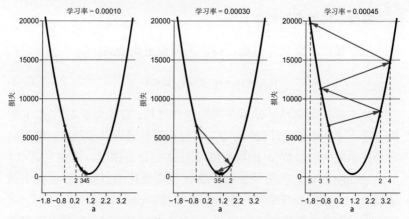

图 3.5　公式 3-1 中损失与回归模型自由参数 a 的关系图。它显示了从 a=-0.5
　　　　开始，在不同学习率下，5 步梯度下降的结果。当学习率为 0.00010 时，
　　　　最小值在 5 步内近似达到，没有超调。当学习率为 0.00030 时，在大约
　　　　5 步后也可以达到最小值，但有两次超过最小值的位置。当学习率为
　　　　0.00045 时，参数 a 的更新值总是超过最小值的位置。在这种情况下，
　　　　a 的更新值会越来越远离最小值，相应的损失会无限增长

　　由图 3.5 可知，学习率是一个关键的超参数。如果取值过小，则需要很多更新步骤才能找到最优模型参数。但如果学习率过大，如图 3.5 中最右图所示，则参数 a 无法收敛到最优结果，同时每次更新损失都会增加，会导致损失为 NaN 或无穷大。因此，当你看到训练集上的损失越来越高，而不是越来越低时，请尝试降低学习率(将当前学习率除以 10 是一个很好的开端)。

3.2.2　具有两个模型自由参数的损失函数

　　现在取消关于参数 b 固定为最优值的人为设定，同时针对两个参数 a 和 b，对损失函数进行优化。我们已经计算出最优值为 $a=1.1$, $b=87.67$。在图 3.6 中，可以看到血压示例中不同 a 和 b 值对应的损失函数。

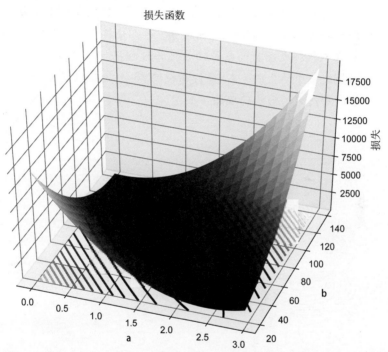

图 3.6　不同 a 值和 b 值下血压数据的损失函数。你会看到损失函数的形状更
　　　　像是沟壑而不是碗。底部的等值线表示模型损失相等的位置

　　回顾一下，图 3.4 中所示的一维损失函数形状为抛物线，然而二维损失函数却不是碗状曲面，而是沟壑状曲面，这看起来很奇怪。事实证明，在大多数线性回归示例中，损失函数看起来更像是沟壑，或更准确地说，像拉长的碗。尽管这些损失曲面确有最小值，但在某些方向上是平坦的。沟壑状的损失函数很难优化，因为它们需要

许多优化步骤才能达到最小值(有关更多详细示例,请参阅本章后面内容)。

让我们用一个线性回归仿真示例来演示变量 *a* 和 *b* 的优化过程,并且该示例具有良好的损失函数,损失曲面呈碗状而不是沟壑状。在稍后的血压示例中,将回到类似沟壑状的损失函数。

 实操时间　打开网站 http://mng.bz/nPp5 上的 notebook 文件,找到标题为 "The gradients" 的部分。该部分将生成仿真数据,为具有碗状损失函数的线性回归拟合过程提供原始数据。图 3.7 由该文件中的代码生成,是仿真数据集的二维损失函数曲面图,可以看出它的形状的确像一个碗。

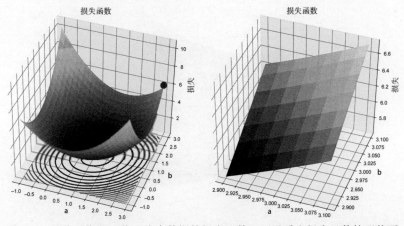

图 3.7　不同 *a* 值和 *b* 值下仿真数据的损失函数。可以看出损失函数的形状更像一个碗。底部的轮廓线表示损失函数的等值线。大点表示参数初始值(*a* 和 *b* 均为 3),右图为该区域的放大显示

二维梯度下降优化过程与保持一个变量固定的一维梯度下降优化情况类似。让我们从初始值 *a*=3 和 *b*=3 开始。该位置的损失为 6.15。优化的第一步是找到哪个方向下降最快,然后在相应方向上沿下坡走一小步。

如果将损失函数曲面缩放到非常接近初始起点的位置，会发现碗看起来像一个盘子。这对于碗上的任何一点都是如此的。由损失函数曲面可以看出，如果要求从 $a=3$ 和 $b=3$ 开始沿下坡走一小步，应该是朝着中心的方向走。那么该如何计算确定这个方向呢？让我们试着用弹珠来确定这个方向。

将弹珠放在右上角($a=3$，$b=3$ 位置)，弹珠只会沿着它所受的合力的方向滚动。你可能还记得高中物理的内容，合力是由作用在不同方向上的力构成，如图 3.8 所示。而当某一方向上的斜率越陡，这个方向上的力就会越大。假定 a 方向上的斜率表示为 grad_a，则沿方向 a 施加在弹珠上的力与该方向上的负斜率或负梯度(如一维示例)成比例关系(由运算符 $\propto$ 表示)：

$$f_a \propto -\mathrm{grad}_a$$

严格来说，弹珠上的力具体是由弹珠的质量乘以重力加速度($g \approx 9.81 m/s^2$)，再乘以 grad_a 给出的。同理，b 方向的力为：

$$f_b \propto -\mathrm{grad}_b$$

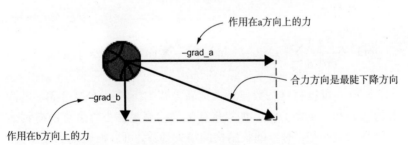

图 3.8　作用在弹珠上的力和最陡下降合力方向

作用在弹珠上的合力由以下公式给出：

$$\vec{F} = \left(f_a, f_b\right) = -\left(\mathrm{grad}_a, \mathrm{grad}_b\right)$$

如图 3.8 所示，如果现在释放弹珠，它将沿着最陡的下降方向滚动，而不是仅沿着一个轴 a 或轴 b 滚动。进一步由梯度乘以学习率 η，可以得出具体的移动步长。在该示例中，由更新公式可以计算得到参数 a 和 b 的新坐标为：

$$a_{t+1} = a_t - \eta \cdot \text{grad}_a$$
$$b_{t+1} = b_t - \eta \cdot \text{grad}_b$$

式(3-3)

这表明，要确定两个参数在二维空间中的新位置，需要计算两次一维导数。首先，将 b 固定为 3，变化 a。用数学术语表述为，"可以计算出损失函数关于 a 的偏导数"。保持参数 b 不变，得出损失函数(即均方误差)关于 a 的导数为：

$$\text{grad}_a = \frac{\partial}{\partial a}\left(\frac{1}{n}\sum_{i=1}^{n}\left(a \cdot x_i + b - y_i\right)^2\right) = \frac{2}{n}\sum_{i=1}^{n}\left(a \cdot x_i + b - y_i\right) \cdot x_i \quad \text{式(3-4)}$$

该公式与一维情况相同(参见公式 3-1)。你或许已经注意到，在平方误差中我们互换了观测值 y 和拟合值 $ax+b$ 的位置，这种互换仅为便于表示符号和微分，既不会改变损失值，也不会改变梯度值。为了得出损失函数关于 b 的偏导数，可以将参数 a 保持不变，求出关于 b 的导数：

$$\text{grad}_b = \frac{\partial}{\partial b}\left(\frac{1}{n}\sum_{i=1}^{n}\left(a \cdot x_i + b - y_i\right)^2\right) = \frac{2}{n}\sum_{i=1}^{n}\left(a \cdot x_i + b - y_i\right) \cdot x_i \quad \text{式(3-5)}$$

现在，可以将这些数值带入更新公式中(请参见公式 3-3)，以计算得到 a 和 b 的新数值。如果选择的学习率足够小，就可以得到损失函数的最小值。对于碗状结构的损失函数，可以很快找到最小值。但对于类似沟壑等具有平坦最小值的损失函数，则需要付出更多的努力才能最终达到最小值——但也只是需要花费的时间更长一些而已。

 实操时间　再次打开网站 http://mng.bz/nPp5 上的 notebook 文件，然后从 "The gradients" 部分继续按步骤调试学习。你将看到如何通过梯度公式来计算损失函数关于参数的梯度，以及如何通过更新公式来更新参数值。要手动执行梯度下降法，需要多次重复更新步骤，直到损失函数达到最小值为止。文件提供的代码使用的是文件开头生成的仿真数据，你需要完成notebook 文件末尾处由钢笔符号指示的练习，对血压数据执行手动梯度方法，并将所需执行的步数与仿真数据进行比较。你会发现，在血压示例中，需要执行的步骤更多。这是因为其损失函数呈沟壑状，而不是像仿真数据那样呈碗状。

请注意，尽管使用弹珠可以探测最陡下降方向，但真实的弹珠可能会沿着不同路径运动。这是因为，真实的弹珠会聚集一些动量，在移动时不会完全沿着最陡下降趋势运动。目前已有一些先进的梯度下降法包含动量因素，但标准梯度下降法是不包含动量因素的，这在优化中经常被误解。

与简单的一维示例相似，学习率是一个关键参数。希望你在练习中已经注意到这一点，并正确设置了它。另一个问题是，是否无论初始值是多少，最终总能达到最小值呢？回想一下整个梯度下降过程：从某个位置开始，计算最陡局部下降方向，然后朝该方向走一步，步长取决于陡度和学习率。曲线越陡，梯度越大，对应的步长越大。而越接近最小值，曲线越平坦，梯度越小，这意味着应该采取小的步长以避免超调。图 3.9 显示了更复杂的场景中的这一点。

关于简单的线性回归问题，如果观察图 3.7，则会看到损失函数的形状像一个碗，只有一个最小值，我们称之为凸优化问题。明显可以看出，无论初始值是多少，以足够小的学习率执行梯度下降，总能在凸优化问题中找到最小值。

深度学习模型比线性回归模型表达能力更强，其损失函数比高维空间的碗要复杂得多。它也许与图 3.9 所示的旅行者场景更为相似，同样具有多个局部极小值(例如湖泊)。但神奇的是，简单梯度下降算法同样可以很好地适应这些复杂的深度学习模型。最近的一些研究表明，在深度学习模型的损失函数中，所有的最小值通常都一样优秀，因此，陷入局部最小值并不是个大问题。

图 3.9　正在进行梯度下降的旅行者。在某个位置，他正在寻找最陡下降方向。请
　　　　注意，旅行者看不到整个风景，他只知道自己的高度和最陡局部下降方向。
　　　　然后，他沿着最陡下降方向往下走了一点(取决于学习率和陡度)。你认为
　　　　他能到达山谷吗？本图的灵感来自斯坦福大学深度学习课程(cs231n)

3.3　深度学习中的特殊技巧

简单线性回归基本上已经包含了训练优化深度学习模型所需的
所有要素，对此我们不再赘述。除此之外，对于深度学习训练优化，
你还需要了解三个特殊的技巧：

- 在百万训练样本典型深度学习应用中，使用小批量梯度下
  降法计算损失函数。
- 使用随机梯度下降(SGD)法的变体来加快学习速度。
- 微分过程自动化。

前两个技巧很简单，第三个有点复杂。但是请放心，我们会循
序渐进地介绍。让我们先从简单的开始吧。

3.3.1　小批量梯度下降

第一个技巧称为小批量梯度下降。对于百万训练样本典型深度学习应用，可以运用它来计算损失函数。根据损失函数定义，损失函数由所有样本数据计算得到：

$$\text{loss} = \frac{1}{n}\sum_{i=1}^{n}(y_i - \hat{y}_i)^2$$

梯度计算同样基于全部数据。然而在深度学习中，通常在图形处理器(Graphics Processing Unit，GPU)上进行计算，其内存十分有限，通常无法容纳所有数据。一种可行的解决方案是使用随机选择的样本子集(小批量)来近似计算损失函数及其梯度。相比于利用全部样本计算得到的梯度，使用小批量样本得到的梯度有时会高一些，有时会低一些，因此也把小批量梯度下降称为随机梯度下降(Stochastic Gradient Descent，SGD)。

平均而言，使用小批量方法计算得出的梯度不会系统地偏离使用所有样本计算得出的梯度，统计学家称此为梯度的无偏估计。当使用无偏梯度估计时，参数值会像以前一样进行更新。甚至可以设置小批量样本大小为 1，即此时对每个样本进行逐一训练和权重更新。实际上，一些人仅把每次训练样本数量为 1 的梯度训练过程称为随机梯度下降法，而将其他每次训练样本数量大于 1 的梯度训练过程称为小批量梯度下降法。

深度神经网络具有多达数百万个参数，其损失函数形状远非平滑碗状。可见，深度神经网络训练优化问题是一个非凸优化问题。对于非凸优化问题，梯度下降过程中存在陷入局部极小值的风险，例如图 3.9 中的旅行者，往下走的过程中，可能会提前掉入到湖泊之中，实现局部最小，而不是最终到达谷底，实现全局最小值。尽管如此，随机梯度下降法仍然非常适用于深度学习模型。

到目前为止，人们还尚未完全理解为什么简单的梯度下降法在深度学习中如此有效。有人认为梯度下降法之所以如此有效，是因为深度神经网络损失函数不需要实现绝对的全局最小值，许多局部

最小值也同样适用。甚至有人提出，深度学习中的梯度下降法倾向
于找到一种解决方案，该解决方案应能很好地推广到不可见的新数
据上，在此方面，局部最小比全局最小要好。对深度学习的研究仍
处于起步阶段，虽然它很有效，但是我们不知道为什么有效，而小
批量梯度下降法则是让深度学习保持神秘的重要因素。

3.3.2 使用随机梯度下降改进算法来加快学习速度

第二个技巧不太引人注目，主要是采用各种改进的随机梯度下
降法来加快学习速度。如果使用血压数据而不是模拟数据进行训练，
那么你可能会想知道是否真的需要进行 100000 次迭代，才能解决线
性回归之类的简单问题。其他各种改进的优化方法在仅计算局部梯
度，不求取更高阶导数的情况下，主要是通过采取一些巧妙的技巧
来提升优化速度。其中大部分改进方法为启发式方法，通过利用先
前迭代值来加速优化过程。可以参考弹珠示例来理解这个问题，弹
珠的动量主要取决于前面步骤中坡度最陡的方向。

此类改进算法中，RMSProb 算法和 Adam 算法是两个著名算法。
它们包含在所有深度学习框架中，如 TensorFlow、Keras、PyTorch
等。这些方法与随机梯度下降并没有什么本质上的区别，但通过对
历史更新的有效利用，显著加快了神经网络的训练过程。从理解深
度学习原理的角度看，不必深入了解随机梯度下降各类改进算法。
因此，我们只提供了关于这些技术方面的出色解释作为参考，详见
网站 https://distill.pub/2017/momentum/。

3.3.3 自动微分

第三个技巧是自动微分。尽管对于线性回归，可以手动计算梯
度，但对于深度学习模型来说这几乎是不可能的。幸运的是，已有
几种方法可以自动执行这种无趣的微分过程。在 Chollet 所著 *Deep
Learning With Python* 一书中，很好地解释说明了自动微分方法：

实际当中，复杂神经网络函数是由许多张量运算链接在一起构

成的……，其中的每个张量运算都有简单已知的导数。

微积分告诉我们，链式函数的导数可以由下面的等式推导得到，称为链式法则：

$$\big(f\big(g(x)\big)\big)' = f'\big(g(x)\big) \cdot g'(x)$$

当将链式法则应用于神经网络梯度计算时，我们得到了一种称为反向传播(有时也称为反向模式求导)的算法。反向传播从最终的损失值开始，从输出层一直反向传播到输入层，通过不断迭代运用链式法则，实现损失函数关于每个模型参数梯度的计算。

基于计算得到的梯度，利用更新规则，可以计算得到更新后的参数值。请注意，本章前面介绍的更新公式(请参见公式 3-2)对于每个参数都是独立有效的，无论模型有多少个参数。因此，对于神经网络的训练优化，主要是要知道每一层函数的梯度，以及如何通过链式法则将不同层的梯度黏合在一起以得到最终的参数梯度。由于现代深度学习框架不仅知道如何自动应用链式法则，还知道如何求解神经网络基本函数的梯度，因此在采用现代框架具体拟合深度学习模型时，通常不用关心模型参数更新优化的细节。但为了深入理解深度学习原理，还是需要详细了解究竟什么是反向传播。

3.4　深度学习框架中的反向传播

本书中大部分内容使用的是 Keras 高级库。该库对繁杂的细节进行了抽象和包装，以便用户能快速构建复杂的模型。但是，正如每个建筑师都应该对如何垒砖以及建筑力学中存在的限制要求等基础性工作有一定了解一样，深度学习从业人员也应该了解背后的基本原则。因此，让我们动手操作吧！

深度学习库可以根据自动微分方式进行分组。目前，主要有以下两种方法可用于计算梯度下降所需的梯度：

- 静态图框架
- 动态图框架

像 Theano 这样的静态图框架是深度学习中使用的第一个框架。但是这些工具使用起来有些笨拙，目前已被 PyTorch 动态图框架取代或增强。为了让你更好地了解其内部原理，我们首先从静态图框架开始描述。TensorFlow v2.x 同时包含这两种方法。但是，在 TensorFlow v2.x 框架中，大部分静态图被隐藏起来了，实际使用过程中通常不会遇到这些图。因此，我们现在切换回 TensorFlowv1.x 框架，具体内容参阅网站 http://mng.bz/vxmp 上的 notebook 随附文件。请注意，此 notebook 程序文件无法在所提供的 Docker 容器中运行，建议在 Colab 中运行。如果要在 TensorFlow v2.x 框架中查看这些计算图，可以使用网站 http://mng.bz/4AlR 上的 notebook 文件。但是，如上所述，TensorFlow v2.0 框架隐藏了大部分计算图。

3.4.1　静态图框架

静态图框架使用两步过程来实现梯度计算。第一步，用户定义具体的计算，例如将 a 乘以 x，再加上 b，得到 y_hat 等。这会在后台生成一个称为计算图的结构。代码清单 3.2 中的第一步显示了构造过程，但是代码尚未执行。该代码描述了 TensorFlow v1.x 框架下，线性回归问题静态图的构建阶段(也可参见网站 http://mng.bz/vxmp 上的 notebook 文件)。

代码清单 3.2　TensorFlow 中的计算图构建

```
# x,y are one dimensional numpy arrays
# Defining the graph (construction phase)
tf.reset_default_graph()          ◀── 从头开始构
                                     造一张新图
```

具有初始值的变量可以在后续进行优化。我们这
样给它们命名是为了让它们在计算图中更易读

```
a_  = tf.Variable(0.0, name='a_var')
b_  = tf.Variable(139.0, name='b_var')    固定常数张量，
x_  = tf.constant(x, name='x_const')      用于保存数据值
y_  = tf.constant(y, name='y_const')
```

```
y_hat_ = a_*x_ + b_
mse_ = tf.reduce_mean(tf.square(y_ - y_hat_))
writer = tf.summary.FileWriter("linreg/",
              tf.get_default_graph())
writer.close()
```

符号运算会在计算
图中创建新节点

把计算图输出为
可视化图表

代码清单 3.2 定义了 TensorFlow 框架下，线性回归问题静态计算图的构建过程。定义好图形后，可以将其保存到硬盘中，这一步由代码清单的最后两行完成。

注意　Google 提供了一个名为 TensorBoard 的组件，可以利用它对计算图进行可视化。要了解有关 TensorBoard 的更多信息，请参阅 Chollet 的书，网址为 http://mng.bz/QyJ6。

图 3.10 显示了所构建计算图的输出结果。此外，我们还添加了部分注释(用箭头指示)。要想复现它，只需要按照网站 http://mng.bz/vxmp 上 notebook 文件中的步骤操作即可。

面向计算图双手合十，进行冥想，感受张量的流动！TensorFlow 从下到上布置整个计算图。让我们从左下角变量 a_ (在图中命名为 a_var)开始。这对应于清单 3.2 中的第 2 行。该变量乘以一维常数张量(向量)x_(在图中命名为 x_const)，该张量共保存了 33 个数值。该计算在清单 3.2 中由第 6 行 a_*x_ 部分定义，在计算图中的 Mul 节点具体实现。

通常，在图 3.10 中，边表示流动的张量，节点表示诸如乘法的运算。相乘后，a 乘以 x 的结果仍然是一个包含 33 个值的一维张量。沿着图形向上，加上 b，减去 y，最后对该表达式求平方。进入 Mean 节点时，它仍然是一个包含 33 个值的一维张量，在 Mean 节点，这些值将被全部相加，并除以 33。

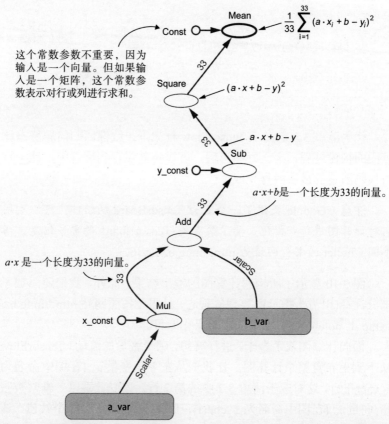

这个常数参数不重要，因为输入是一个向量。但如果输入是一个矩阵，这个常数参数表示对行或列进行求和。

$$\frac{1}{33}\sum_{i=1}^{33}(a\cdot x_i+b-y_i)^2$$

$(a\cdot x+b-y)^2$

$a\cdot x+b-y$

$a\cdot x+b$是一个长度为33的向量。

$a\cdot x$ 是一个长度为33的向量。

图 3.10　代码清单 3.2 构建的静态图，在 TensorBoard 中进行展示，并附带一些注释(由箭头指示)

图 3.10 中的一个小细节是从左侧输入的常量 Const。通常，深度学习中的张量都比一维张量复杂，例如二维张量(矩阵)。因此，Mean 计算节点需要知道是对行还是对列求均值。

逐步完成计算图后，现在输入变量 $a=0$ 和 $b=139$，遍历整个计算图进行计算(139 是血压的平均值，斜率 $a=0$ 表示该模型可以不根据妇女年龄情况，直接预测每位妇女的血压，即对每个妇女，无论年龄多少，其血压预测值都是相同的)。为此，我们需要实现图的具体化/实例化，用TensorFlow的术语来说，就是开始一个会话。下一个清单显示了如何实现这一点。

代码清单3.3 让张量流动，进行前向传递

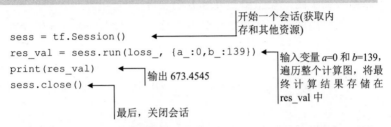

既然已经完成了对计算图的定义，那么 TensorFlow 就可以轻松地计算梯度了。此处的损失函数是均方误差(请参见公式3-1)，在图的最顶部进行计算。从图 3.10 所示的计算图中可以看出，可以通过执行加、减、乘、平方等几个基本运算，来实现均方误差的计算。按照梯度下降更新规则，需要知道均方误差关于 a 和 b 的梯度，才能对神经网络参数进行更新。微积分中的链式法则能够保证在计算图中，通过后向反馈来进行梯度计算。在计算图中，从图顶部 Mean 节点出发，返回 a(或 b)过程中途经的每个节点都会生成一个额外的因子。该因子是节点输出关于输入的导数，称为局部梯度。

现在，针对一个具体示例，演示如何逐步完成梯度求取计算。此示例同时表明，在通过梯度更新规则减小均方误差损失后，模型拟合度会变得更好。此外，可以通过两种方式计算梯度：直接通过公式 3-3 和 3-4，或者通过计算图中的反向传播逐步进行计算。

我们以血压为例，通过随机梯度下降演示整个拟合过程。为了论述简单，我们设置小批量大小为 1，即利用一个训练样本进行模型优化，并手动进行一次参数更新。我们从平均血压 139 和斜率 0(即 $b=139$ 和 $a=0$)开始(如图 3.11 中的实线所示)。对于第一轮随机梯度下降优化，我们首先随机选择一个患者，例如 15 号。该患者年龄为 $x=58$ 岁，血压为 $y=153$(如图 3.11 中唯一的一个填充数据点所示)，初始模型预测该年龄段的血压为 139。预测残差通过实际数据

点和模型预测点之间的垂直线进行可视化表示。该数据点的当前损失为残差的平方。现在，我们更新模型参数 a 和 b 以降低所选患者的损失。为此，我们使用更新规则(请参见式 3-2)，但前提是需要计算损失关于两个模型参数 a 和 b 的梯度。

下面用两种方法来计算梯度。首先，已知 $n=1$，$a=0$，$b=139$，$x=58$ 和 $y=153$，利用公式直接求得梯度：

$$\frac{\partial MSE}{\partial a} = \frac{2}{n}\sum_{i=1}^{n}\left(a \cdot x_i + b - y_i\right)\cdot x_i = 2\cdot\left(0\cdot 58 + 139 - 153\right)\cdot 58 = -1624$$

$$\frac{\partial MSE}{\partial b} = \frac{2}{n}\sum_{i=1}^{n}\left(a \cdot x_i + b - y_i\right)\cdot x_i = 2\cdot\left(0\cdot 58 + 139 - 153\right) = -28$$

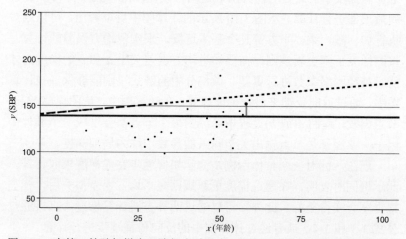

图 3.11　在第一轮随机梯度下降拟合过程中，我们仅使用血压数据集中的单个
　　　　样本进行更新。该样本用实心圆点表示。初始线性模型由实线表示，
　　　　斜率 $a=0$，截距 $b=139$。虚线表示第一次更新后的线性模型，斜率 $a=0.3$，
　　　　截距略大于 $b=139$

通过计算，我们知道均方误差损失函数关于参数 a 和 b 的梯度均为负值，说明需要增大参数值以降低损失，以便模型预测值更接近所选的样本点。可通过观察图 3.11 来确定参数更新是否有意义。为

接近相应位置处的真实值 $y = 153$，线性模型在 $x = 58$ 时的预测值应该变大。这可以通过两种方式来实现：增加截距和增加斜率。利用公式 3-2，设定学习率 $\eta = 0.0002$，对模型参数 a 和 b 进行更新，可得：

$$b_{t+1} = b_t - \eta \cdot grad_b = 139 - 0.0002 \cdot (-28) = 139.0056$$

$$a_{t+1} = a_t - \eta \cdot grad_a = 0 - 0.0002 \cdot (-1624) = 0.3248$$

图 3.11 中的虚线表示更新值 a 和 b 对应的线性模型。现在，按照 TensorFlow 中的方法，采用计算图方法来更新参数值，然后核对是否获得相同的结果。

先使用所谓的前向传递方法计算模型损失，中间结果直接写在图 3.12 的左侧。按照计算图进行逐步计算，同时为中间结果命名，以便对其进行跟踪(稍后将在后向传播算法中使用它们)。从左下角开始将 a 乘以 $x : ax = a \cdot x = 0 \times 58 = 0$。然后加上 $b = 139$，得到 139。在图中继续往上操作，减去 $y = 153$，得出 $r = -14$。然后，求平方得到 $s = 196$。

在单样本情况下(已知 $n = 1$)，平均值操作不会起任何作用，实际上是一个恒等处理(在图 3.12 中用 I 标识)，最终求得损失为 196。

下面做个反向路径来计算损失关于参数的偏导数。如图 3.12 所示，在进行偏导计算前，需要对中间量(s，r，abx 和 ax)进行跟踪。具体可以根据返回参数 a 和 b 途经的中间量，来构建均方误差损失函数的偏导数。为确定均方误差损失函数关于 b 的偏导数，只需要沿图中路径从均方误差返回到 b 处，途中遇到局部梯度时乘以它即可。局部梯度是某一计算操作输出值关于输入值的导数，最终得到：

$$\frac{\partial MSE}{\partial b} = \frac{\partial MSE}{\partial s} \cdot \frac{\partial s}{\partial r} \cdot \frac{\partial r}{\partial abx} \cdot \frac{\partial abx}{\partial b}$$

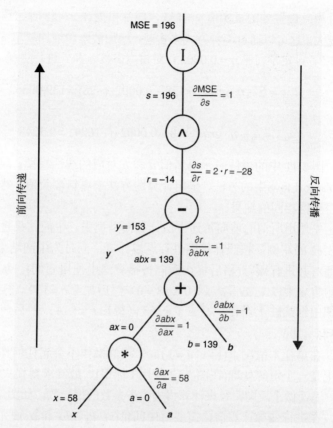

图 3.12   关于血压示例的前向传递和反向传播演示。仅利用一个训练样本
（x=58，y=153），且初始参数值为 a=0 和 b=139。图中左侧显示了前
向传递的流动值，右侧显示了后向传播过程中梯度的流动值

让我们验证一下上述公式是否是均方误差关于 b 的梯度。我们
将 ∂s 之类的符号看作变量(这或许会使真正的数学家震惊)，并在公
式的右侧将其删除，可见该公式的确是均方误差关于 b 的梯度：

$$\frac{\partial MSE}{\partial b} = \frac{\partial MSE}{\partial \slashed{s}} \cdot \frac{\partial \slashed{s}}{\partial \slashed{r}} \cdot \frac{\partial \slashed{r}}{\partial \slashed{abx}} \cdot \frac{\partial \slashed{abx}}{\partial b}$$

偏导数乘积公式中的相乘因子是局部梯度。要计算局部梯度，需要知道基本运用的导数，如图 3.13 所示。

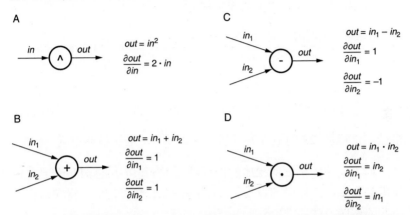

图 3.13 在线性回归示例中，后向传播算法的局部梯度。圆圈包含所需的运算，分别为平方(^)，加(+)，减(−)和乘(·)

下面使用当前值($x = 58$，$y = 153$，$a = 0$ 和 $b = 139$)进行计算，以此确定计算均方误差关于 b 的偏导数，所需的各个相乘因子项：

$$\frac{\partial MSE}{\partial b} = \frac{\partial MSE}{\partial s} \cdot \frac{\partial s}{\partial r} \cdot \frac{\partial r}{\partial (a \cdot b \cdot x)} \cdot \frac{\partial (a \cdot b \cdot x)}{\partial b}$$

你可以从计算图的顶部开始：

$$MSE = s \Rightarrow \frac{\partial MSE}{\partial s} = 1$$

下面的局部梯度分布是

$$s = r^2 \Rightarrow \frac{\partial s}{\partial r} = 2 \cdot r = 2 \cdot (-14) = -28 \,(\text{如图 3.13 中 "A" 所示})$$

$$r = a \cdot b \cdot x - y \Rightarrow \frac{\partial r}{\partial (a \cdot b \cdot x)} = 1 \,(\text{如图 3.13 中 "C" 所示})$$

$$a \cdot b \cdot x = a \cdot x + b \Rightarrow \frac{\partial (a \cdot b \cdot x)}{\partial b} = 1 (\text{如图 3.13 中 "B" 所示})$$

这将产生 b 轴方向上的损失梯度：

$$\frac{\partial MSE}{\partial b} = \frac{\partial MSE}{\partial s} \cdot \frac{\partial s}{\partial r} \cdot \frac{\partial r}{\partial (a \cdot b \cdot x)} \cdot \frac{\partial (a \cdot b \cdot x)}{\partial b} = 1 \cdot (-28) \cdot 1 \cdot 1 = -28$$

将局部梯度相乘，可得出与闭合解相同的结果。同样，可以计算出关于 a 的梯度。不过，不必从头开始重新计算，可以采用快捷路径，直接从-28 的值开始，然后乘以 $\frac{\partial ax}{\partial a} = 58$，最终得到-1624。这是均方误差关于 a 的梯度的期望结果。当利用 TensorFlow(或其他使用静态图的深度学习框架，例如Theano)计算梯度时，将在后台使用此静态图方法。

 实操时间　打开网站 http://mng.bz/XPJ9 上的 notebook 文件，并验证局部梯度的数值。请注意，我们计算所有中间值和梯度只是为了演示反向传播过程。如果要使用梯度下降来获取拟合的参数值，可以使用更简单的代码，例如网站 http://mng.bz/vxmp 上 notebook 中的示例。

通常无需手动计算梯度下降更新公式中所需的梯度输入，可以直接使用形如 tf.train.GradientDescentOptimizer()的优化器函数进行自动计算。具体调用方法如程序清单 3.4 所示。需要说明的是每调用一次优化器函数，程序将自动以给定的学习率进行一次梯度下降。该代码清单位于网站 http://mng.bz/vxmp 上的 notebook 文件结尾部分。

代码清单 3.4　　采用 TensorFlow 拟合计算图

在图中添加一个新的
操作以优化均方误差

```
train_op_ = tf.train.GradientDescentOptimizer(
        learning_rate=0.0004).minimize(loss_)
```

```
with tf.Session() as sess:
  sess.run(tf.global_variables_initializer())
  for i in range(80000):
    _, mse, a_val, b_val =
              sess.run([train_op_, loss_, a_, b_])
    if (i % 5000 == 0):
      print(a_val, b_val, mse)
```

在退出时关闭
会话并释放所
有分配的资源

运行 train_op
和 mse_.a_.b_

每 5000 条记录
输出一次

设置梯度下降的步
骤数量为 80000

初始化所有变量

正如在代码清单中所见，代码数量相当多。为此，人们开发了更高级的框架以与 TensorFlow 协同工作。Keras 就是一个这样的框架，可在 TensorFlow(和其他)深度学习库之上使用。Keras 直接包含在 TensorFlow 的发行版中，因此不需要安装任何东西即可使用它。Chollet 所著的 *Deep Learning With Python* 一书中详细介绍了 Keras。

可以将线性回归视为简单的神经网络，它具有没有激活函数的稠密层(Keras 使用线性一词表示没有激活函数)。代码清单 3.5 中的第二行表示稠密层，包含一系列指令：x 与权重参数 a 相乘，加上偏置参数 b，并以输出结果 ax+b 作为输出层中的唯一节点。如下面的代码清单所示，仅使用四行 Keras 代码就可以构建整个计算图和优化器。

代码清单 3.5　利用 Keras 构建计算图

```
model = Sequential()
model.add(Dense(1,input_dim=1, activation='linear'))
opt = optimizers.SGD(lr=0.0004)
model.compile(loss='mean_squared_error',optimizer=opt)
```

开始构建模型

添加一个没有激活函数
的单一稠密层

在此代码清单中添加没有激活函数的稠密层就是实现了线性回归(请参见代码清单 2.1 和图 3.2)。代码清单 3.6 显示了利用 Keras

进行计算图拟合的训练过程。

代码清单 3.6   用 Keras 拟合计算图

```
for i in range(0,80000):
    model.fit(x=x,y=y,batch_size=33,
                     epochs=1,
                     verbose = 0)
    a,b=model.get_weights()
    if i % 5000==0:
      mse=np.mean(np.square(model.predict(x).reshape(len(x),)-y))
      print("Epoch:",i,"slope=",a[0][0],"intercept=",b[0],"MSE=",mse
```

 实操时间   打开网站 http://mng.bz/yyEp 上的 notebook 文件，可以查看代码清单 3.5 和代码清单 3.6 的完整代码。继续调试并执行这些代码。

3.4.2   动态图框架

　　静态库的主要问题在于其过程分为两步进行处理(首先构建计算图，然后计算)，调试起来非常麻烦。在动态图框架中，可以立刻完成图的定义和计算。因此，可以访问代码中每个点的实际运算数值。在调试方面，这具有巨大优势。此外，静态图的缺点是不能在其中包含条件和循环，以便对不同的输入进行动态响应。Chainer 和 Torch 是最早支持这种动态计算的框架。Torch 的缺点是采用 Lua 作为宿主语言，这种语言并不常用。在 2017 年，Torch 从 Lua 语言切换到 PyTorch 语言，许多深度学习从业人员开始使用该框架。作为应对，TensorFlow 现在也开始支持动态图计算，称为动态图机制。

　　代码清单 3.7 显示了在 TensorFlow 中使用动态图机制，解决线性回归问题的代码(另请参见网站 http://mng.bz/MdJQ 上的 notebook 文件)。该框架不再需要构建静态图形。你可以在任何点停止，并且每个张量都有一个与之关联的值。动态图模式下的 TensorFlow 仍需要计算各个运算的梯度，但这与代码执行并行进行。TensorFlow 内部将计算梯度所需的中间值存储在称为 tape 的实体中。

代码清单 3.7　使用 TF.eager 实现线性回归

```
a = tf.Variable(0.)
b = tf.Variable(139.0)
eta = 0.0004
for i in range(80000):
  with tf.GradientTape() as tape:
    y_hat = a*x + b
    loss = tf.reduce_mean((y_hat - y)**2)
  grad_a, grad_b = tape.gradient(loss, [a,b])
  a.assign(a - eta * grad_a)
  b.assign(b - eta * grad_b)
  if (i % 5000 == 0):
    ...
```

将 *a* 和 *b* 设置为变量，以便以后对它们进行优化

设置学习率

计算关于 *a* 和 *b* 的损失

记录在此范围内计算梯度所需的所有信息

省略输出代码

应用更新公式 3-3 并给 *b* 赋一个新值

应用更新公式 3-3 并给 *a* 赋一个新值

如你所见，计算图的构造和执行之间没有任何分割。代码行 with tf.GradientTape()as tape 告诉 TensorFlow 使用所谓的 tape 机制跟踪所有导数。因为存储中间值需要一些时间，所以一般只在真正需要时才执行该操作。动态图对于调试和开发复杂的网络非常有用，但是，需要使用许多小操作时，动态图方法可能会变得很慢。不过，对此还有相应的解决方案。如果将所有相关代码放入函数中，并使用 @tf.function 装饰器修饰该函数，则该函数中的代码将被直接编译为计算图，可以快速运行。

使用 TensorFlow v2.0，既可在模型开发阶段采用动态计算图，便于快速调试，又可在模型输出阶段，实现计算图框架输出，两全其美。以下 notebook 文件中包含了如何使用@ tf.function 的示例，有关更多详细信息，请访问网站 https://www.tensorflow.org/guide/function。

除了前面讨论的 notebook 文件，我们还提供了一个 notebook 文件，可以使用 Python 中的 autograd 库来自动计算梯度，请参阅网站 http://mng.bz/aR5j。在下一章中，将真正开始我们的旅程，遇到可以推导出损失函数的第一个原理——最大似然原理(MaxLike)。

3.5　小结

- 线性回归是所有参数模型的基础，并且是已知最小的神经网络(NN)。
- 可通过最小化损失函数来拟合参数模型，其中损失函数能够量化模型和数据之间的偏差。
- 均方误差(MSE)是一种适用于回归模型的损失函数。
- 梯度下降通过最小化损失函数，来寻找最优参数值。梯度下降是一种简单的通用方法，可用于所有参数模型，只要损失函数是可微的即可。
- 通过梯度下降，每个参数都可以进行迭代更新，并独立于其他参数。这需要分别求取损失函数关于每个参数的梯度，同时需要定义学习率。
- 正确且适当的学习率对于成功拟合至关重要。使用深度学习，你可以采用梯度下降的随机版本(SGD)，该函数基于训练集的随机子集(小批量)而不是全部数据来估计梯度。
- TensorFlow 或 Keras 等深度学习框架使用反向传播来确定所需的梯度。
- 深度学习中使用的优化器是随机梯度下降的改进版本，主要通过利用过去的梯度值来加速学习过程。

第 II 部分
概率深度学习模型的
最大似然方法

本书的第 II 部分将重点介绍如何运用神经网络(NN)构建概率模型。本书第 1 章主要对非概率模型和概率模型之间的区别进行了介绍：非概率模型仅输出结果的最佳猜测，而概率模型则输出所有可能结果的整体概率分布。在出租车司机的例子中(请参阅第 1.1 节)，我们采用高斯分布概率模型，对给定路线的行驶时间进行建模和预测。但是直到现在，我们还没有学习如何运用神经网络建立概率模型。本书第 II 部分将对该项内容进行详细介绍，通过该部分内容的学习，你将学到多种基于神经网络的概率模型构建方法。

对于分类问题，通过第 I 部分内容的学习，我们已经知道如何通过神经网络，得到结果的概率分布，例如在假钞示例中(请参阅第 2.1 节)，我们构建了一个神经网络，该神经网络可以预测输出给定钞票的真假概率。在 MNIST 分类示例中(请参阅第 2.1.3 和 2.2.4 节)，我们采用不同的神经网络架构，设置神经网络最后一层节点数量与手写数字类别的数量相同，并采用 softmax 激活函数，来预测输出手写数字的 10 种类别概率。由于 softmax 激活函数可以使神经网络节点的输出大小限定在 0～1 范围内，并且所有输出节点和为 1，因此分类神经网络从构造上来说就是概率模型。

那么，回归问题呢？在第 3 章中，我们学习了线性回归。事实上，所有回归问题都可以看作为概率模型。虽然不同于分类问题可以直接被定义为概率模型，但回归问题不需要大费周折就能转换为概率模型。

第 II 部分将介绍如何为不同的回归任务选择合适的概率分布，以及如何通过神经网络估算其参数。那么，概率模型有什么神奇之处，为什么我们会对引入概率模型感到如此激动？回顾一下第 1.1 节出租车司机的例子。他通过使用概率卫星导航系统(GPS)，增加了获得小费的机会。事实上，在许多实际应用中，对预测输出的不确定性进行量化是至关重要的。例如，假设一个深度学习模型，它以胸透 X 摄片为输入，输出结果为手术或留院观察等两种治疗方案。现在，将胸透 X 摄片输入模型中，非概率模型的输出结果是手术，而概率模型输出结果为手术的概率为 0.51，留院观察的概率为 0.49。现在可以肯定，有了这种不确定性预测，关于是否采用手术治疗方案，你一定还会再慎重考虑一下。至少，你希望得到一位专家医生的第二意见，他可能会发现这种非典型高度不确定性出现的原因。概率模型的第二个重要特性是，可以采用一种独特的方法来计算损失函数并评估概率模型的性能，该方式就是似然函数。

在本部分将学习最大似然方法，并了解如何使用它为分类任务和回归任务确定合适的损失函数。可以发现，最大似然法非常强大且直观。另外，在本部分还将学习如何把最大似然方法运用到更高级的概率模型中，例如计数数据预测模型、文本语音转换模型或面部图像生成模型等。事实证明，深度学习中几乎所有损失函数背后的原理都是最大似然方法。

第 *4* 章

最大似然定义损失函数

本章内容：
- 使用最大似然法估计模型参数
- 确定分类问题的损失函数
- 确定回归问题的损失函数

上一章介绍了如何通过随机梯度下降法(SGD)优化损失函数来确定模型参数,包括具有数百万个参数的大型深度学习模型的参数。但是如何得到损失函数呢?在线性回归问题中(请参阅第 1.4 和 3.1 节),直接采用了均方误差(MSE)作为损失函数。并不是说将量测点与拟合曲线距离的平方值作为损失函数进行最小化不合适、不明智,但为什么要使用平方,而不是绝对差呢?

事实证明,在使用概率模型时,存在一种普遍有效的方法可用于损失函数推导,即最大似然方法(Maximum Likelihood Approach,MaxLike)。对于线性回归问题,在一定假设下,通过最大似然方法,可直接推导出均方误差损失函数,具体推导过程本章会详细讨论。

对于分类任务,经常采用分类交叉熵损失函数(请参阅第 2.1 节)。那么什么是分类交叉熵呢,最初是怎么得到它的呢?现在,你大概能猜出可以通过哪种方法推导出这个损失函数,这个方法就是似然函数。对于分类任务,通过它可以推导出合适的交叉熵损失函数。

4.1　损失函数之母——最大似然原则

图 4.1 形象地描述了最大似然方法是揭开几乎所有深度学习和机器学习中损失函数的神秘面纱的关键。

图 4.1　揭开机器学习(图中的 ML)和深度学习(DL)中几乎所有损失函数的神秘面纱。相关内容请参阅网站 https://www.instagram.com/neuralnetmemes/

为了证明这个原理，我们先从一个与深度学习关系不大的简单示例开始。设想一下，有一个骰子，其中一面显示美元符号($)，其余 5 面显示圆点(如图 4.2 所示)。

图 4.2   一个特殊的骰子，一面是美元符号，其余面是圆点

投掷骰子(假设是公正的骰子)，美元符号出现的概率是多少？平均来看，每投掷 6 次骰子，会出现一次美元。因此，出现美元的概率为 $p=1/6$，进而可得不出现美元的概率为 $1-p=5/6$。那么投掷 10 次骰子，出现 1 次美元，9 次圆点的概率是多少呢？首先假定，第 1 次投掷出现美元，接下来 9 次投掷出现的都是圆点，将其用以下字符串可以表示为：

$\$.........$

该特定序列发生的概率为 $\frac{1}{6} \cdot \frac{5}{6} \cdot \frac{5}{6} \cdot \frac{5}{6} \cdot \frac{5}{6} \cdot \frac{5}{6} \cdot \frac{5}{6} \cdot \frac{5}{6} \cdot \frac{5}{6} \cdot \frac{5}{6} = \frac{1}{6} \cdot \left(\frac{5}{6}\right)^9$

或 $p^1 \cdot (1-p)^{10-1} \left(p = \frac{1}{6}\right)$。如果只要求得出在 10 次投掷中出现 1 次美元和 9 次圆点的概率，而不需要考虑美元符号出现的位置，那么总共存在以下 10 种情况：

```
$.........
.$........
..$.......
...$......
....$.....
.....$....
......$...
.......$..
........$.
.........$
```

　　每次投掷,这 10 个不同的序列中每一个事件均有相同的发生概率,即 $p \cdot (1-p)^9$。那么,投掷 10 次骰子,这 10 个序列出现的总概率为 $10 \cdot p \cdot (1-p)^9$。进一步,代入 p=1/6,可得在 10 次投掷过程中出现 1 次美元的概率为 0.323。这时你可能会好奇,想知道投掷 10 次骰子,出现 2 次美元的概率会是多少? 该类特定序列(如\$\$........)出现的概率为 $p^2 \cdot (1-p)^8$,共有 45 种可能的排列方式[1],比如\$\$........或\$.\$.......这样的序列。因此,投掷 10 次,出现 2 次美元和 8 次圆点的总概率为 $45 \cdot \left(\dfrac{1}{6}\right)^2 \cdot \left(\dfrac{5}{6}\right)^8 = 0.2907$。

　　在掷骰子实验中,计算成功掷出美元概率的问题是一类典型的二项式实验示例。二项式实验主要是计算 n 次(掷骰子)实验中成功(此处表示出现\$)的次数,并假设所有实验彼此独立,且每次实验条件和实验环境均相同,即实验成功的可能性是相同的。在二项式 n 次实验中,其成功次数不是固定的,通常可以取 0 到 n 之间的任何值(且 p 不等于 0 或 1),因此成功的次数 k 被称为随机变量。为了强调 k 是来自二项分布的随机变量,可以写成下式:

$$k \sim \text{binom}(n, p)$$

　　"～"符号表示"源于"或"服从"二项分布,其中 n 表示实验次数,p 表示每次实验中出现\$的概率。对于本书来说,如何推导某个 k 的概率并不是那么重要,可以直接采用 SciPy 函数库中的 binom.pmf 函数进行计算,该函数输入三个参数:参数 k 为成功次数,参数 n 为试验次数,p 为每次试验成功的概率。使用此函数,可以绘制出 10 次投掷过程中分别出现 0 次到 10 次美元的概率,相关代码请参阅代码清单 4.1,结果如图 4.3 所示。

---

　　1 尽管对于本书的其他部分来说这个内容并不重要,但是如果你好奇如何得到 45,在此简单解释一下。它由所有排列数的 10!,除以不可区分的排列数得到,即 10!/(2!·8!)=45。有关更多详细信息,请访问网站 http://mng.bz/gyQe。

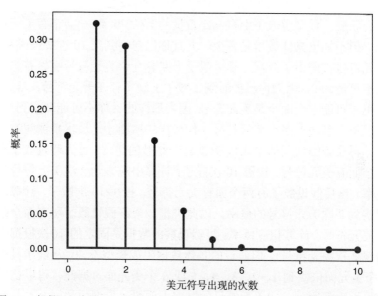

图 4.3　投掷 10 次骰子，美元符号出现次数的概率分布。在每次投掷中，出现
　　　美元符号的概率均为 $p=1/6$，出现 1 次美元符号和出现 2 次美元符号的
　　　概率分别为 0.323 和 0.2907，与手工计算结果完全一致。此图通过代
　　　码清单 4.1 中的代码创建

代码清单 4.1　使用 binom 函数计算美元符号出现 0 次到 10 次的概率

```
from scipy.stats import binom
ndollar = np.asarray(np.linspace(0,10,11)\
                 , dtype='int')
pdollar_sign = binom.pmf(k=ndollar, n=10, p=1/6)
plt.stem(ndollar, pdollar_sign)
plt.xlabel('Number of dollar signs')
plt.ylabel('Probability')
```

成功的次数(掷出美元符号)，从 0 到 10，共 11 个整数

投掷 10 次骰子，共出现 0,1,2… 次美元符号的概率，在每次掷骰子试验中出现美元符号的概率均为 $p=1/6$

　　到目前为止，所考虑的内容相对容易，因为你可能还记得在概率课上学过此方面的内容。现在我们考虑一个完全相反的问题。考虑以下情况：你在一个赌场里，玩一场游戏，只要掷出美元符号，

就会获胜。你知道骰子上有一定数量的面(从 0 到 6)会带有美元符号，但不知道具体数量是多少。并且你已观察到在 10 次掷骰子中，美元符号被掷中了 2 次。那么骰子上共有几个美元符号呢？首先，它不可能为 0，因为你已经看到了骰子上确实存在美元符号；其次，它也不可能 6 个面全是美元符号，因为那样的话你不可能观察到点。但骰子上到底有多少美元符号，什么样的猜测才是最优猜测呢？

再次查阅代码清单 4.1，突然有个绝妙的想法。首先假设骰子有一个面有美元符号，投掷 10 次骰子，计算出观察到 2 次美元符号的概率。然后假设骰子有两个面有美元符号，投掷 10 次骰子，计算出观察到 2 次美元符号的概率。以此类推，最终假设骰子所有面全部为美元符号，计算相应概率。虽然观察的数据是固定的(10 次投掷中出现 2 次美元符号)，但假设的具体数据生成模型不同，从骰子具有 0 个美元面依次到 1、2、3、4、5 或 6 个美元面。据此，可以把每次投掷中观察到 1 次美元符号的概率看作骰子模型中的一个参数，其取值范围为 $p=0/6$，$1/6$，$2/6$，$\cdots$，$6/6$，分别对应具体不同的数据生成模型。对于不同的具体参数，即具体不同的骰子数据生成模型，均可以通过计算来确定 10 次投掷中出现 2 次美元符号的概率，将其绘制成图表，结果如图 4.4 所示。

 实操时间　打开网站 http://mng.bz/eQv9，完成上面的代码，完成第一个练习。在该练习中，你的任务是在假定骰子分别具有 0、1、2、3、4、5 或 6 个面美元符号的情况下，计算出各情况下投掷 10 次骰子出现 2 次美元符号事件的概率，图 4.4 是由上述 7 个概率结果绘制得到的。

从图 4.4 中我们可以得到什么？从左边开始，如果骰子的 0 个面有美元符号，那么投掷 10 次骰子出现 2 次美元符号的概率是 0。这与意料结果一致。接下来，假设骰子的 1 个面上有美元符号($p=1/6$)，计算投掷 10 次骰子出现 2 次美元符号的概率，结果近似为 0.3。假设骰子的 2 个面上有美元符号，那么投掷 10 次骰子出现

2 次美元符号的概率大约是 0.20，以此类推。那么究竟骰子上美元符号的数目是多少呢？你会猜是 1 个，因为仅有 1 个面是美元符号的骰子，在 10 次投掷中出现 2 次美元符号的概率是最大的。那么恭喜你，因为你刚刚已发现并运用了最大似然原理。

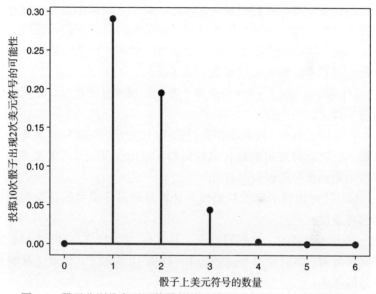

图 4.4　骰子分别具有不同数量的美元符号时，进行 $n=10$ 次投掷，
出现 $k=2$ 次美元符号的可能性

最大似然准则　选择模型的参数值，以便观测数据具有最大的可能性。

在上述示例中，参数模型是一种二项式分布，它有两个参数：每次试验成功概率 p 和试验次数 n。实际观察到的数据为 $n=10$ 次投掷试验中出现了 $k=2$ 次美元符号。因此，该示例模型的具体参数为 p，即投掷 1 次骰子出现美元符号的概率。图 4.4 显示了骰子分别具有不同数量的美元符号时，观察数据出现的不同可能性。我们最终选择可能性最大的值 $(p=1/6)$，对应骰子上具有 1 个美元符号的情况。

此外，需要一个额外的处理步骤。图 4.4 中的概率是未归一化的概率，因为它们的总和不是 1，而是一个常数因子。在上述示例中，该因子为 0.53。由于概率和必须为 1，上面计算得到的概率并不是严格意义上的概率，这也是把称它为可能性，而不是概率的原因。但仍然可以使用这些可能性进行排序，选择最有可能产生观察数据的模型作为最可能的模型。同时，对于上述简单案例，可以将每种可能性除以所有可能性的总和，以确保最终得到的可能性总和为 1，最终将可能性转化为适当的概率。现在，让我们总结一下采用最大似然方法确定最佳参数值的步骤：

(1) 首先，采用具有1个或多个参数的概率分布模型，对观测数据进行描述。

在上述示例中，观测数据是投掷 10 次骰子，观测到美元符号的次数。二项式分布的参数 p 是投掷骰子时出现美元符号的概率 p，即骰子美元符号的面数除以 6。

(2) 针对模型不同的参数值，计算每种具体模型能获得观测数据的可能性。

在上述示例中，分别假设骰子具有 0、1、2、3， 4、5 和 6 个美元符号面，然后计算不同假设下，投掷 10 次骰子，出现 2 次美元符号的概率。

(3) 将产生观测数据的可能性最大的参数作为最优参数，称为最大似然估计。

这里的最大似然估计是骰子只有 1 个面带有美元符号。

4.2　分类问题损失函数推导

在本节中，将学到如何采用最大似然原理来推导分类问题损失函数，并揭开分类交叉熵这一深奥名词的神秘面纱。经过本节学习，会发现分类交叉熵易于计算，同时还将学到如何使用它来检测模型的完整度。

4.2.1　二元分类问题

让我们回顾一下第 2 章假钞示例(请参阅代码清单 2.2，为方便起见，这里进行重复展示)。

代码清单 2.2　具有 1 个隐藏层的网络定义

```
                              本节将对程序清单中的"categorical_crossentropy"
model = Sequential()  损失函数进行详细解释。
model.add(Dense(8, batch_input_shape=(None, 2),
                          activation='sigmoid'))
model.add(Dense(2, activation='softmax'))
# compile model
model.compile(loss='categorical_crossentropy', ◄
                      optimizer=sgd)
```

在第 2 章中，对于所有的分类问题，都采用了"categorical_crossentropy"损失函数，无论是用于 MNIST 手写数字分类的全连接神经网络和卷积神经网络，还是用于艺术品条纹检测的卷积神经网络。这种损失函数在深度学习分类问题中的应用十分广泛。

为了详细解释"categorical_crossentropy"，下面从钞票示例开始介绍。在该示例中，如图 4.5 所示，输出层的第一个神经元是模型"认为"给定输入 x 属于类别 0 的概率，即真钞概率，在图中标记为 p_0；另一个神经元输出 x 为假钞的概率，在图中标记为 p_1。同时网络输出层采用 softmax 激活函数，p_0、p_1 之和为 1(详细内容请参阅第 2 章)。

现在，采用最大似然原理来推导损失函数。观测数据的可能性是什么？分类问题中的训练数据是成对出现的(x_i 和 y_i)。在钞票示例中，x_i 是一个两元素向量，y_i 表示钞票的真假类别。如图 4.5 所示，向卷积神经网络输入 x，网络输出每个可能类别的概率。这些概率定义了给定 x 条件下的概率分布(Conditional Probability Distribution，CPD)(请参见下面的补充内容中的图)。这个关于真实类别 y_i 的条件概率分布，给出了观察到或待预测类别 y_i 的可能性。

对于一个已知权重和给定输入 x_i 的神经网络,如果真实类别为 $y_i=0$,则概率由 $p_0(x_i)$ 给出;如果真实类别为 $y_i=1$,则概率由 $p_1(x_i)$ 给出。

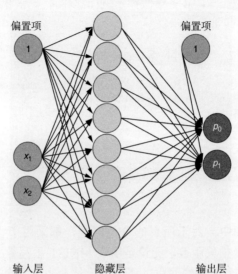

图 4.5   钞票分类网络,其中钞票由特征 x_1 和 x_2 描述,网络的两个输出分别为真钞的概率(p_0)和假钞的概率(p_1)。这与第 2 章的图 2.8 相同

重要事项   请牢记:分类模型关于训练样本(x_i, y_i)的可能性就是网络输出的 y_i 正确类别概率。

例如,如果训练样本来自类别 1(假钞),则一个训练良好的网络将给出一个较大的 p_1 值。那么,整个训练集的概率是多少呢?这里假设训练样本都是相互独立的,那么整个训练集的概率就是各个样本概率的乘积。例如,假设投掷 2 次普通骰子,由于每个投掷事件都是相互独立的,可以求得第一次掷出 1、第二次掷出 2 的概率是 1/6·1/6。按照这个计算思路和方法,可得整个训练集的可能性就是所有单个训练样本的乘积。因此,我们先从单个训练样本开始,逐个进行计算,看看它们的正确类别概率是多少,然后对所有这些概率进行相乘运算,进而得到这个训练样本的可能性。

此外,还可以按如下方式对概率进行排序式计算:首先,对于真假钞示例，将所有真钞($y = 0$)样本的预测概率 p_0 相乘。然后，将所有假钞样本的预测概率 p_1 相乘。假设训练集中有 5 张钞票。前 3 张标记为真钞，后 2 张标记为假钞。通过神经网络，可以计算出所有钞票属于类别 0 的概率(p_0)或类别 1 的概率(p_1)。那么全部 5 张钞票的可能性为

$$P(\text{Training}) = p_0(x_1) \cdot p_0(x_2) \cdot p_0(x_3) \cdot p_1(x_4) \cdot p_1(x_5)$$
$$= \prod_{j=1}^{3} p_0(x_j) \cdot \prod_{j=4}^{5} p_1(x_j)$$

等式中的 Π 表示求累乘积，Σ 表示求累加和。通常，可以进一步简写为：

$$P(\text{Training}) = \prod_{j,\, y=0} p_0(x_j) \prod_{j,\, y=1} p_1(x_j) \qquad \text{式(4-1)}$$

此外，通过对网络输出 Y 的概率分布进行推导，可以用另一种方式对公式 4-1 进行解释(请参阅下述补充内容)。由于这个解释可以帮助你从更普遍的角度理解最大似然方法，因此我们通过下面的补充内容进一步详细解释。

基于参数概率模型的分类损失函数最大似然推导

对于图 4.5 中具有固定权重的神经网络，当输入某个 x 时，输出所有可能类别标签 y 的概率，这可以写为关于网络输出结果 Y 的概率分布，它取决于输入 x 和神经网络权重：

$$P(Y=k \,|\, X=x, W=w) = \begin{cases} p_0(x,w) & k=0 \\ p_1(x,w) & k=1 \end{cases} \quad \text{且} \sum p_i = 1$$

$Y = k$ 表示随机变量 Y 取特定值 k。在等式中，可以进一步将竖线理解为"给定的"或"以...为条件"。竖线右侧是所有给定的条件信息，这些信息用于确定竖线左侧变量的概率。在这里，需要知道输入 x 的值和神经网络的权重 W 才能计算出神经网络的

输出，即 p_0 和 p_1。由于概率分布取决于 x，因此称为条件概率分布(CPD)。通常，你会看到一个更简单的公式版本，它跳过了竖线右边的部分(仅 $W=w$ 时或满足 $X=x$ 且 $W=w$ 时)，并且假定它是已知条件。

$$P(Y=k) = \begin{cases} p_0 & k=0 \\ p_1 & k=1 \end{cases} \quad \text{且} \sum p_i = 1$$

这种结果 Y 只能取值为 0 或 1 的概率分布称为伯努利分布，它只有一个参数 p。由此，可以直接计算 $p_0 = 1 - p_1$。下图显示了二元输出结果 Y 的概率分布。

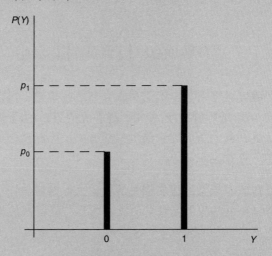

二元变量 Y 的概率分布，也称为伯努利分布

图 4.5 中的神经网络可计算每个输入的两个输出 p_0 和 p_1。对于 n 个数据点，整个数据集的概率或可能性由所有数据点的正确类别概率乘积得出(请参见公式 4-1)。由最大似然原理可知，可以通过调整网络权重 w，使其可能性最大化，如下所示：

$$w = \arg\max_w \left\{ \prod_{i=1}^{n} P(Y = y_i \mid x_i, w) \right\}$$

$$= \arg\max_w \left\{ \prod_{i,\, y_i=1}^{n} P(Y = 0 \mid x_i, w) \prod_{i,\, y_i=1}^{n} P(Y = 1 \mid x_i, w) \right\}$$

原则上，我们现在已经完成了分类损失函数推导工作。我们可以通过调整网络权重来使公式 4-1 达到最大化，不需要手动执行，可以使用任何框架来完成此操作，譬如 TensorFlow 或 Keras 框架，两者都可以实现(随机)梯度下降。

还有一个实际问题有待解决。公式 4-1 中的 p_0 和 p_1 是介于 0 和 1 之间的数字，其中一些数值可能很小。将 0 到 1 范围内的多个数值相乘会产生数值不稳定问题(请参见代码清单 4.2)。

代码清单 4.2　多个 0 到 1 之间的数值相乘会产生数值不稳定问题

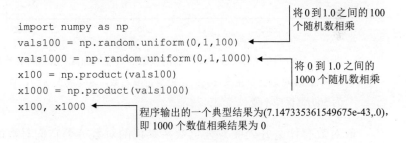

```
import numpy as np
vals100 = np.random.uniform(0,1,100)         ← 将 0 到 1.0 之间的 100
                                                个随机数相乘
vals1000 = np.random.uniform(0,1,1000)       ← 将 0 到 1.0 之间的
x100 = np.product(vals100)                       1000 个随机数相乘
x1000 = np.product(vals1000)
x100, x1000  ←  程序输出的一个典型结果为(7.147335361549675e-43,.0)，
                即 1000 个数值相乘结果为 0
```

如果把几百个数值相乘，由于计算机浮点数精度有限，乘积将非常接近于 0，以至于计算机把它当作 0 处理。深度学习使用典型 float32 类型浮点数，对于这些浮点数，除 0 外的最小可表达数值大约是 10^{-45}。

采用一个技巧可以解决这个问题。可以对似然函数取对数，以代替公式 4-1 中的 P(Training)。取对数会改变函数的值，但不会改变最大值的位置。注意，最大值保持不变是由于对数是一个函数，它会严格随着 x 变大而增大，具有这种性质的函数称为严格单调函数。在图 4.6 中,可以看到任意函数 $f(x)$ 及其对数 $\log(f(x))$。由图可以看出去,$f(x)$ 和 $\log(f(x))$ 的最大值均位于 $x \approx 500$ 处。

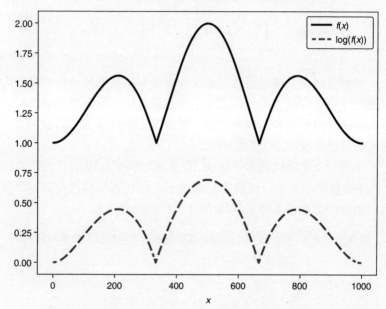

图 4.6   非负值任意函数 $f(x)$ 实线曲线和该函数的对数虚线曲线。虽然取对数后
最大值(约为 2)会发生变化,但无论是否取对数,达到最大值的位置(约
为 500)都保持不变

取对数有什么好处呢?任意数字乘积的对数等于它们对数的和,即 $\log(A \cdot B) = \log(A) + \log(B)$。该公式可以推广到任意数量项:$\log(A \cdot B \cdot C \cdots) = \log(A) + \log(B) + \log(C) + \cdots$,因此公式 4-1 中的乘积变成对数和。让我们看看取对数后的数值稳定性效果。

现在将 0 到 1 之间所有数的对数相加。对于 1,可得到 $\log(1) = 0$,对于 0.0001,可得到 $\log(0.0001) \approx -4$。唯一的数值问题是,如果在正确的类别中计算得到了概率 0,那么 $\log(0)$ 等于负无穷。为了防止这种情况发生,有时会向概率中添加一个很小的数值,例如 10E-20。因此不用为这种可能性极低的情况费心。如果将代码清单 4.2 中的乘积更改为对数和，会发生什么情况呢？将得到一个数值稳定结果 (请参见代码清单 4.3)。

代码清单 4.3　取对数来修正数值不稳定性

```
log_x100 = np.sum(np.log(vals100))
log_x1000 = np.sum(np.log(vals1000))
log_x100, log_x1000
```

对代码清单 4.2 生成的样本数值求取对数和

典型输出结果为(−89.97501927715012，−987.8053926732027)，可见 1000 个数值相乘得到了一个有效结果

采用求对数计算技巧，将最大似然公式(4.1)转换为最大似然对数公式，结果为：

$$\log P(\text{Training}) = \sum_{j,y=0} \log(p_0(x_j)) + \sum_{j,y=1} \log(p_1(x_j)) \quad \text{式(4-2)}$$

上述公式中，对数计算采用何种底都是可以的，Keras 使用自然对数来计算损失函数。在本节内容的最后，还有两个公式细节需要简单介绍一下。

公式 4-2 对多个训练样本数据进行计算，因此其结果与参与计算的训练样本数量 n 有关。为了得到一个不依赖于训练样本数量的损失函数计算公式，进一步将公式除以 n。此种情况下，损失函数计算的是每个观察值的平均似然对数。最后一点，深度学习框架一般不进行损失函数最大化，而是进行损失函数最小化，即不是最大化 log(P(Training))，而是最小化−log(P(Training))。至此，已为二元分类模型推导出了负对数似然函数(Negative Log Likelihood，NLL)，也称为交叉熵。在下一节中，你将了解到交叉熵名称的由来。在推导出二元分类器损失函数之后，让我们把完整公式写出来：

$$\text{交叉熵} = \frac{1}{n}\left(\sum_{j,y=0} \log(p_0(x_j)) + \sum_{j,y=1} \log(p_1(x_j))\right) \quad \text{式(4-3)}$$

现在，可以验证一下，这与深度学习实际最小化的数值一致。

 实操时间 打开网站 http://mng.bz/pBY5，运行程序代码。代码利用了仅包含 0、1 两个类别的 MNIST 训练集子集，进行模型的训练和评估。第一个练习的任务是使用 model.evaluate 函数，计算未经训练神经网络模型的交叉熵损失，并对计算结果进行解释。

对于未经训练的模型，计算得到的交叉熵为 0.7 左右。当然，这是一个随机结果，由于网络的初始权重是按照随机值进行设置的，并且尚未进行任何训练，因此初始模型的交叉熵期望值与实际计算值 0.7 之间存在一些随机偏差。能否运用刚学到的知识来解释一下交叉熵损失 0.7 意味着什么呢？开始，网络对分类一无所知，因此期望的平均命中率约为 50%。采用交叉熵损失计算公式 ln(0.5)，计算得到的损失为 0.69。一无所知的情况下网络的损失 0.69 与实际计算得到的 0.7 非常接近，因此可以认为交叉熵损失 0.7 意味着初始网络对分类一无所知(Keras 使用自然对数来计算损失函数) 。

二元分类问题单输出网络损失函数

对于具有两个类别的特殊情况，譬如在真假钞示例中，有一种可能是神经网络只有一个输出神经元。在这种情况下，输出是一个类别的概率 p_1，而另一类别的概率 p_0 则利用公式 $p_0 = 1 - p_1$ 求得。因此，不需要对 y_i 进行独热编码，对于类别 0，$y_i = 0$，对于类别 1，$y_i = 1$。通过上述内容，可以把公式 4-3 改写为：

$$交叉熵 = \frac{1}{n} \left(\sum_{j=1}^{n} (y_i \cdot \log(p_1(x_i) + (1 - y_i) \cdot \log(1 - p_1(x_i))) \right)$$

与上式相反，不需要检查待计算样本属于哪个类别。如果样本属于类别 1 ($y_i = 1$)，则第 I 部分结果有效，第 II 部分结果为 0，概率 p_1 被包含在内。否则，如果样本 i 属于类别 0 ($y_i = 0$)，则第 I 部分结果为 0，第 II 部分结果有效，概率 $p_0 = 1 - p_1$ 被包含在内。

4.2.2　两个以上类别分类问题

　　如果有两个以上的类别怎么办？事实上，这没什么特别之处。在第 2 章的多个相关练习中均涉及多类别损失函数设置，其中也包括对于 MNIST 数据集中十个数字的分类。回想一下，在为 MNIST 分类任务构建深度学习模型时，使用了与二元分类模型相同的损失函数设置：loss ='categorical_crossentropy'。下面介绍如何使用最大似然方法来推导损失函数，并证明使用交叉熵是合适的。

　　回顾前面的二元分类任务概率建模过程。如图 4.5 所示，采用具有两个输出节点的神经网络。对于每个网络输入，网络输出概率 p_0 和 p_1，分别对应类别 0 和类别 1 的可能概率。可以将这两个概率解释为二元分类任务的条件概率分布参数(请参阅本章第一个补充内容中的图)。该条件概率分布为伯努利分布(请参阅本章第一个补充内容)。原则上，伯努利分布只需要一个参数：类别 1 的概率 p_1，此参数由第二个输出节点给出。可以进一步由公式 $p_0 = 1 - p_1$，得出类别 0 的概率 p_0。神经网络使用 softmax 激活函数，可确保神经网络的第一个输出返回 p_0 值。当采用最大似然方法时，二元分类任务的损失由伯努利分布的平均负对数似然函数给出(请参见公式 4-2 和 4-3)。

　　对于具有两个以上类别的多分类任务，可以使用相同的方法进行概率建模。在 MNIST 示例中，有 10 种类别，使用一个具有 10 个输出节点的神经网络进行分类处理，每个类别对应 1 个输出节点。回想一下，图 2.12 中采用多层全连接神经网络架构对 MNIST 手写数字分类任务进行处理，图 4.7 中重新展示了该架构。

　　在 MNIST 分类任务中，需要区分 10 种数字类别(0, 1, ..., 9)。因此，建立了一个具有 10 个输出节点的神经网络，每个节点提供了输入为相应类别的概率，并且这 10 个概率为分类模型条件概率分布的 10 个参数。该条件概率分布为多项式分布(Multinomial Distribution)，它由伯努利分布扩展到两个以上类别得到。对于具有 10 个类别的 MNIST 分类任务，多项式条件概率分布可以表示为：

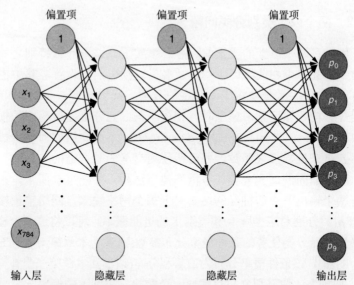

图 4.7   具有两个隐藏层的全连接神经网络(fcNN)。对于 MNIST 示例，输入层
　　　　有 784 个节点，对应手写数字图片 28×28 像素。输出层有 10 个节点，
　　　　对应 10 个数字类别

$$P(Y=k|x,w) = \begin{cases} p_0(x,w) & k=0 \\ p_1(x,w) & k=1 \\ \vdots & \vdots \\ p_9(x,w) & k=9 \end{cases}, \quad \sum_{i=0}^{9} p_i(x,w) = 1$$

　　根据权重 w，神经网络对于每个输入图像 x，给出 10 个输出值，
这些值定义了对应多项式条件概率分布的参数，且该分布为每个可
能的输出结果分配了概率。

　　在训练神经网络之前，可以使用较小的随机值来初始化权重。
未经训练的神经网络为每个类别分配的概率接近 1/10，类似于均匀
分布，如图 4.8 所示，与神经网络的输入图像无关。

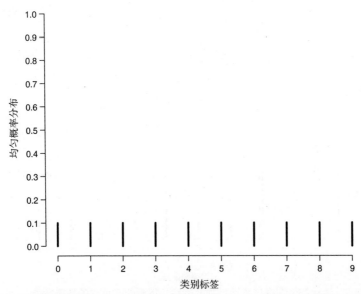

图 4.8　均匀概率分布，10 个类别标签的概率均为 0.1。对于未经训练的分类神
　　　　经网络，不管分类图像的标签是什么，都会产生类似于这种均匀分布
　　　　的条件概率分布

　　然后，如果用一些标记过的图像来训练神经网络，则神经网络
输出的条件概率分布就已经包含了一些分类知识信息。例如，输入
标签 2 图像后，神经网络给出的条件概率分布可能如图 4.9 所示。

　　下面看一下图 4.9。输入标签 2 图像后，带有标签 2 图像样本的
可能性是多少呢？可能性是条件概率分布分配给每种标签类别的概
率，此处约为 0.3。请注意，只有条件概率分布分配给正确标签的
概率才对可能性有贡献。如果用神经网络分类一些图像样本，并且
已知每幅图像的真实标签，则可以确定联合负对数似然函数。利用
以下公式，对每幅图像样本进行处理，评估条件概率分布分配给正
确类别标签的概率：

$$\mathrm{NLL} = -\left(\sum_{j,y_j=0} \log(p_0(x_j)) + \sum_{j,y_j=1} \log(p_1(x_j)) + \cdots + \sum_{j,y_j=1} \log(p_{k-1}(x_j)) \right)$$

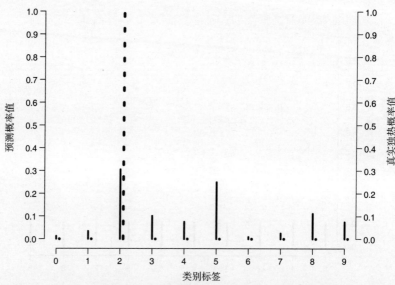

图 4.9   某标签 2 图像样本通过神经网络，得到的多项式条件概率分布(实线分布)。在这里，真实分布(虚线)表示真实标签 2 的概率为 1

进一步消除样本数对联合负对数似然的影响，用样本数除以负对数似然，得到每个样本的平均负对数似然，最终得到的交叉熵公式如下所示：

$$\text{交叉熵} = -\frac{1}{n}\left(\sum_{j,y_j=0}\log(p_0(x_j)) + \sum_{j,y_j=1}\log(p_1(x_j)) + \cdots + \sum_{j,y_j=K-1}\log(p_{k-1}(x_j))\right)$$

式(4-4)

如果采用独热编码向量 $^{\text{true}}p_i$ 表示样本 i 的真实类别，则可以进一步将交叉熵公式简洁表示如下。对于训练样本 i，向量 $^{\text{true}}p_i$ 真实类别位置分量为 1，其余位置分量为 0，如图 4.9 中虚线所示。

$$\text{交叉熵} = -\frac{1}{n}\sum_{i=1}^{n}{}^{\text{true}}p_i \cdot \log(p_i)$$

在 MNIST 分类任务中，对于未经训练的神经网络，你期望网络损失是多少呢？在继续下面内容之前，请思考片刻，试着自己找到答案。

在完整的 MNIST 数据集中，有 10 种数字类别。未经训练的神经网络对每种类别分配的概率约为 $1/10$，即所有类别概率均为 $p_i \approx 1/10$。根据交叉熵损失函数公式，计算得到的损失值为 $-\log(1/10) \approx 2.3$。因此，可以根据这个数值检查分类网络是否存在问题，这对于神经网络训练调试是十分有用的。

 实操时间 打开网站 http://mng.bz/OMJK 并运行代码文件，直到完成由钢笔图标指示的练习。练习中的任务是采用未经训练的卷积神经网络，对 MNIST 图像进行数字预测，并手动计算损失值。你会发现得到的值接近之前的计算值 2.3。

4.2.3 负对数似然、交叉熵和 K-L 散度之间的关系

你可能想知道，为什么深度学习研究人员将分类问题中的负对数似然称为交叉熵？对于分类问题，能否采用类似于回归问题的均方误差度量方法，通过真实值与预测值之间的差值来量化度量拟合的好坏？本节将给出这两个问题的答案。

> **熵在统计学和信息论中的定义？**
>
> "熵"广泛应用于信息论，统计物理学和统计学等多个学科中。在这里，将了解第一个实例，用于描述概率分布所包含的信息内容。你会发现了解"交叉熵"分类损失函数的来源是很有用的。
>
> 首先从"熵"这个词开始。熵的基本思想是用于描述概率分布所包含的信息量有多少以及还剩下多少不确定性或可能性。如下式所示，可通过概率分布的扩展或"粗糙度"来度量熵 H。
>
> $$H(P) = -E_p(\log(p)) = -\sum_k p_k \log \cdot (p_k)$$
>
> 现在利用上述公式，分别求取图 4.9 中两个分布的熵。其中的黑色条件概率分布比较平坦，通过它，你不会对可能的类别标

签有太多了解。考虑极端情况，假定实线条件概率分布为均匀分布，对于 10 种类别，每个概率均为 $p_i = \dfrac{1}{10}$，其熵均等于 $H = -10 \cdot \dfrac{1}{10} \cdot$ $\log\left(\dfrac{1}{10}\right) \approx 2.3$。事实上，可以证明均匀分布具有最大的熵。而虚线真实分布则包含尽可能多的标签信息，其分布只有一个峰值，由其可以完全确定真实类别标签为 2，对于正确的类别，$p_i = 1$ 且具有 $p_i \cdot \log(p_i) = 1 \cdot 0 = 0$，对于错误的类别，$p_i = 0$ 且具有 $p_i \cdot \log(p_i) = 0 \cdot \log(0) = 0$，最终熵为 $H = 0$，

交叉熵与 K-L 散度

交叉熵可以定义为 $\log(q)$ 变量的 p 概率分布期望值，q 和 p 为两个概率分布。对于离散情况，交叉熵具体定义为：

$$H(P, \ Q) = -E_p(\log(q)) = -\sum_k p_k \log \cdot (q_k)$$

通过交叉熵，可以对两个概率分布进行比较。

K-L 散度作为分类任务中的均方误差垂线

让我们再次检验图 4.9，该图包含两个概率分布，实线为模型预测的条件概率分布，虚线为真实的分布，表示独热编码真实标签。如果模型是理想的，则预测的条件概率分布会与真实分布相匹配。那么该如何量化度量预测模型的优劣呢？它应该是当前预测的条件概率分布与真实分布之间距离的某种度量。一个简单的方法是对于每个类别标签，计算其条件概率分布概率和真实分布概率之间的差值，然后平方取均值。这与回归问题中的均方误差类似，表示真实值与预测值之间平方差的期望。

但是请注意，均方误差无法给出分类任务的最大似然估计，对于分类任务，将真实值与预测值相减并不符合最大似然原理。在这里，需要比较真实分布和预测分布这两个分布，为此通常会使用 K-L(KullbackLeibler) 散度。K-L 散度是对数概率之差的期望值。通

过一些基本的对数计算规则和期望值的定义，可以证明 K-L 散度与交叉熵相同：

$$KL\left(^{\text{true}}p\,\middle\|\,^{\text{pred}}p\right) = E_{^{\text{true}}p}\left(\log\left(^{\text{true}}p\right) - \log\left(^{\text{pred}}p\right)\right)$$

$$= E_{^{\text{true}}p}\left(\log\left(\frac{^{\text{true}}p}{^{\text{pred}}p}\right)\right)$$

$$= \sum_k {^{\text{true}}p_k} \cdot \log\left(\frac{^{\text{true}}p_k}{^{\text{pred}}p_k}\right)$$

$$= \sum_k {^{\text{true}}p_k} \cdot \log\left(^{\text{true}}p_k\right) - \sum_k {^{\text{true}}p_k} \cdot \log\left(^{\text{pred}}p_k\right)$$

$$= 0 - \sum_k {^{\text{true}}p_k} \cdot \log\left(^{\text{pred}}p_k\right)$$

$$= 交叉熵$$

正如在上述的推导过程中所见，真实分布和预测分布之间的 K-L 散度可分解为真实分布的熵和交叉熵的总和。由于第一项(真实分布的熵)为 0(图 4.9 中的虚线分布)，因此，如果使交叉熵最小化，则实际上 K-L 散度也会最小化。在本书中，还会再次使用到 K-L 散度。但是现在，让我们首先认识到 K-L 散度对于分类的意义就如同均方误差对于回归的意义一样。还有一点需要说明的是，对于交叉熵和 K-L 散度计算公式中的两个概率分布，其作用是不同的，如果交换这两种分布，会得到不同的结果，即 $KL\left(^{\text{true}}p\,\middle\|\,^{\text{pred}}p\right) \neq KL\left(^{\text{pred}}p\,\middle\|\,^{\text{true}}p\right)$，为了明确说明这一点，采用两个竖杠进行表示。此外，把 $^{\text{true}}p$ 放在后面也是不适合的，即采用 $KL\left(^{\text{pred}}p\,\middle\|\,^{\text{true}}p\right)$ 对两种分布的差异进行度量。因为 $^{\text{true}}p$ 的值通常为 0，对 0 取对数并不合适，因为它返回的值为负无穷大。

4.3   回归问题损失函数推导

本节将采用最大似然原理对回归问题损失函数进行推导。首先从第 3 章中血压示例开始讲述。简单回顾一下，在该示例中，输入是一位美国健康女性的年龄，输出是其收缩压(SBP)的预测值。在第 3 章中，使用无隐藏层的简单神经网络对输入和输出之间的线性关系进行建模，并采用均方误差作为损失函数。其中关于损失函数的选择主要采用图示图例进行解释，但没有确凿的事实证明该损失函数是一个良好的选择。在本节中，你将看到通过最大似然原理，可以直接推导出均方误差损失函数。此外，使用最大似然原理，不仅局限于均方误差损失函数，还可对非常量方差噪声数据进行建模，这在统计学中被称为异方差。不要害怕，理解了最大似然原理，对异方差进行建模就会变得轻而易举、小菜一碟。

4.3.1   使用无隐藏层、单输出神经网络对输入与输出间线性关系进行建模

让我们回到第 3 章中的血压示例。在该示例中，使用了简单的线性回归模型 $\hat{y} = a \cdot x + b$ 来在给定女性年龄 x 时对美国女性收缩压值 y 进行估计预测。训练拟合该模型需要调整参数 a 和 b，以使生成的模型"最佳拟合"观测数据。在图 4.10 中，可以看到观测数据和一条线性回归线，虽然该拟合线可以很好地贯穿观测数据，但它可能并不是最佳模型。在第 3 章中，将均方误差作为损失函数，用于量化度量模型拟合数据的程度。回顾公式 3-1：

$$\text{loss} = \text{MSE} = \frac{1}{n}\sum_{i=1}^{n}(y_i - \hat{y}_i)^2 = \frac{1}{n}\sum_{i=1}^{n}(y_i - (a \cdot x_i + b))^2 \quad \text{式(3-1)(在此重复)}$$

该损失函数基于如下思路构建：拟合模型与观测数据间的偏差应通过残差平方和来量化。通过随机梯度下降法优化该损失函数，来求取确定模型最佳参数值。

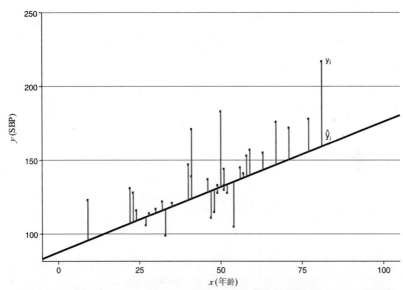

图 4.10　血压示例散点图和线性回归模型。点是测得的数据点，直线是线性
　　　　模型。数据点与模型间的差异垂直线段称为残差

第 3 章通过图示图例给出了均方误差损失函数，即当残差平方
和最小时，模型拟合为最佳。在下面的内容中，将讲解如何使用最
大似然原理，以一种理论上合理的方式为线性回归任务推导出合适
的损失函数。

内容提示：如何利用最大似然方法推导均方误差损失函数。

让我们通过最大似然方法推导回归任务中的损失函数。对于一
个简单的回归模型，只需要一个简单的无隐藏层神经网络即可进行
建模描述(如图 4.11 所示)。当使用线性激活函数时，该神经网络把
输入 x 与输出间的线性关系表达为：$out = a \cdot x + b$。

一般，回归问题中的整个训练数据集包含 n 对训练样本(x_i, y_i)。
在血压示例中，x_i 表示第 i 个女性的年龄，y_i 表示该女性的真实收缩
压。如果为神经网络的权重设定某些数字，例如 $a = 1$ 和 $b = 100$，那

么 在 给 定 输 入 情 况 下 ， 例 如 $x=50$ ， 可 计 算 得 出 预 测 值 $\hat{y}=1\times50+100=150$ ，这 可 理 解 为 该 模 型 的 最 佳 猜 测 。 由 于 并 不 期 望 所 有 相 同 年 龄 的 女 性 血 压 都 相 同 ， 在 我 们 的 数 据 集 中 有 一 位 50 岁 的 女 性 ， 她 的 血 压 不 是 150 ， 而 是 183 ， 这 也 是 正 常 的 ， 并 不 意 味 着 我 们 的 模 型 是 错 误 的 ， 或 者 需 要 进 一 步 改 进 。

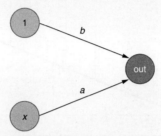

图 4.11   无 隐 藏 层 全 连 接 神 经 网 络 表 示 的 简 单 线 性 回 归 模 型 。 该 模 型
直 接 根 据 输 入 ， 计 算 得 出 输 出 为 out=$a\cdot x+b$

在 回 归 问 题 中 ， 当 输 入 具 有 特 定 值 x 时 ， 神 经 网 络 的 输 出 不 是 你 期 望 的 观 测 值 y ， 这 与 分 类 问 题 十 分 相 似 。 在 分 类 问 题 中 ， 神 经 网 络 的 输 出 不 是 类 别 标 签 ， 而 是 所 有 可 能 类 别 标 签 的 概 率 ， 它 们 是 拟 合 概 率 分 布 的 参 数 (如 本 章 第 一 个 补 充 内 容 中 的 图 所 示) 。 在 回 归 问 题 中 ， 神 经 网 络 的 输 出 并 不 是 具 体 特 定 值 y ， 而 是 所 拟 合 连 续 概 率 分 布 的 参 数 。 这 里 我 们 使 用 正 态 分 布 ， 在 第 5 章 的 后 面 还 会 使 用 不 同 的 方 法 ， 例 如 泊 松 分 布 。 请 参 阅 下 述 补 充 内 容 ， 重 温 正 态 分 布 的 属 性 。

正态分布概论

下 面 简 单 概 括 一 下 如 何 处 理 一 个 服 从 正 态 分 布 的 连 续 变 量 Y 。 首 先 ， 仔 细 观 察 一 下 正 态 分 布 的 概 率 密 度 ： $N(\mu,\sigma)$ 。 参 数 μ 决 定 分 布 的 中 心 ， 而 σ 决 定 分 布 的 展 开 度 (如 下 图 所 示) 。 你 经 常 看 到 这 个 表 达 公 式 ：

$$Y \sim N(\mu,\sigma)$$

它表示随机变量 Y(如某个年龄段的血压)服从正态分布。随机变量 Y 具有以下概率密度函数：

$$f(y;\mu,\sigma)=\frac{1}{\sqrt{2\pi\sigma^2}}e^{-\frac{(y-\mu)^2}{2\sigma^2}}$$

其曲线如下图所示：

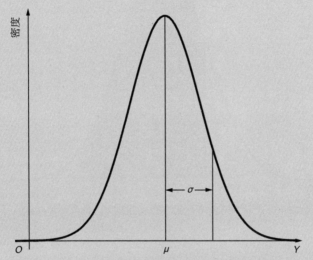

正态分布的密度，其中参数 μ 为分布的中心，σ 为分布的展开度

从图中可以看到，Y 接近 μ 时概率值高，远离 μ 时概率值低。实际也是如此，但是连续变量 Y 的概率分布(如上图所示)要比离散变量的概率分布(如图 4.2 所示)更难理解。

在离散变量的情况下，概率分布由离散的柱状线段组成，每条线段对应不同的离散结果，并且柱状线段的高度直接对应于概率，同时所有概率加起来等于 1。而一个连续变量可以取无穷多个可能的值，但取到某个特定值的概率为 0，比如 $\pi=3.14159265359$。因此，概率只能对某个区域进行定义。观测值 y 为位于 a 和 b 之间的任意值，即 $y\in[a,b]$，其概率由 a 和 b 间的概率密度曲线下方的面积给出(如下图中阴影区域所示)。如果 y 取所有可能的值，即 $y \in [-\infty, +\infty]$，其概率为 1，即概率密度曲线下方的面积始终为 1。

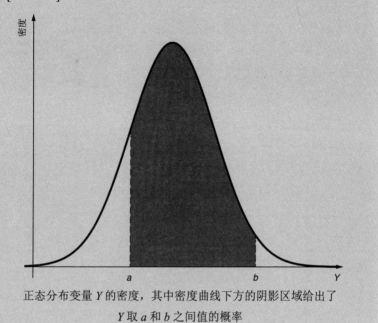

正态分布变量 Y 的密度，其中密度曲线下方的阴影区域给出了
Y 取 a 和 b 之间值的概率

　　可以使用最大似然原理来调整线性回归神经网络的两个权重 $w = (a, b)$，如图 4.11 所示。但是观测数据的可能性是多少呢？对于回归来说，回答这个问题要比在分类问题中困难一点。我们知道在分类问题中，可以根据参数 p_i 的概率分布，确定分布中每个观测值的概率或可能性，并且神经网络直接输出这些参数(如图 4.11 所示)。而在回归中，观测值 y_i 是连续的，为此需要使用正态分布进行描述(当然除正态分布外，采用其他分布有时也是可行的，关于这一点我们将在第 5 章进行讨论，但现在还是使用正态分布)。

　　正态分布具有两个参数：μ 和 σ。首先，将参数 σ 固定，将其设为 $\sigma = 20$，此时神经网络仅与参数 μ_x 有关。在这里，下标 x 表示该参数取决于 x。μ_x 由网络输出，因此 μ_x 取决于网络的权重参数。

图 4.11 所示的简单网络输入为 x，线性相关输出为 $\mu_x = ax + b$，如图 4.12 中的粗实线所示。一般来说年龄值较大的女性的血压值会更高，拟合求取网络权重(a, b)以最大化观测数据的可能性。那么观测数据的可能性是什么？我们对某个观测数据点进行分析，譬如对收缩压为 131 的 22 岁女性观测数据进行分析。对于该年龄，网络给出的预测均值为 $\mu_x = 111$，展开度 σ 是固定的。

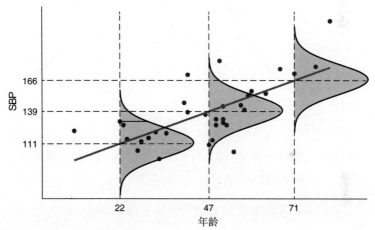

图 4.12　血压示例的散布图和回归模型。点是测量数据点，直线是线性模型。
　　　　　钟形曲线是结果 Y 以观测值 x 为条件的条件概率分布

　　换句话说，根据模型，年龄 22 岁的女性最有可能的血压为 111，但也可能会存在其他值。该年龄所有可能的血压值 y，对应的概率密度 $f(y, \mu = 111, \sigma = 20)$ 在值 111 周围呈正态分布(如图 4.12 阴影灰色区域和图 4.13 所示)。

　　在观测数据集中，有个 22 岁女性的血压为 131。对于离散情况，将概率 $p(y|x, a, b) = p(y|x, w)$ 解释为给定参数 w 情况下观测数据出现的可能性。连续情况与离散情况类似，不同之处是将概率密度 $f(y|x, \mu, \sigma) = f(y|x, w)$ 解释为观测数据出现的可能性。由于它是从概率密度中推导得出的，所以连续情况下的可能性也是一个连续函数。

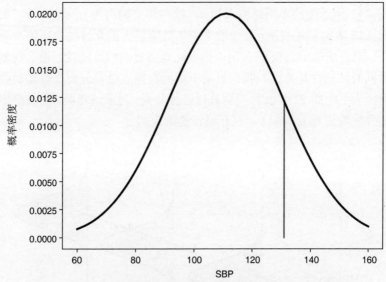

图 4.13　条件正态概率密度函数 f。柱状垂线的高度表示该模型下
　　　　特定值的可能性

在该例中，观测数据的可能性由如下概率密度公式给出：

$$f(y=131; \mu=111, \sigma=20) = \frac{1}{\sqrt{2\pi\sigma^2}} e^{-\frac{(y-\mu)^2}{2\sigma^2}} = \frac{1}{\sqrt{2\pi \cdot 400}} e^{-\frac{(131-111)^2}{2\cdot 400}}$$
$$\approx 0.01209$$

另请参阅图 4.13 中的垂线。对于不同的输入 x，输出 y 服从不同的正态分布。例如，对于一位 47 岁，收缩压为 110 的女性来说，正态分布均值参数为 μ_x=139。给定血压的可能性由正态分布概率密度 $f(y=110; \mu=139, \sigma=20)$ 决定。由 $\mu_{x_i} = a \cdot x_i + b$ 可得，正态分布概率密度取决于值 x_i，因此通常称它为条件概率分布(CPD)。与之前的分类示例一样，所有测量点的可能性(假设相互独立)由各个测量点可能性的乘积得出：

$$L(a,b) = f(y_1, \mu_{x_2}, \sigma) \cdot f(y_2, \mu_{x_2}, \sigma) \cdots = \prod_{i=1}^{n} f(y_i; \mu_i, \sigma)$$

$$= \prod_{i=1}^{n} f(y_i; (a \cdot x_i + b), \sigma)$$

可见，所有量测点的可能性 $L(a,b)$ 仅与参数 a 和 b 相关。将能最大化 $L(a,b)$ 的参数 $\hat{a}$ 和 $\hat{b}$，作为我们的最优估计，并将其称为最大似然估计(这也是他们上面加一个"帽子"的原因)。在实际应用中，一般对 $L(a,b)$ 取对数，并对负对数似然进行最小化：

$$l(a,b) = -\log(L(a,b)) = -\log\left(\prod_{i=1}^{n} f(y_i; \mu_i, \sigma) \right)$$

$$= -\prod_{i=1}^{n} \log(f(a \cdot x_i + b), \sigma) \qquad \text{式(4-5)}$$

在第 3 章中，我们通过随机梯度下降法最小化损失函数，来对网络权重进行寻优。让我们按照第 3 章基本寻优步骤进行处理。首先需要在 Keras 中定义一个新的损失函数。可通过新定义一个以真实值和网络预测值为输入的自定义函数作为损失函数。如图 4.11 所示，线性回归被定义为一个简单的神经网络，该网络可以预测 $a \cdot x_i + b$，其中权重 a 表示斜率，偏置 b 表示截距。然后，如代码清单 4.4 所示，编码实现公式 4-5 中的损失函数(可以在 notebook 文件中找到此代码)。

实操时间　打开网站 http://mng.bz/YrJo 并运行代码文件，了解如何使用最大似然方法来确定线性回归模型中的参数值。为此，负对数似然被定义为损失函数，采用随机梯度下法对该损失函数进行最小化。

代码清单 4.4   最大似然估计

计算所有损失的总和(请参见公式 4-5)

```
def my_loss(y_true,y_pred):
    loss = -tf.reduce_sum(tf.math.log(f(y_true,y_pred)))
    return loss

model = Sequential()
model.add(Dense(1, activation='linear',
                batch_input_shape=(None, 1)))
model.compile(loss=my_loss,optimizer="adam")
```

建立了一个线性回归等价神经网络,包括一个线性激活函数和一个偏置项

自定义一个损失函数

在第 3 章中,通过随机梯度下降法最小化均方误差损失函数,得到参数的最优估计为 $a = 1.1$ 和 $b = 87.8$。实际上,本节给出的最大似然估计与第 3 章的均方误差方法是完全一致的,详细的推导过程请参阅下面的补充内容。

在线性回归中,通过最大似然方法可推导出均方误差损失函数

按照最大似然方法逐步推导经典线性回归任务的损失函数。最大似然方法告诉我们如何在神经网络中找到最优权重 w。这里,$w=(a,b)$(如"基于参数概率模型的分类损失函数最大似然推导"补充内容图中所示),最大程度提高了观测数据的可能性。已知观测数据为 n 对(x_i, y_i),用以下公式表示整个观测数据的可能性:

$$w = \arg\max_w \left\{ \prod_{i=1}^{n} f(y_i; x_i, w) \right\} \Rightarrow$$

最大化概率乘积等同于相应负似然对数和的最小化,两者的结果完全一致(请参阅第 4.1 节)。

$$w = \arg\min_w \left\{ \sum_{i=1}^{n} -\log f(y_i; x_i, w) \right\} \Rightarrow$$

现在，代入正态分布概率密度函数表达式(请参见"正态分布概论"补充内容中的第二个公式)。

$$w = \arg\min_w \left\{ \sum_{i=1}^{n} -\log\left(\frac{1}{\sqrt{2\pi\sigma^2}} e^{-\frac{(y_i - \mu_{x_i})^2}{2\sigma^2}} \right) \right\} \Rightarrow$$

然后，利用 $\log(c \cdot d) = \log(c) + \log(d)$ 和 $\log(e^g) = g$ 运算法则和恒等式 $(c - d)^2 = (d - c)^2$，得出：

$$w = \arg\min_w \left\{ \sum_{i=1}^{n} -\log\left(\frac{1}{\sqrt{2\pi\sigma^2}} \right) + \frac{(\mu_{x_i} - y_i)^2}{2\sigma^2} \right\} \Rightarrow$$

添加一个常量不会改变最小值的位置。第一项 $-\log\left(\dfrac{1}{\sqrt{2\pi\sigma^2}} \right)$ 是与 a 和 b 无关的常量，因此可将其省略，进一步得出：

$$w = \arg\min_w \left\{ \sum_{i=1}^{n} \frac{(\mu_{x_i} - y_i)^2}{2\sigma^2} \right\} \Rightarrow$$

$$w = \arg\min_w \left\{ \frac{1}{2\sigma^2} \sum_{i=1}^{n} (\mu_{x_i} - y_i)^2 \right\} \Rightarrow$$

与一个常数因子相乘也不会改变最小值的位置。与常数因子 $2 \cdot \sigma^2 / n$ 相乘，最终得出均方误差损失函数计算公式为：

$$(a,b) = \arg\min_w \left\{ \frac{1}{n} \sum_{i=1}^{n} (\mu_{x_i} - y_i)^2 \right\}$$

上述公式即为得出的损失函数，通过将其最小化，可求得最优权重。注意，上述推导的前提需要假设 σ^2 是常数，即在不必计算 σ^2 的情况下，可推导出经典线性回归模型的损失函数为：

$$\text{loss} = \text{MSE} = \frac{1}{n}\sum_{i=1}^{n}(\hat{y}_i - y_i)^2$$

至此，我们结束了参数 a 和 b 的寻优任务，通过推导，发现最优参数应使残差平方和最小，即最大化整个观测数据的可能性可通过最小化均方误差来实现。

最大似然方法确实使我们得到了均方误差损失函数。对于简单线性回归建模，代入拟合值 $\hat{y}_i = \mu_{x_i} = a \cdot x_i + b$，可进一步得出：

$$\text{loss} = \text{MSE} = \frac{1}{n}\sum_{i=1}^{n}(a \cdot x_i + b - y_i)^2$$

让我们回顾并思考一下上述内容。首先，使用神经网络来确定概率分布的参数。其次，选择正态分布来对观测数据进行建模。正态概率分布具有两个参数：μ 和 σ。保持 σ 固定，并使用最简单的模型，即线性回归模型 $\mu_{x_i} = a \cdot x_i + b$ 对 μ_{x_i} 进行建模。对于同一年龄值 x，所有可能的收缩压值 y 服从正态分布，表示为：

$$Y_{x_i} \sim N(\mu_{x_i} = ax_i + b, \sigma^2)$$

其中 Y 为服从正态分布的随机变量，正态分布的均值为 μ_{x_i}，标准差为 σ。可以通过以下几种方式来扩展该方法：

(1) 选择一个不同于正态分布的其他概率分布。事实证明，在某些情况下正态分布并不是最合适的选择。譬如计数数据，它是没有负值的，而通常正态分布中总是包含负值，对此，将在第 5 章中进行讨论。

(2) 可以使用一个复杂神经网络，而非简单线性回归网络，来对 μ_{x_i} 进行建模，这将在第 4.3.2 节中进行讨论。

(3) 不必假设在整个输入范围内数据的波动都是恒定的，仍可通过神经网络对 σ 进行建模，例如建模表示不确定性增大情况。这将在第 4.3.3 节中进行讲解。

4.3.2　采用具有隐藏层的神经网络对输入与输出间的非线性 关系进行建模

一个无隐藏层的神经网络(如图 4.11 所示)可对输入与输出间的线性关系进行建模：$out = a \cdot x + b$。现在，扩展该模型，在假设方差 σ^2 为常数不变的情况下，使用具有 1 个或多个隐藏层的神经网络对 μ_x 进行建模。使用如图 4.15 所示的神经网络，为每个输入 x 建立一个完整的条件概率分布模型，来对所有可能输出进行描述，如下所示：

$$Y_{x_i} \sim N(\mu_{x_i}, \sigma^2)$$

如果在神经网络中添加至少一个隐藏层，会发现条件概率分布的均值 μ_{x_i} 将不一定沿着直线分布(如图 4.12 所示)。在代码清单 4.5 中，将看到如何根据正弦曲线函数模拟生成训练数据，以及如何采用具有 3 个隐藏层的神经网络，选择均方误差损失函数，对训练数据进行拟合，最终得到一个拟合良好的非线性曲线(如图 4.14 所示)。

代码清单 4.5　采用全连接神经网络，选择均方误差损失函数对非线性关系进行建模

```
x,y = create_random_data(n=300)          ← 创建一些随机数据
model = Sequential()                         (如图 4.14 所示)
model.add(Dense(1, activation='relu',
batch_input_shape=(None, 1)))
model.add(Dense(20, activation='relu'))      定义具有 3 个隐藏层
model.add(Dense(50,activation='relu'))       和 ReLU 激活函数的
model.add(Dense(20, activation='relu'))      全连接神经网络
model.add(Dense(1, activation='linear'))
opt = optimizers.Adam(lr=0.0001)
model.compile(loss='mean_squared_error',optimizer=opt)
history=model.fit(x, y,      ←
                batch_size=n,        利用均方误差拟合
                epochs=10000,        神经网络
                verbose=0,
                )
```

通过上述扩展，可在输入与输出之间建立任意复杂的非线性关系模型，例如，图 4.14 中所示的正弦函数。

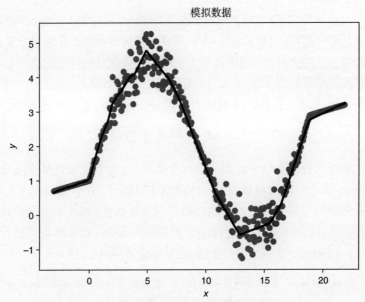

模拟数据

图 4.14　使用具有 3 个隐藏层的全连接神经网络，采用均方误差损失函数，对正弦函数模拟数据(图中点所示)进行拟合，拟合结果如实线所示

这是如何运作的呢？图 4.11 所示的模型只能绘制直线。为什么稍微扩展的神经网络(如图4.15所示)能够对如此复杂的曲线进行建模？在第 2 章中,讨论了利用隐藏层能够从输入特征中以非线性方式构造新特征。例如,隐藏层包含8个神经元的神经网络(如图 4.15所示)，可以根据输入 x，构造出 8 个新特征。

然后，神经网络对这些新特征和结果之间的线性关系进行建模。损失函数的推导保持不变，同样推导得出均方误差损失函数公式：

$$\text{loss} = \text{MSE} = \frac{1}{n}\sum_{i=1}^{n}(\hat{y}_i - y_i)^2 \qquad \text{式(4-6)}$$

对于具有一个隐藏层的神经网络(如图 4.15 所示)，建模输出 $\hat{y}_i = f_{NN_{4,6}}(x_i, w)$ 是与输入 x_i 和所有网络权重有关的复杂函数。这是神经网络模型与简单线性模型的唯一区别，简单线性模型由一个无隐藏层的神经网络建模表示(如图 4.11 所示)，其建模输出 $\hat{y}_i = f_{NN_{4,6}}(x_i, a, b) = a \cdot x_i + b$ 是由权重和输入构成的简单线性函数。

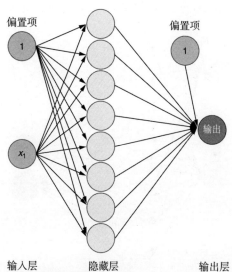

图 4.15　线性回归模型扩展。隐藏层中的 8 个神经元给出了用
于计算输出的新特征

4.3.3　采用两输出神经网络对异方差回归任务进行建模

传统线性回归一般假设方差是相同的，即输出的方差与输入值 x 无关。因此，神经网络只需要一个输出节点用于计算条件正态分布的第一参数 μ_x (如图 4.11 和图 4.15 所示)。如果进一步假设第二个参数 σ_x 也与输入值 x 相关，则需要神经网络具有第二个输出节点。如果条件概率分布的方差不是常数，而是取决于 x，这称为异方差，对此我们将进行详细讨论。

可以通过添加第二个输出节点来轻松实现这一点(如图 4.16 所示)。因为图 4.15 所示的神经网络有一个隐藏层,因此它可以表达输入与输出间的非线性关系。输出层的两个节点提供了条件概率分布 $N(\mu_x, \sigma_x^2)$ 的两个参数值 μ_x 和 σ_x。当在输出层中使用线性激活函数时,获得的输出值是正负分布的。因此,第二个输出不能直接作为标准差 σ_x,而是需要作为 $\log(\sigma_x)$。进一步利用公式 $\sigma_x = e^{out_2}$ 来计算标准差,以确保 σ_x 为非负值,其中 out_2 表示神经网络的第二个输出。

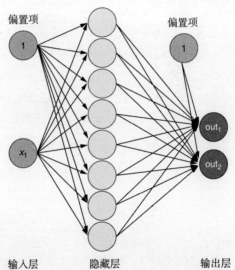

图 4.16   对于具有异方差的回归任务,可以使用一个具有两个输出节点的神经网络来给出条件分布 $N(\mu_x, \sigma_x)$ 的两个参数 μ_x 和 σ_x

由于传统线性回归假设方差 σ^2 是常数(称为同方差性假设),所以如果想重新假定 σ^2 是变化的(称为异方差性),你可能会以为事情会变得更加复杂。但事实并非如此。同方差性假设仅用于推导损失函数,以消除包含 σ^2 的损失项,从而最终推导出均方误差损失,如果没有方差恒定的假设前提条件,唯一的影响是无法执行此步骤。但损失仍是由公式 4-4 定义的负似然对数给出。

$$w = \arg\min_w \left\{ \sum_{i=1}^{n} -\log\left(\frac{1}{\sqrt{2\pi\sigma(x_i,w)^2}}\right) + \frac{(\mu(x_i,w) - y_i)^2}{2\sigma(x_i,w)^2} \right\} \quad \text{式(4-7)}$$

其损失函数为：

$$\text{loss} = \text{NLL} = \sum_{i=1}^{n} -\log\left(\frac{1}{\sqrt{2\pi\sigma_{x_i}^2}}\right) + \frac{(\mu_{x_i} - y_i)^2}{2\sigma_{x_i}^2} \quad \text{式(4-8)}$$

　　如果想与传统统计学一样利用解析方法求解该损失函数，则 σ 为变量这一事实会导致求解困难。但是，如果放弃采用闭合解求解方法，那么优化这种损失就不成问题。可以再次使用随机梯度下降法来调整优化权重，以将损失降到最低。在 TensorFlow 或 Keras 中，可根据公式 4-8 的损失函数，通过自定义一个损失函数，然后将这个自定义损失函数用于拟合过程，来实现网络参数的求解(请参见代码清单 4.6)。

为什么不需要知道方差的真值呢

　　当向学生讲解最大似然原理时，我经常会被问到一个问题："在不知道方差真值的情况下，如何确定方差呢？"让我们重新看一下图 4.16 所示神经网络架构。该网络具有两个输出：一个直接对应于结果分布的期望均值 μ_{x_i}，而另一个对应于结果分布标准差 σ_{x_i} 的变换。在拟合的过程中，让网络输出 μ_{x_i} 尽可能接近 y_i 值，是非常合乎道理且容易理解的，但在不知道结果分布标准差真值情况下，如何能准确地对其进行估计则让人难以理解。因为对于神经网络训练拟合，只为每个输出 x_i 提供了期望输出结果 y_i。但是，最大似然方法发挥了作用，默默为你解决了问题！

　　回顾一下血压数据集(如图 4.12 所示)，其假定在整个年龄范围内的血压分布范围都是相同的。让我们暂时忘记回归任务，而转向另一个更简单的任务：通过正态分布对 45 岁女性血压进行建模。假设全部 4 位女性血压都在 131 左右(如 130.5、130.7、131、131.8)。此时你可能希望使用高斯钟形曲线作为 45 岁女性血压分布曲线，经简单计算，其均值 μ_{x_i} 在观测(平均)值 131 处，均方差 σ_{x_i} 接近于 0。在该概率分布情况下，45 岁女性血压最大可能值出现在 131 处(如下图中左图所示)。这种情况让人自然而然觉得 μ_{x_i} 由真实值 y_i 决定的。但对于波动性较高的观测数据，该如何进行处理呢？

假设数据集中 4 名 45 岁女性的血压分别为 82、114、117 和 131。这种情况下，你可能不会再使用下图左图所示的高斯钟形曲线对血压分布进行描述，因为采用它进行描述和表达的话，只有血压观察值为 131 才有很高的可能性，其他三个观察结果的可能性很小，导致整体联合可能性也很小。为了最大化联合可能性，最好使用所有 4 个观测值都具有相当高可能性的高斯分布(如下面的右图所示)。

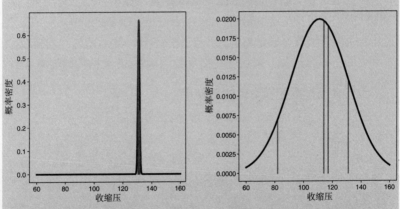

无论是几乎没有波动性的观测数据(左图，所有四个观测值均接近 131 的情况)，还是具有较大波动性的观测数据(右图，所有四个观测值 82、114、117 和 131 具有很大不同)，正态分布均可以最大化联合似然概率。图中线的高度表示收缩压观测值的可能性。

可选练习   打开网站 http://mng.bz/YrJo，并逐步运行代码文件，然后完成练习2。如上述补充内容中的图所示，绘制正态分布以及观测值的可能性。手动调整一个正态分布的参数值，以实现最大联合似然或最小负对数似然。编写代码，利用梯度下降法求取最优参数。

如果你完成了练习，会发现当曲线与数据具有相似分布时，观测数据的可能性被最大化，实际上，当采用 4 个观测值的标准差作为参数 σ_x 时，可能性达到最大。这意味着你使用神经网络建模的概率分布尽可能地描述了观测数据的分布。对于回归问题，情况更加复杂，因为不同的 x 值周边可以有不同的相邻点，而尽管参数 σ_{x_i} 在 x 值邻近处的值不会完全相同，但是它仍应该是一条平滑的曲线。如果网络具有足够强的灵活性，则可以在观察结果大范围分布区域中(如图 4.17 中 $x=5$ 和 $x=15$ 处附近)，输出一个较大的参数 σ_{x_i}，采用较为广泛的条件正态分布对结果进行描述。相比之下，在差异较小的区域(例如，在图 4.17 中 $x=0$ 附近)，输出的参数 σ_{x_i} 较小。通过这种方式，在没有真实值参考的情况下，可以利用似然方法估计条件正态分布的参数。

在继续学习之前，我们首先回顾一下最初的问题。为什么一开始认为均值有真值而方差没有呢？事实上，你所拥有的只是观测数据和一个观测数据假设生成模型。在我们的例子中，模型是高斯分布 $N(\mu_{x_i}, \sigma_{x_i})$，网络决定其参数值 μ_{x_i}、σ_{x_i}，我们要优化神经网络的权重，使观测数据的可能性达到最大。因此，事实上均值也没有所谓的真值。神经网络只对条件分布的 μ 和 σ 进行估计，两者实际都是估计值。

代码清单 4.6　采用公式 4-8 损失函数的非线性异方差回归模型

```
import math
def my_loss(y_true,y_pred):            自定义一个损
  mu=tf.slice(y_pred,[0,0],[-1,1])     失函数          提取第一列，
                                                       得到 μ
  sigma=tf.math.exp(tf.slice(y_pred,[0,1],[-1,1]))

  a=1/(tf.sqrt(2.*math.pi)*sigma)                     提取第二列，
  b1=tf.square(mu-y_true)                             得到 σ
  b2=2*tf.square(sigma)
  b=b1/b2
```

```
loss = tf.reduce_sum(-tf.math.log(a)+b,axis=0)
return loss
```

model = Sequential() ◄—— 定义一个有 3 个隐藏层的神经网络，如代
码清单 4.4 所示，但有 2 个输出节点

```
model.add(Dense(20, activation='relu',batch_input_shape=(None, 1)))
model.add(Dense(50, activation='relu'))
model.add(Dense(20, activation='relu'))
model.add(Dense(2, activation='linear'))
model.compile(loss=my_loss,\
optimizer="adam",metrics=[my_loss]) ◄—— 使用自定义的损失
                                         函数进行拟合
```

　　在画图分析拟合效果的时候，不仅可以绘制拟合值的曲线，还
可以绘制均值估计加上或减去 1 或 2 倍的标准差之后得到的曲线。
这可以说明拟合条件概率分布的变化范围(如图 4.17 所示)。

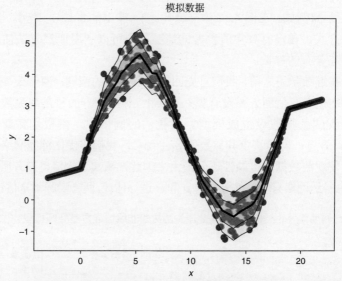

图 4.17　拟合结果呈正弦曲线分布。中间的粗线表示估计的 μ_x，可以看出标
　　　　　准差估计是变化的。外侧的两条细线对应 95%的预测置信区间
　　　　　$(\mu-2\sigma,\ \mu+2\sigma)$。我们使用一个具有 3 个隐藏层、2 个输出节点和
　　　　　1 个自定义损失函数的神经网络来拟合数据点(如图中圆点所示)

当然可以设计任意深度和任意广度的复杂网络，对 x 和 y 之间的复杂关系进行建模。如果仅允许输入与输出间存在线性关系，使用无隐藏层的神经网络就可以。

 可选练习　打开网站 http://mng.bz/GVJM 并逐步运行全部代码，直到完成钢笔图标指示的第一个练习。你将了解到如何模拟图 4.17 所示的数据以及如何拟合不同的回归模型。在本练习中，你的任务是尝试使用不同的激活函数。

现在，已经了解了利用最大似然方法推导损失函数的过程。唯一需要明确的是要为观测数据设置一个参数模型。如果想要开发一个预测模型，则需要为条件概率分布 $p(y|x)$ 选择一个模型，而条件概率分布能给出观测结果的可能性。为了采用深度学习方法进行建模，需要设计一个神经网络，以输出概率分布的参数(或可以从中得出这些参数的值)。其余的工作由 TensorFlow 或 Keras 完成。可以采用随机梯度下降法，通过最小化负对数似然损失函数，来对神经网络权重进行寻优，从而实现概率分布参数值的建模估计。许多情况下，可以采用预定义的负对数似然函数作为损失函数，例如交叉熵或均方误差损失函数。也可以通过自定义与负对数似然对应的损失函数，以应对任意的概率模型。在代码清单 4.6 中我们了解到自定义的负对数似然损失函数，可用于处理非常量方差的回归问题。

4.4　小结

- 在最大似然(MaxLike)方法中，可以调整模型参数，以便生成的模型与所有其他具有不同参数值的模型相比，能够以更高概率生成观测数据。
- 最大似然方法是一种用于模型参数拟合的通用工具。它在统计学中得到了广泛的应用，并为推导损失函数提供了一个良好的理论框架。

- 要使用最大似然方法，首先需要为观测数据定义一个参数概率分布。
- 离散变量的可能性由离散概率分布给出。
- 连续结果的可能性由连续概率密度函数给出。
- 最大似然方法包括：
  - 为观测数据的(离散或连续)概率分布定义参数模型。
  - 最大化观测数据的可能性(或最小化负对数似然)。
- 要构建预测模型，在给定输入 x 的情况下，需要为输出结果 y 的条件概率分布(CPD)选择一个模型。
- 在分类任务中，基于伯努利和多项式类条件概率分布，采用最大似然原理，可推导得到分类问题的标准损失，即 Keras 和 TensorFlow 中的交叉熵。
- Kullback-Leibler(K-L)散度是预测条件概率分布和真实分布之间差异的度量。将 K-L 散度最小化与将交叉熵最小化具有相同的效果。从这个意义上讲，K-L 散度是分类模型中均方误差的垂线。
- 在线性回归中，对于正态类条件概率分布，采用最大似然原理，可推导出均方误差(MSE)损失。
- 对于方差不变的线性回归，可以将输入 x 的网络输出解释为条件正态分布 $N(\mu_x, \sigma)$ 的参数 μ_x。
- 可以采用正态分布概率模型的负对数似然(NLL)作为损失函数，对非常数方差进行拟合，其中均值和标准差两个参数取决于输入 x，并且可以由具有两个输出节点的神经网络输出，最终得到描述输出数据的条件概率分布 $N(\mu_x, \sigma_x)$。
- 通过引入隐藏层，可以用均方误差，对非线性关系进行拟合。
- 通常，将神经网络的输出解释为概率分布的参数，可在神经网络的框架中最大化任意条件概率分布的可能性。

第 **5** 章

基于TensorFlow概率编程的概率深度学习模型

本章内容：

- 概率深度学习模型简介
- 一种合适的性能评估标准：测试数据上的负对数似然损失
- 连续数据和计数数据概率深度学习建模
- 自定义概率分布的生成

通过第 3 章和第 4 章的学习，可以知道观测数据存在固有的不确定性。例如，在第 3 章的血压示例中，两位年龄相同的女性，其血压可能会有较大不同，甚至同一位女性，在一周内的两个不同时刻进行测量，血压也会有所不同。为了获取观测数据中的固有变化，一般使用条件概率分布(CPD) $p(y|x)$ 对其进行描述。通过这个分布，可以对输出结果 y 的波动变化进行建模。在深度学习中为了表示这种观测数据的内在变化，通常使用 aleatoric uncertainty(随机不确定性)这一术语。其中 aleatoric 源自拉丁语 alea，意思是骰子，如 Alea iacta est(含义为"骰子已经掷出")。

本章将进一步专注于如何建立和评估概率模型以量化随机不确定性，即观测数据内在的变化波动。为什么要关心不确定性？实际上，它不仅仅是理论上的空洞研究，对于准确的预测和有效的决策也具有重要的现实意义。举个例子，想象一种情形，一位纽约出租车司机需要在 25 分钟内将一位艺术品经销商送到大型艺术品拍卖会现场，同时艺术品经销商承诺，如果她能准时到达拍卖会现场，将付给出租车司机一笔 500 美元的小费。这对出租车司机来说很重要！幸运的是，他拥有基于概率模型的最新预测工具，可以给出行程时间的概率预测方案。

该工具共推荐了两条到达拍卖会现场的路线。路线 1 的预测平均行驶时间为 $\mu_1 = 19$ 分钟，标准差 $\sigma_1 = 12$ 分钟，不确定性较高；路线 2 的预测平均行驶时间为 $\mu_2 = 22$ 分钟，标准差 $\sigma_2 = 2$ 分钟，不确定性较低。通过小费概率计算，出租车司机最终选择了第 2 条行驶路线，这是一个明智的决定。即使路线 2 的平均行驶时间比路线 1 长很多，但按路线 2 行驶得到小费的概率约为 0.93[1]，而选择路线 1 时获

1　该概率可以由以下程序计算得出：

```
import tensorflow_probability as tfp
dist = tfp.distributions.Normal(loc=22, scale=2)
dist.cdf(25) #0.933
```

得小费的概率仅约为 0.69[1]。这种预测方案只能由概率模型得出，因为概率模型预测的不是单个值，而是所有可能行驶时间的可靠概率分布。在第 4 章中，我们已经学习了如何建立一个概率模型。其中一种方法是使用神经网络对预测结果的条件概率分布参数进行估计。原则上，很容易建立一个概率深度学习模型，主要包括以下三个步骤：

(1) 为输出结果选择一个合适的概率分布模型。

(2) 建立一个神经网络，它的输出节点数量与概率模型参数一样多。

(3) 推导得出选定概率分布的负对数似然(NLL)函数，作为损失函数来训练模型。

注意　为了使术语的表述更清晰，在此进行明确，"输出节点"指的是神经网络最后一层中的节点，"输出结果"指的是目标变量 y。

第 4 章讨论了如何利用最大似然法来拟合模型。在该章中，我们采用最大似然原则，通过公式推导，最终将负对数似然函数作为损失函数来训练优化模型，同时手动计算了选定概率分布的负对数似然值。对于第 4 章第 4.2 节的分类问题和第 4.3 节的标准回归问题，均采用了上述方法。但是如第 4 章中所见，我们需要快速进行一些微积分的运算和编程来推导负对数似然公式，并将其作为损失函数用于训练拟合。

在本章中，你将了解 TensorFlow 概率编程工具箱(TensorFlow Probability，TFP)，它是 TensorFlow 的扩展，可以轻松地拟合概率深度学习模型，而不需要手动定义相应损失函数。你将了解如何将 TensorFlow 概率编程用于不同的应用，并直观地了解背后的基本原

1　该概率可以由以下程序计算得出：

```
import tensorflow_probability as tfp
dist = tfp.distributions.Normal(loc=19, scale=12)
dist.cdf(25) #0.691
```

理和流程。建立概率模型可以让你轻松地整合自身的领域知识：只需要为输出结果选择一个适当的概率分布(在图 5.1 中，它被描绘为深度学习机器中的概率分布货架)，然后就可以对实际数据的随机性进行建模。

图 5.1   深度学习(DL)概率建模基本原理。其核心是使用强大的最大似然原理来训练拟合神经网络模型，以准确输出概率分布参数。图中示例通过正态分布对输出结果进行建模，神经网络输出概率分布的一个参数(如所选最后一块板所示，其仅带有一个输出节点)，该参数通常是平均值

此外，本章还将面向不同任务建立高性能的概率深度学习模型。概率模型可以通过两种方式进行优化。第一种是选择一个合适的网络结构，例如，从图 5.1 中的网络结构货架上进行选择(在第 2 章中讨论过这方面内容)。第二种方式是本章的重点，通过为输出结果选择正确的概率分布来强化模型。那么，如何对一个概率模型的性能进行评估呢？你将看到选择最佳概率模型的标准很简单：在测试数据上负对数似然损失最低的概率预测模型，就是最佳预测模型。

5.1　不同概率预测模型的评价和比较

概率预测模型的目的是对新数据给出准确的概率预测。这意味着 x 的输出结果预测条件概率分布应尽可能地与观测数据实际分布相匹配。正确的评估方法其实很简单，在第 4 章已学习过相关方面内容。在模型训练阶段，主要是利用训练数据集，通过最小化负对数似然损失函数，实现模型的训练优化。而在模型测试阶段，则主要是利用训练阶段未接触过的测试新数据进行评估测试。一般而言，模型在测试数据上的负对数似然值越低，其在新数据上的期望表现越好，即模型泛化能力越强。甚至可以从数学的角度证明，当对模型的预测性能进行评估时，负对数似然测试是最优选择。[1]

在模型开发过程中，通常需要对模型进行调优。在这个过程中，需要基于训练数据集进行模型的训练拟合，然后在验证数据集上进行模型的性能评估，并根据评估结果进行模型的优化，对上述步骤反复迭代，直至性能达到最优。最后，选择评估性能最优的模型作为输出模型。然而，如果总是利用验证数据集进行检验评估，极有可能会导致模型在验证数据集上出现过拟合问题。因此，一般在深度学习和机器学习中，利用三个数据集进行模型的训练、评

---

1 简单给出这个理论的证明思路。在证明过程中，首先假设数据是从真实分布中生成的，虽然在实际中，真正的分布是未知的。然后可以证明，负对数似然值是合理的评估指标分数，即仅有预测分布与真实分布相等时，该评估指标分数才达到其最小值。

估与测试:

(1) 训练数据集,用于模型拟合。

(2) 验证数据集,用于检验评估模型预测能力。

(3) 测试数据集,利用模型选择过程中未使用过的数据,仅用于评估最终模型预测性能。

有时,上述三类数据集无法全部获得。在统计学中,通常只利用训练数据和测试数据,而测试数据则充当验证数据和测试数据双重角色。机器学习和统计学中常用的另一种方法是交叉验证。在该技术中,将训练数据集反复分成两部分,一部分用于训练,另一部分用于验证。由于交叉验证需要多次重复耗时的训练过程,因此深度学习研究人员通常不会采用此技术进行模型训练。

警告　在统计学中,有时我们只使用单个数据集。为了能利用同一数据集评估所开发模型的预测性能,经过长时间研究,人们开发出了复杂的计算方法。这些方法考虑到模型在拟合过程中会看到训练数据这一事实,并采用修正算法消除这一影响。这些方法主要包括赤池信息量准则(AIC)或贝叶斯信息准则(BIC)等,目前仍被部分统计人员运用。但如果有验证集,则不需要这些方法。

5.2　TFP 概率编程概述

本节将学习一种更为简单有效的实现方法,可快速运用概率模型进行观测数据拟合。为此,引入了 TFP 工程箱,其构建在 TensorFlow 之上,为概率深度学习建模量身定制。TFP 支持直接对输出结果进行概率建模,不必再为输出结果手动推导编写匹配的损失函数。TFP 提供了特殊的网络层,可以在其中插入所需的概率分布。它不必建立任何公式或函数,就可以计算出观测数据的可能性。上一章,我们直接在 TensorFlow 环境下建立了概率模型,没有利用 TFP 工具箱。虽然这是可以实现的,但有时会很麻烦。回顾一下第 4 章建立模型的步骤。

(1) 为期望结果选择一个合适的概率分布。

(2) 建立一个神经网络，其网络输出数量与所选概率分布参数数量一样多。

(3) 定义一个负对数似然损失函数。

对于线性回归问题，假设选择高斯分布作为条件概率分布(如图 5.2 血压示例所示)。在此种情况下，条件概率分布表达式为 $N(\mu_x, \sigma_x)$，包含均值 (μ_x) 和标准差 (σ_x) 两个参数。对于高斯分布，还可以定义一个 95% 的置信区间，该区间将涵盖 95% 的可能结果。95% 置信区间的边界 $\left[q^{0.025}, q^{0.975}\right]$ 通常是 0.025 分位数和 0.975 分位数。

这些量也被称为 2.5% 百分位和 97.5% 百分位。0.975 分位数($q^{0.975}$)表示所有可能结果分布中 97.5% 的结果小于或等于这个值。在正态分布中，97.5% 分位数可由 $q^{0.975} = \mu_x + 1.96 \cdot \sigma_x \approx \mu_x + 2 \cdot \sigma_x$ 直接计算得出。

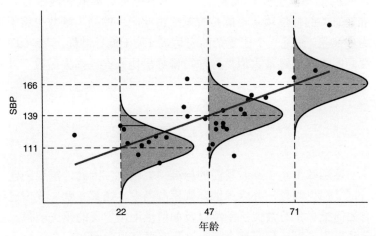

图 5.2　血压示例的散点图和回归模型。钟形曲线是收缩压输出值的条件概率分布，它以观测值年龄 x 为条件。图中实线长度表示一名 22 岁女性，其收缩压为 131 的可能性

如果假设高斯分布的标准差为常量，那么就可以很容易地推导

出损失函数。这是因为当对负对数似然函数进行最小化时，可以省去所有依赖于标准差的部分。经过一些简单推导，可以证明：最小化平均负对数似然函数等同于最小化均方误差函数 (请参阅第 4 章 "在线性回归中，通过最大似然方法可推导出均方误差损失函数" 补充内容)：

$$\text{loss} = \frac{1}{n}\sum_{i=1}^{n}(a \cdot x_i + b - y_i)^2$$

其中 x 在示例中表示年龄。在斜率和截距参数寻优后，可以从预测残差中得到常数标准差估计。根据均值 μ_x 和标准差估计 σ_x，可得到输出结果的条件概率分布表达式 $p(Y \mid X = x) = N(y; \mu_x, \sigma)$，从而实现观测结果可能性的计算。

然而，如果标准差依赖于输入 x，随着输入变化而变化，则损失函数的推导就会变得很复杂。当最小化负对数似然函数时，与标准差有关的似然项就不能被忽略，由此产生的损失函数也将不再是均方误差，而是一个更复杂的表达式 (关于推导过程，请参阅 "在线性回归中，通过最大似然方法可推导出均方误差损失函数" 补充内容)：[1]

$$\text{loss} = \frac{1}{n}\sum_{i=1}^{n} -\log\left(\frac{1}{\sqrt{2\pi\sigma_{x_i}{}^2}}\right) + \frac{(x_i - y_i)^2}{2\sigma_{x_i}{}^2}$$

上述函数不是 Keras 里面的标准损失函数。因此，需要创建一个自定义损失函数，并将其编译到模型当中。在第 4 章，我们已经学习如何推导负对数似然函数以及如何使用自定义的损失函数。虽然手动操作可以让你对整个拟合过程有更好地理解和完全的控制，但它有时容易出错，也不太方便。为此，本章进一步讲解了 TFP 相关内容，以便极大地提升你的工作效率。

---

1 与第 4 章(第 4.3 节)提到的补充内容不同，该公式进一步除以了 n。这是没问题的，因为这个操作不会更改最小值的位置。

TFP 可以让你更加专注于模型的构建。当你采用概率模型解决问题时，需要不断地尝试找到一个最优的预测模型。该模型可以给出预测结果的条件概率分布，并在已有观测数据上(训练数据集)给出极高的可能性。因此，要检验评估概率模型的性能，需要利用观测数据的联合似然，即负对数似然可以衡量概率模型的好坏，这也是将负对数似然用作损失函数的原因。

典型概率模型示例如图 5.2 所示，其条件概率分布是正态分布 $N(\mu_x, \sigma)$，方差为常数 σ，μ_x 由标准线性回归公式 $\mu_x = a \cdot x + b$ 给出。

在本章后续内容中，你将了解到对于其他任务，譬如为具有低平均数的离散计数数据建模，正态分布并不是最佳选择。为此，你可能想为条件概率分布选择另一种分布模型，如泊松分布。在 TFP 中，可通过简单地更改分布函数来实现。关于具体的操作内容，你将在本章的几个示例中了解学习。

 实操时间　打开网站 http://mng.bz/zjNw，逐步查阅并运行 notebook 文件代码。

因为概率分布是概率模型中获得不确定性的主要工具，所以让我们看看如何使用 TFP 工具箱对此进行实现。TFP 工具箱提供了一个不断快速增长的概率分布函数库。正态分布可能是大家最为熟悉的分布类型，所以让我们首先从利用 TFP 工具箱，定义一个正态分布开始，具体代码请参见代码清单 5.1。在代码中，我们对所定义的概率分布进行了样本采样，并计算了采样值的可能性。

代码清单 5.1　使用 TFP 工具箱创建正态分布

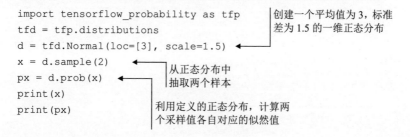

```
import tensorflow_probability as tfp
tfd = tfp.distributions
d = tfd.Normal(loc=[3], scale=1.5)    ◄─── 创建一个平均值为 3，标准差为 1.5 的一维正态分布
x = d.sample(2)    ◄─── 从正态分布中抽取两个样本
px = d.prob(x)    ◄─── 利用定义的正态分布，计算两个采样值各自对应的似然值
print(x)
print(px)
```

　　TFP 工具箱可以用于多种不同的目的和场景。请参阅表 5.1 和 notebook 文件中的一些重要方法，可以将他们应用于 TFP 工具箱所提供的各种概率分布中。

表 5.1　TensorFlow 概率分布的各种重要方法[1]

TensorFlow 概率分布方法	描述	调用 dist = tfd.Normal(loc=1.0, scale=0.1)方法时得到的数值结果
sample(n)	从分布中抽取 n 个数值	dist.sample(3).numpy() array([1.0985107, 1.0344477, 0.9714464], dtype = float32) 注意，这些是随机数。
prob(value)	返回值(张量)的可能性(对于连续结果，表示概率密度)或概率(对于离散结果，表示概率)	dist.prob((0,1,2)).numpy() array([7.694609e-22, 3.989423e+00, 7.694609e-22], dtype = float32)
log_prob(value)	返回值(张量)的对数似然或对数概率	dist.log_prob((0,1,2)).numpy() array([-48.616352, 1.3836466, -48.616352], dtype = float32)
cdf(value)	返回累积分布函数(CDF)，它是到给定值(张量)的和或积分	dist.cdf((0,1,2)).numpy() array([7.619854e-24, 5.000000e-01, 1.000000e+00], dtype = float32)
mean()	返回分布的平均值	dist.mean().numpy() 1.0
stddev()	返回分布的标准差	dist.stddev().numpy() 0.1

---

1 更多详情，请查阅网站 http://mng.bz/048p。

5.3　基于 TFP 概率编程的连续数据建模

在本节中，将基于 TFP 概率编程，建立线性预测模型。你将不断调整线性模型，以对复杂变化数据进行最优拟合。

在进行第一次模型选择实验时，最好从仿真数据入手，因为可以完全控制仿真数据的结构、大小、特征等要素。在进行模型拟合实验时，通常将仿真数据随机分成训练数据、验证数据和测试数据三部分，并将测试数据锁定待用。本节仿真生成的模拟数据如图 5.3 所示，可以看出它看起来有点像鱼。由于测试数据是不能被模型接触的，因此图 5.3 仅画出了仿真生成的训练数据和验证数据，没有展示测试数据。如果对于获得的训练数据，尝试手动绘制一条平滑曲线穿过它们，那么最终可能得到的是一条直线。但是需要注意的是，仿真数据的波动方差并不是一个常数，而是随着 x 变化的变量。在本章和下一章中，将学习如何建立可对变化方差进行建模的概率模型。

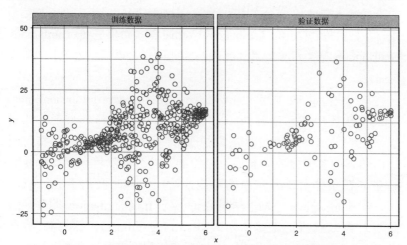

图 5.3　本节仿真数据的训练部分(左图)和验证部分(右图)

5.3.1　常量方差线性回归模型的拟合与评估

假设要为图 5.3 中所示的仿真数据建立一个概率预测模型。分析完仿真数据后，第一个想法是建立一个线性模型。让我们运用 TFP 框架建立一个概率线性回归模型，程序代码如清单 5.2 所示。为此，首先选择正态分布 $N(\mu_x, \sigma^2)$ 作为条件概率正态分布。

假设采用标准线性回归模型，条件概率正态分布的参数 μ_x 取决于输入 x，标准差是一个与 x 无关的常数。那么在 TFP 编程中如何处理一个常量的标准差呢？在第 4 章中(请参阅"在线性回归中，通过最大似然方法可推导出均方误差损失函数"补充内容)，我们已经知道常量方差不会影响线性模型的拟合估计。因此，可自由设定常量方差的值，例如，使用 tfd.Normal()时可将其设为1(请参见代码清单 5.2)。因此，神经网络只需要输出参数 μ_x 的估计。

TFP 编程支持 Keras 神经网络层与 TFP 概率分布的联合运用，可通过 tfp.layers.DistributionLambda 层，将神经网络输出与概率分布联合起来。该层有两个输入，分别为概率分布和参数输入值，其中参数输入值(如正态分布中的 loc(μ)，scale(σ))由上一层神经网络给出。从技术角度看，tfp.distributions.Normal 等类对象是 tfp.distributions. Distribution 基类对象的具体实现，因此同样可以调用表 5.1 中所示的方法。

从代码清单 5.2 中，可以了解到如何使用 tfp.layers.distributionlambda 层来构造条件概率分布 $P(y|x,w)$。程序中，选择一个正态分布 $N(\mu_x, \sigma^2)$，其平均值参数 μ_x 取决于 x，标准差参数 $\sigma_x = 1$。在得到输出结果的条件概率分布后，相应的负对数似然值可直接由观测结果 y 在条件概率分布中的可能性给出，同时又由于 tfp.layers. DistributionLambda 的输出结果 distr 属于 tfd.Distribution 类型，因此负对数似然值可直接由函数-distro.log_prob(y)计算得到(请参见表 5.1 中的第二行)。因此，TFP 概率编程不需要为模型推导和编程实现对应的损失函数。

代码清单 5.2　基于 TFP 概率编程的常方差线性回归模型实现

```python
from tensorflow.keras.layers import Input
from tensorflow.keras.layers import Dense
from tensorflow.keras.layers import Concatenate
from tensorflow.keras.models import Model
from tensorflow.keras.optimizers import Adam

def NLL(y, distr):
  return -distr.log_prob(y)

def my_dist(params):
  return tfd.Normal(loc=params, scale=1)
# set the sd to the fixed value 1

inputs = Input(shape=(1,))
params = Dense(1)(inputs)

dist = tfp.layers.DistributionLambda(my_dist)(params)
model_sd_1 = Model(inputs=inputs, outputs=dist)
model_sd_1.compile(Adam(), loss=NLL)
```

计算拟合分布 distr 下，观测值 y 的负对数似然值

使用最后一层输出 (params) 作为概率分布的参数值

建立具有一个输出节点的神经网络

调用一个分布层，采用 my_dist 函数作为参数输入

将神经网络的输出与一个分布相连接

用负对数似然值作为损失函数，编译模型

使用代码清单 5.2 中的 TFP 代码，可以拟合出一个线性回归模型。但这是一个概率模型吗？概率模型需要为每个输入 x 对应的输出提供完整的条件概率分布。虽然对于标准线性回归模型，常量方差值与 x 无关，但在高斯条件概率分布假设情况下，不仅需要估计均值 μ_x，还需要估计标准差 σ。这种情况下，可以通过拟合残差的方差来估计 σ^2。这意味着首先需要拟合线性模型，然后再计算确定用于所有条件概率分布的方差。

在计算得到方差估计后，就可以使用训练模型对验证数据进行概率预测。对于每一个测试点，会预测出一个高斯条件概率分布。为了便于直观分析概率模型的预测效果，可以对概率模型在验证数据上的预测结果进行可视化，如图 5.4 所示。其中实线表示条件概

率分布的预测平均值 μ_x，两条虚线由预测平均值加上或减去 2 倍的标准差得到，分别对应于 $\mu_{x_i} \pm 2\sigma$，即 0.025 和 0.975 分位数，两条虚线间的区域表示 95% 置信区间。

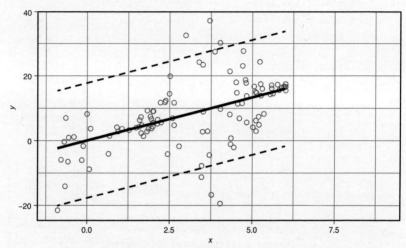

图 5.4   仿真验证数据与线性回归概率预测模型。线性回归概率预测模型相当于无隐藏层的神经网络，由条件概率正态分布表示，其均值 μ_x 由神经网络建模输出，假设标准差为常量。黑色实线表示 μ_{x_i} 的位置，虚线表示 0.025 和 0.975 分位数位置

实操时间   打开网站 http://mng.bz/zjNw，逐步运行代码，完成练习 1，按代码的思路进行阅读。

● 使用 TFP 工程箱，拟合常量标准差线性模型。

● 哪个常量标准差在验证集中得到的负对数似然值最小？

直接对图 5.4 所展示的拟合预测效果进行观察分析可知，模型所得到的均值预测黑色实线与仿真数据比较匹配，效果令人满意，但模型并没有拟合学习到输出结果的不同波动变化。这很重要。为了更好地说明这一点，下面通过计算分析一下条件概率分布与仿真数据分布间的匹配程度。

匹配的条件概率分布可以赋予观测结果更高的可能性，即更高的概率或概率密度。为了形象地说明这个问题，随机选择 4 个观测数据进行计算分析，这里我们选择(–0.81, –6.14)，(1.03, 3.42)，(4.59, 6.68)和(5.75, 17.06)，如图 5.5 中的实心圆点所示，所选点的 x 位置由 4 条垂直虚线指示。训练好的神经网络可以根据 x 值预测输出结果的条件概率分布。对于 4 个观测数据中的 x 值，神经网络会给出 4 个高斯分布，它们的均值不同，但标准差完全相同。对于给定的输入测试点 x_{test}，条件概率分布 $p(y \mid \mu_{x_{test}}, \sigma)$ 给出所有可能结果 y 的概率分布，据此可以计算得到条件概率分布分配给实际观测结果 y_{test} 的概率密度 $p(y_{test} \mid \mu_{x_{test}}, \sigma)$，如图 5.5 所示，其可能性大小由实心圆点与概率曲线间的水平直线段表示。

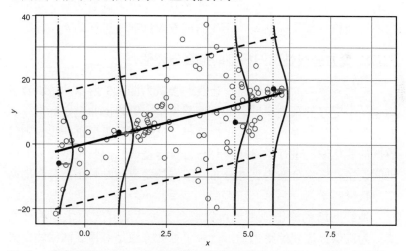

图 5.5　验证数据与神经网络预测输出的高斯条件概率分布。所采用的模型为常量方差线性回归模型，实现代码请参见代码清单 5.2。黑色实线表示概率分布平均值的位置，虚线表示概率分布 0.025 和 0.975 分位数的位置。对于随机选取的4个数据点(实心圆点)，相应的预测输出条件概率分布为黑色曲线，相应的可能性由实心圆点与概率曲线间水平直线段度量表示

由图 5.5 可以看出，该模型似乎为真实结果赋予了合理的可能性。当然，可以进一步对验证集中真实观测数据的概率密度进行计算，并通过求负对数和取平均，计算得到已训练模型在验证集上的负平均对数似然值，以对模型性能进行准确评价。按此方法[1]，可计算得到：

$$\text{NLL(常标准差模型)} = 3.53$$

如何获得一个更好的模型，以输出更加准确的高斯条件概率分布呢？请记住检验标准：模型越好，其在验证集上的负对数似然值越低。对于给定的标准差，如果测试点位于高斯条件概率分布的中心，则其概率密度最大。可见，虽然随机选取的 4 个点非常接近相应条件概率分布的中心，但并没有真正位于其中心，因为如果在中心的话，它们将会位于粗线上。那么怎么办呢？高斯概率分布的第二个可调整参数是标准差，让我们试着对标准差进行动态估计吧。

5.3.2　变方差线性回归模型的拟合与评估

考虑到数据的波动变化，让我们尝试为图 5.3 所示的仿真数据构建一个更好的预测模型。如何调整模型，以输出非恒定标准差高斯条件概率分布呢？这不是一件难事！只需要让模型进一步对训练数据的变化波动进行学习即可！与常量方差线性回归模型相同的是仍假设条件概率分布为正态分布，不同的是要同时对正态分布的两个参数进行学习。

神经网络的输出原则上可以取负无穷大到正无穷大间的任意值。为确保标准差始终为正，一种可行的方法是对神经网络输出采用指数函数进一步进行处理，我们之前已经学习了这种方法。也可以采用常见的 softplus 函数进行处理。图 5.6 是指数(exp)函数与 softplus 函数的对比图。由图可知，不同于指数函数，对于较大的 x 值，softplus 函数呈线性增加，而非指数增加。

实现上述所需功能，仅需要对原有 TFP 代码稍微进行改动。改

---

1 请查阅标题为 "Result: Constant sigma" 的 notebook 文件。

动后，神经网络有两个输出节点(请参见代码清单 5.3 中第 5 行)，可为概率分布层提供位置和尺度两个参数。

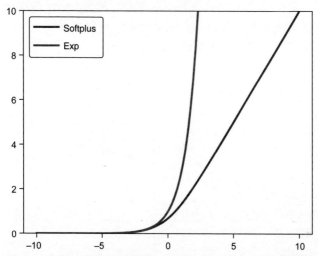

图 5.6　softplus 函数与指数(exp)函数对比图。这两个函数都能将任意值映射为正值

代码清单 5.3　变方差线性回归模型浅层神经网络实现

```
def NLL(y, distr):
  return -distr.log_prob(y)          计算模型的负
                                     对数似然值
def my_dist(params):
  return tfd.Normal(
  loc=params[:,0:1],
  scale=1e-3 +
  tf.math.softplus(0.05 * params[:,1:2]))

  inputs = Input(shape=(1,))         构建具有两个输出
  params = Dense(2)(inputs)          节点的神经网络
  dist =    tfp.layers.DistributionLambda(my_dist)(params)
  model_monotoic_sd = Model(inputs=inputs, outputs=dist)
  model_monotoic_sd.compile(Adam(learning_rate=0.01), loss=NLL)
```

第一个输出节点定义了均值(loc)

第二个输出节点通过 softplus 函数定义了标准差(尺度)。为了保证尺度的非负性，添加了一个小常数

　　把已训练模型与检验数据集一同展示出来,结果如图 5.7 所示。但是这并不是你所期望得到的结果!尽管模型确实给出了变化的方差,即方差在整个 x 范围内并不是常数,但 $\mu_{x_i} \pm 2\sigma$ 虚线仅能大致描绘出数据波动变化趋势,无法准确地给出每个测试点处的变化波动,离我们希望看到的结果还有较大差距。

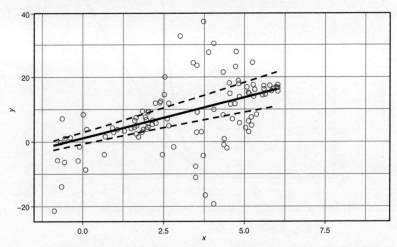

图 5.7　仿真验证数据与预测概率模型,其中条件概率分布的均值和标准差由无隐藏层神经网络建模输出。黑色实线表示平均值的位置,虚线表示 0.025 和 0.975 分位数的位置

　　你能猜出这是怎么回事吗?请回顾一下代码清单 5.3 中的代码,思考所采用的神经网络架构,可以发现它是没有隐藏层的。输出层中的两个节点与输入线性相关,可以表达为 $\text{out}_1 = a \cdot x + b$ 和 $\text{out}_2 = c \cdot x + d$。从代码清单 5.3 中可知,第一个输出节点定义了 loc 参数值,第二个输出节点通过 softplus 函数定义了 scale 参数值。因此,标准差与输入仅是单调相关,这意味着拟合的标准差不可能遵循仿真数据中的非单调方差变化曲线。可以通过计算求取模型在验证数据集上的平均负对数似然值,来量化模型预测性能(请参阅标题为 Result: Monotonic sigma 的 notebook 文件):

$$\text{NLL(单调标准差模型)} = 3.55$$

这与使用常量方差得到的值 3.53 基本一致。你期望"单调标准差模型"有更好或至少是同等的性能，因为该模型更灵活，既能够学习单调标准差，也能够学习常量标准差，即它包含"常标准差"模型。因此，小幅的性能下降实质上表示轻微的过度拟合，这意味着训练集中的方差偶然略有增加。

要如何改善模型呢？需要建立输入 x 与标准差间更灵活的关系模型。从前几章的学习中，我们了解到，深度学习增大灵活性和增强表达能力的简单方法就是堆叠更多网络层。可是就算仅在输入节点和两个输出节点之间引入一个隐藏层，也会建立均值参数与 x 的非线性相关关系。这并不是我们想要的结果，因为那样就不会再得到线性回归模型了。那么，怎么办呢？可以选择一个更加灵活的网络架构，将输入与控制均值(out₁)的第一个输出节点相连，并在输入和控制标准差(out₂)的第二个输出节点之间放置一个或多个隐藏层，如图 5.8 所示。

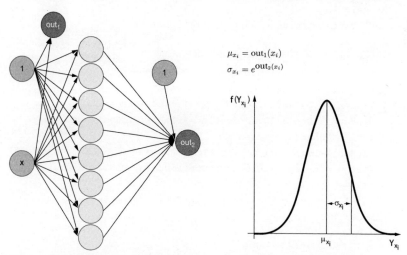

$$\mu_{x_i} = \text{out}_1(x_i)$$
$$\sigma_{x_i} = e^{\text{out}_2(x_i)}$$

图 5.8　高斯条件概率分布的两个参数 μ_x，σ_x 的神经网络结构(左图)。第一个输出节点 out1 产生条件概率分布均值参数 μ_x，与 x 线性相关。第二个输出节点 out2 以更加灵活的方式产生条件概率分布标准差参数 σ_x，与 x 非线性相关。在代码清单 5.4 所对应的 notebook 程序文件中，神经网络络具有三个隐藏层

可以使用 TFP 和 Keras 编程实现图 5.8 所示的神经网络。Keras 的各种函数 API 为复杂神经网络架构的编程实现提供较大的灵活性，可利用相同的输入，以完全不同的方式计算得到不同的输出节点。但这需要将每一层的输出结果保存在张量当中，并将其定义为输入的张量，作为下层神经网络输入。图 5.8 中所示神经网络架构的实现代码如代码清单 5.4 所示，在神经网络外输入与神经网络第二个输出节点之间，建立了三个隐藏层：一个隐藏层有 30 个节点，另外两个隐藏层分别有 20 个节点。

代码清单 5.4   变方差线性回归模型的多隐藏层神经网络实现

```
def NLL(y, distr):
  return -distr.log_prob(y)
def my_dist(params):
  return tfd.Normal(loc=params[:,0:1],
scale=1e-3 +
tf.math.softplus(0.05 * params[:,1:2]))
```
第一个输出节点对均值建模，没有使用隐藏层
```
inputs = Input(shape=(1,))
out1 = Dense(1)(inputs)
hidden1 = Dense(30,activation="relu")(inputs)
hidden1 = Dense(20,activation="relu")(hidden1)
hidden2 = Dense(20,activation="relu")(hidden1)
out2 = Dense(1)(hidden2)
```
第二个输出节点对标准差建模，使用了三个隐藏层
```
params = Concatenate()([out1,out2])
```
把均值和标准差连接起来
```
dist = tfp.layers.DistributionLambda(my_dist)(params)

model_flex_sd = Model(inputs=inputs, outputs=dist)
model_flex_sd.compile(Adam(learning_rate=0.01), loss=NLL)
```

 实操时间   打开网站 http://mng.bz/zjNw，逐步运行代码，完成练习 2 和 3，按代码的思路进行阅读。

- 训练拟合变标准差线性回归模型。
- 如何选择最佳模型？

● 在训练数据范围之外，条件概率分布预测效果如何？

经训练优化，所得到的概率模型拟合如图 5.9 所示。可见，拟合结果还不错，输入和输出之间整体具有线性关系，但是对于不同的输入，其输出结果的波动变化是不同的，图 5.9 中两条虚线间的距离反映了这一点。根据95%置信区间的定义，约 95%的数据都应落在这两条虚线之间。由图可见，该模型可以满足这一点。此外，4 个测试点 $(-0.81, -6.14)$，$(1.03, 3.42)$，$(4.59, 6.68)$，$(5.75, 17.06)$的预测条件概率分布 $p(y \mid \mu_{x_{\text{test}}}, \sigma)$ 和输出结果可能性 $p(y_{\text{test}} \mid \mu_{x_{\text{test}}}, \sigma)$ 现在看起来确实不错！通过对图 5.5、图 5.7 和图 5.9 进行比较可以发现，变方差高斯条件概率分布显著增强了概率模型的拟合能力和预测能力，提高了所期望真实结果的可能性。

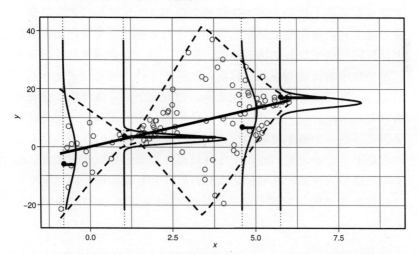

图 5.9　验证数据与变方差高斯条件概率预测分布。该概率分布可对数据中的波动变化进行建模，黑色实线表示分布的平均值位置，虚线表示 0.025 和 0.975 分位数位置。对于选择的 4 个数据点(实心圆点)，相应条件概率分布如图所示，其可能性由实线水平线段表示。在网站 http://mng.bz/K2JP 上，可找到将该方法与图 5.5 方法进行动态比较的动画版本

为了量化模型的预测性能，可以再次计算模型在验证数据集上的平均负对数似然值(请参阅标题为"Result: Monotonic sigma"的notebook 文件)：

Validation mean NLL(变标准差模型)= 3.11

根据训练模型在验证数据上的平均负对数似然值大小，选择最优的变方差高斯条件概率分布作为最终的输出模型。进一步在测试数据集上进行输出模型的平均负对数似然值计算，全流程完成整个模型训练过程，避免过度拟合的陷阱。最终在测试数据集上的平均负对数似然值为：

Test mean NLL(变标准差模型) = 3.15

下面回顾一下所学到的内容。开发概率预测模型的目标是使模型能在新数据上预测正确的条件概率分布。为了评估预测条件概率分布能否对新数据期望结果的分布进行有效描述，需要在验证数据上计算模型的平均负对数似然值。但是，均方误差或平均绝对误差这两个常用的评估指标怎么样呢？这两个评估指标可以量化预测平均值与实际观测值之间的平均差异，但完全忽略了条件概率分布中的方差，因此它们无法评估完整条件概率分布的正确性。因此，如果想要评估一个概率模型的性能，仅计算均方误差值或平均绝对误差值是不合适的。我们建议要始终通过计算负对数似然值来评估概率回归模型的性能，其他评估指标可以作为补充指标，例如模型在验证数据集上的均方误差值或平均绝对误差值(或分类问题中的准确性)。

5.4　基于 TFP 的计数数据建模

在建立概率模型时，最具挑战性的任务是为输出结果选择合适的概率分布模型。其中输出结果的数据类型对概率模型选择具有重要影响。在血压示例中，输出结果是连续变量。给定女性的年龄，可以用一个连续的正态分布 $N(\mu, \sigma)$ 对可能的血压值进行建模。该分布具有平均值 μ 和标准差 σ 两个参数。而在 MNIST 示例中，输出结果则是分类数据，分类任务是根据原始图像数据，预测图像数字为 0、1、2、3、4、5、6、7、8 或 9 的概率(请参见第 2 章)。10种数字的预测概率构成了分类输出结果概率分布，这种分布被称为多项分布，有 p_0，p_1，…，p_9 等 10 个参数，它们加起来等于 1。

　　在本节中，将学习如何为计数结果建模。在许多日常例子中，都需要对计数数据进行建模预测，如估计给定图像 x_i 上人的数量 y_i，预测博客帖子在未来 24 小时内收到的评论数量，根据某些特征 x_i(如一天中的时间，日期等)，预测特定时间内死于交通事故的鹿的数量，以及预测交通事故中的死亡人数(后面将作为典型示例进行研究)。建议在完成本节的同时，对应完成下面的 notebook 文件。

实操时间　打开网站 http://mng.bz/90xx，浏览 notebook 文件，尝试理解代码。对于线性回归和泊松回归来说，测试数据上的绝对误差和均方根误差的平均负对数似然值是多少呢？

　　下面从一个计数数据分析中的经典示例开始本节内容学习，该示例来自网站 https://stats.idre.ucla.edu/r/dae/zip/，其任务是对州立公园钓鱼聚会中人们的捕鱼数量(y)进行预测。对于该问题，有一个小型数据集，包括 250 个小组，我们称之为露营者数据。对于去州立公园钓鱼的一群人，即一个小组，我们可以获得以下信息：

- 小组中有多少人？
- 小组中有几个孩子？
- 小组是不是开着露营车来公园的？

　　要为计数数据建立概率模型，需要学习泊松分布和零膨胀泊松分布(ZIP)等两种新的概率分布。这两种分布只能输出整数，因此适用于计数数据。其中泊松分布只有一个参数，零膨胀泊松分布具有两个参数。稍后将学习两个分布的更详细内容。在使用计数概率分布模型，通过概率深度学习来预测计数结果时，仍遵循如图 5.10 所示的标准 TFP 步骤：选择具有合适架构和能力的神经网络将输入转换为预测条件概率分布的输入，然后利用 TFP 工具，选择与输出结果预测相匹配的分布。

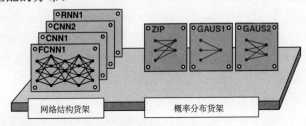

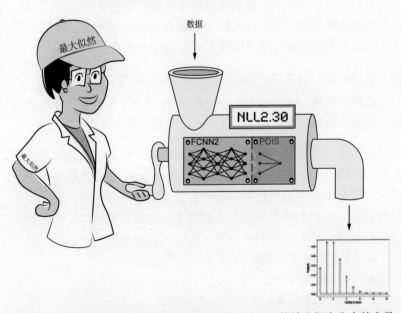

图 5.10　基于概率深度学习的计数数据建模。神经网络输出概率分布的参数，
　　　　采用最大似然原理进行模型拟合。在图中示例中，输出结果是计数数
　　　　据，由泊松分布建模。神经网络控制其比例参数 λ，决定泊松分布的
　　　　均值和方差，如所选最后一块板所示，其仅带有一个输出节点

在学习本章之前，对于露营者问题，你的最初想法可能是采用典

型神经网络架构，设置其输出节点的激活函数为线性函数，采用均方
误差作为损失函数，利用露营者数据集，进行神经网络的训练拟合。
实际上，对于露营者问题，很多人首先会想到使用线性回归模型进行
建模预测，但这并不是最佳解决方案! 可以采用 http://mng.bz/jgMz 网
站上的 notebook 程序代码来尝试这种简单的方法。

　　通过将预测分布与实际结果进行比较，我们可以评估一下线性
回归模型的性能。采用训练好的线性回归模型，对观测数据31和33
进行条件概率分布预测，结果如图 5.11 所示。其中观测数据 31 是一
个捕获了 5 条鱼的小组，具有以下特征: 使用活饵，有一辆露营车，
四个大人，一个小孩。观测数据 33 是一个捕获了 0 条鱼的小组，具
有以下特征: 使用活饵，没有露营车，四个大人，两个小孩。从观测
数据 31 和 33 的预测条件概率分布可以看出，对于两个观测值而言，
实测观测结果(5 条鱼和 0 条鱼，图 5.11 中的粗点虚线所示)的可能
性都非常高。但是根据这些条件概率分布，捕鱼数量为负值的可能性
也很高，然而由常识可知，捕获−2 条鱼是不可能的。采用线性回归
模型对计数数据进行建模的另一个问题是，输出结果的预测分布是连
续的，但是可能的捕鱼数量是整数——你不可能捕获半条鱼。

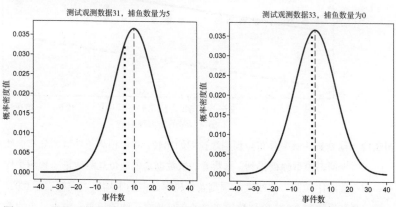

图 5.11　露营者数据集中，测试观测数据 31(左图)和 33(右图)的预测正态分布。
　　　　虚线表示预测均值的位置。粗点虚线表示观测数据 31 和 33 实际捕获
　　　　结果(分别为 5 条和 0 条鱼)的可能性

要在一个图中将所有测试点的观测结果与预测条件概率分布同时进行比较,需要对每个测试点绘制一个条件概率分布,得到的图看起来将很拥挤。为此,图 5.12 仅显示平均值(实线),2.5%分位数(下方虚线)和 97.5%分位数(上方虚线),以替代表征整个条件概率分布图。由于观测数据具有多个特征,因此无法像在简单的线性回归中一样,将特征放置在水平轴上。作为替代,把条件概率分布的预测平均值绘制在水平轴上。图 5.11 中的观测数据 31 和 33 被突出显示。但是,这种表示方式同样会出现预测捕鱼数量为负数的问题。

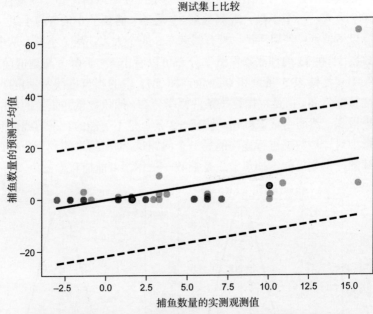

图 5.12   预测条件概率分布与观测数据间的比较,其中预测条件概率分布由线性回归模型建模得到。露营者测试数据集中捕鱼观测数量与预测平均数对比作图。实线表示预测条件概率分布的平均值。虚线表示 0.025分位数和 0.975 分位数,产生了 95%预测区间的边界。突出显示的点对应于捕获0条鱼的观测数据33(左侧点)和捕获5条鱼的观测数据31(右侧点)

下方的虚线表示的数据低于 0，甚至实线表示的数据也会低于 0，表示模型预测的捕鱼数量平均值在某些区域低于 0。此外，在模型拟合比较好的情况下，实线应贯穿观测数据点的平均值，但实际情况显然不是这样。虽然该图仅显示观测数据，没有显示其平均值，但是仍可以看出预测的平均值(最大为 8)大于观测数据平均值。此外，两虚线间区域表示的 95%置信区间对于较少的捕鱼数量预测来说似乎过大。

由上述分析可知，高斯条件概率分布的线性回归模型存在明显缺陷。但是哪种分布更合适呢？这就是问题所在！即使意识到我们正在处理计数数据后，也有不同的选择。在最简单的情况下，可以用泊松分布来描述计数数据。

5.4.1　适用于计数数据的泊松分布

早在 1900 年左右的前深度学习时代，德国统计学家 Ladislaus von Bortkiewicz 希望模拟普鲁士军队 14 个骑兵军团中每年被马踢死的士兵人数。他们积累了 20 年的数据作为训练数据。在他的第一本统计学著作 *The Law of Small Numbers*(Das Gesetz der kleinen Zahlen)中，他利用泊松分布(该分布以法国数学家 Siméon Denis Poisson 的名字命名)来估计被马踢死的士兵人数。为了使我们的讨论不那么血腥，也可以用泊松分布为每分钟水桶中滴落的雨滴数量建模，或者使用前文中，州立公园每个露营者小组的捕鱼数量的示例。所有这些示例都有一个共同特点，即需要记录每个单位内的事件数，并且这些单位通常是以时间为单位的，当然也可以是其他单位，例如每 10 万居民中的杀人犯数量。

在现实生活中，通常必须应对各种随机性，并且每个单位内观察到的事件数并不总是相同的。但是我们可以假设，平均而言每个单位内有两次事件，例如每年有两个士兵死亡，每分钟有两滴雨滴到桶中，或每次捕获两条鱼。图 5.13 表示可能观测结果的概率分布。由公式 5-1 可知，事件的平均数量是确定分布所需的唯一信息。这种分布为每个可能的结果分配了一个概率，分别表示每单位内观测到 0 个事件的概率，每单位内观测到一个事件的概率，每单位内观测到两个事件的概率，以此类推。因为这是一个概率分布，所以所有概率加起来等于 1。

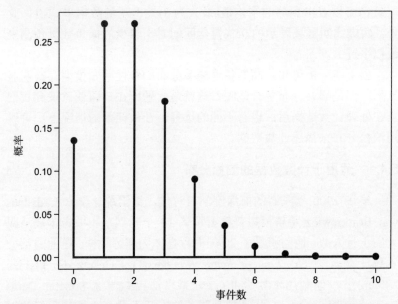

图 5.13　平均每个单位内有两个事件(两个死去的士兵，桶中有两滴雨或两条被捕获的鱼)时的泊松分布。而实际观测时，很可能会观测到一个事件或两个事件。本概率分布由 notebook 程序文件 nb_ch05_02.ipynb 产生

由图 5.13 可以看出，每个单位(时间)内有两个事件发生的概率很高，超过 0.25，但是其他可能的结果也具有一定的概率。每单位事件内的平均数量起着重要作用，因为它定义了泊松分布的唯一参数，该参数通常称为比率，在公式中通常用符号 λ 表示。在本例中，设定 $\lambda = 2$，但是由于 λ 是每单位事件的平均数量，因此 λ 的取值并不总是整数。如果你对这个问题感兴趣，可以认真学习一下泊松分

布的公式，该公式定义了计数事件每个可能值 k 的概率。

$$P(y=k) = \frac{\lambda^k \cdot e^{-\lambda}}{k!} \qquad \text{式(5-1)}$$

其中 $k!$ 表示 k 的阶乘 ($k!=1\cdot2\cdot3\cdots\cdots k$)。请注意，不同于高斯分布 $P(y=k)$，泊松分布给出了一个真实的概率，而不是一个概率密度。为了强调这一点，它有时也被称为概率质量函数。泊松分布的一个显著性质是 λ 不仅定义了分布的中心(期望值)，而且还定义了方差。因此，平均事件数 λ 是确定泊松分布所需的唯一参数。

在下述代码清单中，可以了解到如何使用 TFP 对泊松分布进行建模。

代码清单 5.5　TFP 概率编程实现泊松分布

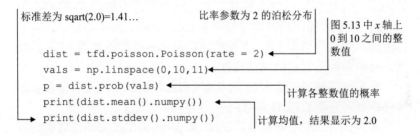

现在，有了一个适用于计数数据的概率分布。根据概率神经网络建模方法，我们采用神经网络估计泊松概率分布的比率参数。我们使用一个非常简单的无隐藏层神经网络，它的任务是预测生成泊松条件概率分布，该分布仅需确定比率参数。泊松分布中的比率参数必须为 0 或正实数值。由于输出层设置为线性激活函数时，神经网络的输出可能为负值，因此需要选用指数函数作为激活函数，以便输出合适的比率参数(当然根据个人意愿，也可以选择使用 softplus 激活函数)。下述代码清单代码构建了此网络。

代码清单 5.6　捕鱼数量的简单泊松回归

定义具有一个输出节点的单层网络
```
    inputs = Input(shape=(X_train.shape[1],))
    rate = Dense(1,
```

用指数函数输出来对
比率参数进行建模

```
            activation=tf.exp)(inputs) ◄
p_y = tfp.layers.DistributionLambda(tfd.Poisson)(rate)
```

将神经网络和输
出层粘合在一起。
注意输出 p_y 是
一个 tf.distribution
概率分布

```
model_p = Model(inputs=inputs, outputs=p_y) ◄

def NLL(y_true, y_hat):
  return -y_hat.log_prob(y_true)
  model_p.compile(Adam(learning_rate=0.01), loss=NLL)
  model_p.summary()
```

第二个参数是模型的输出，因此这是一个 TFP 概率分布。求解负对数似然值非
常简单，可通过调用 log_prob 函数，计算观测值出现的对数概率来实现

　　如果你逐步浏览 notebook 文件中的代码，就会发现使用泊松
回归比使用线性回归性能更好。泊松回归的均方根误差(RMSE)约
为 7.2，低于线性回归的均方根误差 8.6。但是更重要的是，线性回
归的负对数似然值为 3.6，而泊松回归的负对数似然值为 2.7，很显
然泊松回归的负对数似然值要低很多。

　　让我们仔细分析研究一下泊松回归的预测结果。使用拟合后的
泊松模型对观测数据 31 和 33 进行预测,生成它们的条件概率分布，
如图 5.14 所示。模型对观测数据 31 和 33 预测生成的条件概率分布
为泊松分布，比率参数分别为 $rate_{31} = 5.56$ 和 $rate_{33} = 0.55$。由图可见，
模型对观测数据 31 和 33 的预测结果都非常好，两个观测数据的实
际结果(捕获 5 条鱼和 0 条鱼，如图 5.11 中的虚线所示)在模型输出
的条件概率分布下概率都非常大。

　　为了在一个图中同时比较所有测试点的观测结果与预测条件概
率分布，可以通过把观测到的鱼类数量作为 y 值，预测的鱼类平均数
量作为 x 值，把全部测试数据展示出来，如图 5.15 所示。同时用实
线表示预测条件概率分布的平均值，虚线表示预测条件概率分布的
2.5%分位数和 97.5%分位数。你可能很想知道为什么图 5.15 的右图
中分位数曲线不平滑，而又在预测条件概率分布的位置上取整数呢？
答案在于泊松分布的性质和分位数的定义：泊松模型只将概率分配给
整数值，而分位数定义为一个数值，例如 97.5%分位数，表示分布中
97.5%可能值小于或等于它，因此它只能是一个整数。

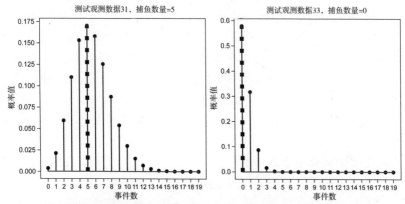

图 5.14　测试观测数据 31(左图)和 33(右图)的预测泊松分布。粗点线表示
　　　　观测数据实际结果的可能性

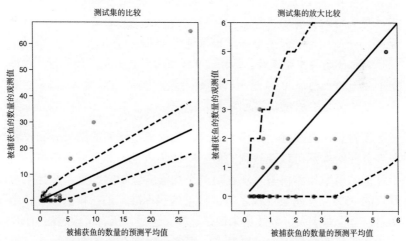

图 5.15　露营者示例泊松回归预测结果。将测试样本中观测到的捕鱼数量与预
　　　　测的平均捕鱼数量绘制成图。为了描绘预测的条件概率分布,实线表
　　　　示条件概率分布的平均值,虚线表示预测条件概率分布的 2.5%分位数
　　　　和 97.5%分位数,两者之间的区域为 95%预测区间

如何解读概率模型的诊断图

　　以下是对于解读诊断图的一些提示，这些诊断图通常用于评估概率模型的性能。请注意，在图 5.12、图 5.15 和图 5.17 中，将观察到的结果与预测条件概率分布的平均值分别作为(y, x)值绘图，与单一变量简单线性回归中，把输入特征作为 x 值不同。由于露营者数据有四个特征，因此无法使用单一的输入特征来表示横轴 x 值，使得图形展示比较困难。此外，输入特征的不同组合可能会产生相同的条件概率分布预测均值，但分位数可能会不相同。在这些情况下，多个不同的条件概率分布会生成相同的平均值，和不同的分位数，因此会导致在同一 x 位置上有多个分位数。拥有的观测数据越多，观察到这种情况的可能性就越高，在第 6 章中，你将看到这种情况。另外，分位数(图中的虚线)的跳变不是人为原因，因为 x 轴不再代表输入变量的平滑变化，所以会出现这种跳变。出于同样的原因，分位数也可能不会平滑地改变，如图 5.17 所示。显而易见，分位数也不会再单调变化，如图 5.9 线性回归模型展示的那样。条件概率分布的平均值曲线(图 5.15 中的实线)始终是主对角线，因为它表示了平均值与平均值之间的关系。

　　请注意，与线性回归模型相比，泊松模型预测的结果分布仅将概率分配给实际可以观测到的值，即捕鱼数量为非负数和整数。对于理想的概率预测模型，观测值的平均值应位于实线上，并且所观测点的 95%应在两条虚线之间。根据这些标准，泊松模型似乎相当实用，至少对于大多数数据来说是这样。但是，仍有可改进的空间。

　　从露营者数据集中可以发现，很多小组捕获鱼的数量为 0。怎么会有这么多不幸的钓鱼者呢？也许我们可以简单推测一下，露营者也可能只是以参加露营派对作为借口，带着渔具去聚餐喝酒，根本不是去钓鱼。因此，钓鱼者在州立公园没钓到鱼可能有两个原因：运气不好或根本就没有去钓。一个明确考虑到这些懒惰钓鱼者的模型是零膨胀模型，接下来将讨论这个模型。

5.4.2　扩展泊松分布为零膨胀泊松(ZIP)分布

零膨胀泊松(ZIP)分布考虑到以下事实：存在比泊松分布期望的0 值数量要多得多的 0 值。例如，在我们的示例中存在很多根本不钓鱼的懒惰露营团体。在零膨胀泊松分布中，主要通过引入 0 值生成过程来对多余 0 值部分进行建模。0 值生成建模类似于投掷一枚硬币，硬币正面朝上的概率为 p，此种情况表示一个懒惰的露营团体，捕鱼数量为0，反之，表示一个常规的捕鱼小组，可以使用正常的泊松分布来预测捕鱼数量。为了以 TFP 方式，采用零膨胀泊松分布输出结果模型对采集的计数数据进行建模拟合，需要建立零膨胀泊松概率神经网络。

遗憾的是TFP工具箱目前还不能提供零膨胀泊松分布，但基于现有 TFP 分布，很容易自定义一个函数，生成所需的概率分布(参见代码清单 5.7)。零膨胀泊松分布需要两个参数：

- 产生额外 0 值的概率 p
- 泊松分布的比率

零膨胀泊松分布函数将来自神经网络的两个输出节点作为输入：一个用于比率参数，一个用于概率参数 p。如代码清单 5.7 所示，对神经网络输出 out 的第一个分量 out[:,0:1]进行指数变换，以获得正值比率，对神经网络输出 out 的第二个分量 out[:,1:2]进行sigmoid 变换，以得到一个介于 0 和 1 之间的 p 值。

代码清单 5.7　自定义零膨胀泊松分布

第一部分对比率参数进行编码实现。使用指数函数来保证取值都大于 0，然后使用挤压函数来展平张量

第二部分是对零膨胀参数进行编码实现，使用 sigmoid 函数将参数压缩到 0 和 1 之间

```
def zero_inf(out):
    rate = tf.squeeze(tf.math.exp(out[:,0:1]))
    s = tf.math.sigmoid(out[:,1:2])
    probs = tf.concat([1-s, s], axis=1)
    return tfd.Mixture(
```

两个概率值描述是否为 0 值或泊松分布

```
cat=tfd.Categorical(probs=probs),
components=[
    tfd.Deterministic(loc=tf.zeros_like(rate)),
    tfd.Poisson(rate=rate),
])
```

tfd.Categorical 混合
两个概率分布

0 作为一个确定值

从泊松分布中得出的值

该神经网络是一个无隐藏层两输出节点的简单网络，下面的代码清单显示了网络的构建代码.

代码清单 5.8　零膨胀泊松分布之前的一个神经网络

```
## Definition of the custom parameterized distribution
inputs = tf.keras.layers.Input(shape=(X_train.shape[1],))
out = Dense(2)(inputs)
p_y_zi = tfp.layers.DistributionLambda(zero_inf)(out)
model_zi = Model(inputs=inputs, outputs=p_y_zi)
```

没有激活函数的稠密层。这个变换是在 zero_inf 函数中完成的

训练完成后，可以采用拟合好的零膨胀泊松模型，对测试数据集中的观测数据进行条件概率分布预测。首先让我们使用拟合好的零膨胀泊松模型，对观测数据 31 和 33 的条件概率分布进行预测，结果如图 5.16 所示。

所预测的零膨胀泊松条件概率分布，最显著特征是在 0 值处有一个峰值，如图 5.16 所示。这是由于与泊松过程相比，零膨胀过程对更多数目的 0 值进行了建模。如图 5.16 中的虚线所示，两种观测结果(5 条鱼和 0 条鱼)的可能性都非常符合观测数据。

为了在一个图中同时比较所有测试点的观测结果与预测条件概率分布，可以把观测到的鱼类数量作为 y 值，预测的鱼类平均数量作为 x 值，再次把全部测试数据展示出来，如图 5.17 所示。同时用实线表示预测条件概率分布的平均值，虚线表示预测条件概率分布的 2.5%分位数和 97.5%分位数，以对预测条件概率分布进行描述。在零膨胀泊松模型中，2.5%分位数在整个取值范围内始终为 0，这

意味着对于所有露营小组，预测的零膨胀泊松条件概率分布分配给结果 0 值的概率大于 2.5%，从而很好地对实际观测到的大量 0 值结果数据进行建模描述。

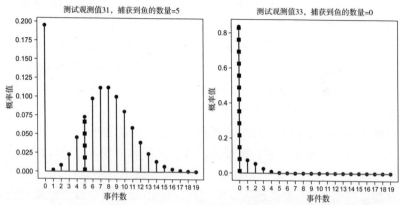

图 5.16　测试观测数据 31(左图)和 33(右图)的零膨胀泊松条件概率分布预测。粗点线表示各观测数据对应的观测结果的可能性

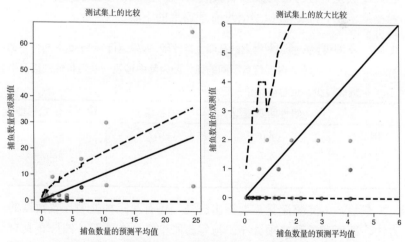

图 5.17　露营者示例中零膨胀泊松回归预测结果。将测试样本中观测到的捕鱼数量与预测的平均捕鱼数量绘制成图。为了描绘预测的条件概率分布，实线表示条件概率分布的平均值，虚线表示预测条件概率分布的 2.5%分位数和 97.5%分位数，两者之间的区域为 95%预测区间

由图 5.17 可知，观测值的实际平均值与如实线所示的预测平均值十分接近，并且 95%观测点都位于两条虚线之间。进一步，通过计算负对数似然值来对零膨胀泊松模型性能进行评估，结果如表 5.2 所示，可知零膨胀泊松回归模型的性能明显优于线性回归模型和泊松回归模型。

对于露营者数据拟合问题，尚无明确共识哪种模型总体上性能最好。由表 5.2 可得，从均方根误差和平均绝对误差评估指标来看，泊松分布最好，但从负对数似然值评估指标来看，零膨胀泊松模型最好。但是，如第 5.2 节所述，要评估度量概率预测性能，应以测试集上的平均负对数似然值为依据。因此，零膨胀泊松模型是三个模型中最好的概率模型。需要注意的是，严格来说，应该仅在离散模型(泊松模型或零膨胀泊松模型作为条件概率分布时)之间比较负对数似然值，而不能在连续模型和离散模型(高斯模型或泊松模型作为条件概率分布时)之间进行比较。还有没有更好的模型呢？可能存在一个模型，它的负对数似然值更低，但是暂时无法建模训练出来。对于此示例，负对数似然值没有理论上的下限。

表 5.2　不同模型在验证数据上的预测性能比较。如果运行 notebook 文件中的代码，可能会得到略有不同的值。因为其中涉及一些随机性，而且数据比较少，但总体结果应该大致相同

	线性回归模型	泊松模型	零膨胀泊松模型
RMSE	8.6	7.2	7.3
MAE	4.7	3.1	3.2
NLL	3.6	2.7	2.2

最后，为完整起见需要指出的是，还有第三种处理计数数据的方法，即所谓的负二项分布。与零膨胀泊松分布类似，该分布具有两个参数，不仅可以把计数平均值建模为输入相关，还允许计数标准差与输入相关。

5.5　小结

- 概率模型为每个输入预测一个完整的条件概率分布(CPD)。
- 预测的条件概率分布为每个可能的结果 y 分配一个期望的概率。
- 负对数似然值(NLL)可对条件概率分布与输出结果实际分布之间的匹配程度进行衡量。
- 训练概率模型时，可以将负对数似然值作为损失函数。
- 通过在新数据上计算负对数似然值，可以衡量和比较不同概率模型的预测性能。
- 选择一个合适的条件概率分布可以提升模型性能。
- 对于连续数据，通常首选正态分布。
- 对于计数数据，常选用的分布是泊松分布，负二项分布或零膨胀泊松分布。

## 第 6 章

"野外世界"中的概率深度学习模型

本章内容：

- 高级模型中的概率深度学习
- 现代架构中的灵活概率分布
- 以混合概率分布模式构建灵活条件概率分布
- 可生成复杂数据(如面部图像)的标准化流

许多现实世界的数据(如声音样本或图像)，都来自复杂的高维分布。在本章中，你将学习如何定义复杂的概率分布，以对现实世界的数据进行建模。在上两章中，已经学习了如何采用简单、易操作的概率分布进行建模：可以利用高斯条件概率分布(Conditional probability distribution，CPD)构建线性回归模型，或者利用相应的泊松条件概率分布构建泊松模型(用本章开始的图做一个比喻，你可能认为自己就像那个护林员，站在一个保护区中，身边都是驯良的牲畜，但保护区外的动物比你目前接触到的动物更野蛮，更难以应付)。迄今为止，我们一起了解了各种简单概率模型，现在让我们一起踏入广阔的未知世界，进一步学习更加高级的建模方法，以对复杂的条件概率分布进行描述。

对复杂分布进行建模的一种方法是将简单分布混合叠加，其中简单分布包含正态分布、泊松分布或逻辑分布等，而这些简单的概率分布在前面章节中已进行了介绍。混合模型已在高级网络中得到了广泛应用，用于对网络输出进行建模，例如 Google 的并行 WaveNet 或 OpenAI 的 PixelCNN ++。

- WaveNet 可根据文本生成逼真的语音；
- PixelCNN++可生成逼真的图像。

在本章的案例研究中，你有机会建立自己的混合模型，并基于此对近期提出的预测模型进行改进，以进一步提升它的性能。此外，还将学习另一种复杂分布建模方法，即**标准化流法**(Normalizing Flows，NF)。该方法基于简单分布，通过变量变换实现复杂分布的建模。当然，在简单情况下，可以直接使用变量变换统计方法来实现。在 6.3.2 节将学习如何应用此方法，以及如何通过 TFP 工具箱中的 Bijector 函数(可逆随机变量的组合变换函数)来具体编程实现。

通过将变量变换法与深度学习结合使用，可以对实际应用中所遇到的复杂高维分布进行学习建模。例如，来自复杂机器的传感器读数是高维数据。如果所使用的机器运行正常，则可以从中学习"机器正常"的概率分布。当学习此项分布后，你可以持续检查机器生成的传感器数据，判断是否满足"机器正常"分布。如果传感器数据满足"机器正常"分布的概率比较低，则可能需要对机器的运行情况进行检查。该实际应用技术称为**异常检测**。除此之外，也可以做更多有趣的实际应用，例如对人脸图像的分布进行建模，然后对该分布进行采样，以创建逼真的人脸图像，而这些图像对应的人物在现实世界中却是不存在的，可想而知，这样的人脸图像分布十分复杂。当然，根据人脸图像分布，你还可以做其他更有趣的事情，如给 Leonardo DiCaprio 留些山羊胡子，或对不同人进行换脸处理。听起来复杂吗？嗯，确实有点复杂，但幸运的是，它仍然适用前面章节所运用的最大似然原理，当然，该原理在后续章节中还会继续得到深入运用。

6.1 高级深度学习模型中的灵活概率分布

在本节中，将了解如何在高级深度学习模型中运用灵活概率分布。迄今，你已经学习过各种不同的概率分布，例如用于描述连续变量的正态分布或均匀分布(美国女性数据集中的血压数据)，用于描述类别变量的多项式分布(MNIST 数据集中的 10 类数字)，以及用于描述计数数据(露营者数据集中捕鱼数量)的泊松分布和零膨胀泊松分布(Zero-Inflated Poisson，ZIP)。

概率分布定义中的参数数量是衡量分布灵活性的一个重要指标。例如，由于泊松分布只有一个参数(通常称为比率)，而零膨胀泊松分布有两个参数(比率和混合比例)，因此，如第 5 章所述，当采用零膨胀泊松分布取代泊松分布作为条件概率分布时，可实现对露营者数据集进行更好的建模。由于多项式分布参数数量，与其描述的随机变量结果种类一样多(实际上受概率和为 1 的约束，与多项式分布参数数量相比，随机变量结果种类数量多一个)，按照该标准，多项式分布是一种非常灵活的概率分布。在 MNIST 示例中，将图像作为输入来预测分类结果的多项式条件概率分布，而所需预测的多项式条件概率分布则具有 10 个(更准确地说是 9 个)参数，从而提供了 10 种可能类别的概率(如图 6.1 所示)。

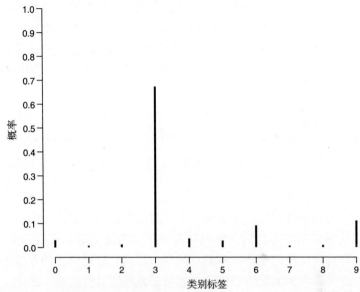

图 6.1 10 种类别的多项式分布：$MN(p_0, p_1, p_2, p_3, p_4, p_5, p_6, p_7, p_8, p_9)$

事实上，在数字分类实际应用中，使用卷积神经网络(Convolutional Neural Networks，CNN)对类别多项式分布进行建模，是深度学习研究的起点。当然，目前该问题仍是深度学习中被广泛深入研究的问题。1998 年，当时在 AT&T 贝尔实验室工作的 Yann LeCun 成功将 CNN 用于邮政编码识别，这就是著名的 LeNet-5 网络。

6.1.1 多项式分布作为一种灵活分布

在 2016 年，Google 公司提出的 WaveNet 网络，是运用灵活概率分布解决现实任务的典型代表。该网络模型可根据文本，生成听起来非常接近真实发音的人工语音。可访问网站 https://cloud.google.com/text- to-speech/，试一试利用你的声音合成语音。该网络结构主要基于一维因果卷积(参考第 2.3.3 节的内容)，其专业术语称为空洞卷积，在 http://mng.bz/8pVZ 网站手册中有具体介绍。如果你对该网络结构感兴趣，还可以阅读网站 http://mng.bz/EdJo 上的博客文章。

WaveNet 直接对原始语音进行处理，其采样频率通常为 16 kHz(16 千赫兹)，即每秒采样 16 000 个数据，当然也可以采用更高的采样频率。然后，对每个时间点 t 的语音信号进行离散化(通常是采用 16 位)，以得到网络的输入数据。例如，t 时刻语音信号 x_t 离散后，其取值范围为 0 到 $2^{16} - 1 = 65\ 535$。让我们聚焦到我们感兴趣的概率部分(参见第 5 章图 5.1 右侧的概率货架)，在 WaveNet 网络中，假设 t 时刻的语音信号 x_t 仅与 t 时刻之前的语音信号样本有关，那么可以得到：

$$P(x_t) = P\big(x_t \,\big|\, x_{t-1}, x_{t-2}, \ldots, x_0\big) \qquad \text{式(6-1)}$$

如图 6.2 所示，首先，根据过去的语音信号，采样得到当前所有可能的语音信号 x_t，然后进一步计算得到所有可能结果的概率分布。这种模型称为自回归模型。需要注意的是，概率模型 $P(x_t)$ 可对所有可能结果的整体分布进行预测。那么，以此作为预测模型，便可对实际观测到的语音信号 x_t 的似然或概率进行计算。由此，我们又一次回到问题本源，可以利用最大似然这一古老有效的原理对模型进行拟合。

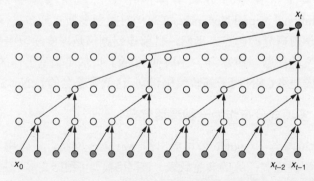

图 6.2   WaveNet 网络原理。t 时刻的语音离散数据 x_t(见图的顶端)是根据前一段时刻的语音离散数据(见图的底端)预测得到的。可访问网站 http://mng.bz/NKJN，观看该图的动画版本，它显示了 WaveNet 如何通过迭代运用公式 6-1 对未来的数据进行持续预测

但是，应该选择哪种类型的分布来对 $P(x_t)$ 进行建模呢？虽然输出值 x 的取值范围是确定的，但不确定这些数值到底呈现何种概率分布。并且它可能看起来不像是一个正态分布，因为如果是正态分布，那么它们中将有个最可能值，其概率是最大的，其他值的概率随着与最可能值之间距离的增大而迅速减小，很明显，语音信号不具备这种特点，因此需要一个更具灵活性的分布。

原则上，可以采用多项式分布对 65 536 个不同的值进行建模，然后估计每个可能值的概率。虽然这种方式缺乏对可能值之间顺序的考虑(0 <1 <2 < ... <65 535)，但它可以灵活地估计出所有 65536 个可能值中任一值的概率。唯一的限制就是这些预测的概率之和必须为 1，这可通过 softmax 网络层来轻松实现。WaveNet 论文的作者 Oord 等人就是按照这种方式进行研究和网络设计的。不同之处在于，他们首先对原始语音进行了非线性转换，将信号大小从 16 位(编码 65536 个不同值)减少到 8 位(编码 256 个不同值)。之后，Deep Mind 人员训练了以 softmax 为输出层的一维因果空洞卷积神经网络，即 WaveNet 网络，以对 256 个类别的多项式条件概率分布进行预测。

现在，你可以从学习的分布中提取新样本。为此，需要向训练好的 WaveNet 网络提供一个初始音频序列 $x_0, x_1, ..., x_{t-1}$，经过网络处理，预测输出多项式条件概率分布 $P(x_t) = P(x_t | x_{t-1}, x_{t-2}, ..., x_0)$。然后从中采样，得到下一个时刻的音频数据 x_t。继续向网络输入音频序列 $x_1, x_2, ..., x_t$，从网络生成的条件概率分布中采样得到下一时刻的音频数据 x_{t+1}，以此类推，不断循环进行下去。

让我们看一下另一个著名的自回归模型：OpenAI 公司的 PixelCNN 网络。它可以基于以前的像素，对当前像素进行预测。在 WaveNet 网络中，音频数据存在明确的时间顺序，但对于图像，像素之间不存在天然的顺序关系。当然，可以把图像中的像素比照为文本中的字符，按照文本字符从左至右、从上至下的阅读顺序，对图形像素进行排序。经过排序后，PixelCNN 网络可以基于所有先前像素 x_t' ($t' < t$) 对像素 x_t 的具体颜色进行预测采样。至此，再一次得

到了与公式 6-1 相同的计算结构，此时式中的 x_i 表示像素值。

那么，如何训练模型呢？可以采用与 WaveNet 相同的方法。对像素进行 8 位编码，把输出限定为 256 个可能的值，采用独热编码方式对 256 个像素类别进行编码，并采用 softmax 层作为网络输出，对 256 个像素类别概率进行预测。实际上，PixelCNN 网络就是这样训练的。

一年后，即 2017 年初，OpenAI 公司的工程师在发表的论文"PixelCNN++: Improving the PixelCNN with Discretized Logistic Mixture Likelihood and other Modifications(用离散逻辑混合似然和其他修改改进 PixelCNN)"(请参阅网站 https://arxiv.org/abs/1701.05517)中提出了改进的 PixelCNN 模型。如果你不知道"离散逻辑混合似然"是什么意思，别担心，你将很快了解到这一点。此时，更应该注意到的是，通过采用这种新型条件概率分布，OpenAI 公司的工程师显著提升了网络的预测能力，在性能量化测试中，负对数似然损失从原模型的 3.14，进一步降到 2.92。在 PixelCNN++论文发表后，谷歌工程师进一步提升了 WaveNet 的性能，提出了并行 WaveNet 的概念(请参阅网站 https://arxiv.org/abs/1711.10433)。其中一个重要改进就是采用离散逻辑混合分布替代过去的多项式分布(后面将会详细说明)。过去，构建并行 WaveNet 模型，确实需要一定的工作量，但现在有了 TFP 工具箱之后，这将很容易实现，这一点将在下一节中详细讲解。

6.1.2 理解离散逻辑混合

在 WaveNet 和 PixelCNN 两种模型中，需要对离散值进行预测，其范围为 0 到一个固定上限值(通常为 255 或 65 535)。这与计数数据比较相似，但不同之处在于它有一个最大值。那为什么不对计数分布最大值进行限定，使用泊松分布这样的计数分布呢？原理上似乎可以使用，但事实证明我们需要更加复杂的分布，因此，很多论文都采用了混合分布。在 PixelCNN++论文中，用于混合的分布则是离散逻辑函数。

让我们具体认识一下离散逻辑混合。我们知道正态分布的密度曲线是钟形的,而逻辑分布的密度曲线看起来与它非常相似。图 6.3 左图显示了具有不同比例参数的逻辑函数密度曲线,而右图显示了相应的累积分布函数(Cumulative Distribution Function,CDF)曲线。实际上,逻辑分布的 CDF 与第 2 章中使用的 sigmoid 激活函数完全相同。请查看下面的参考文件,以了解有关逻辑函数的更多详细信息。

可选练习 打开网站 http://mng.bz/D2Jn,notebook 程序文件中给出了生成图 6.3、图 6.4 和图 6.5 的代码,以及代码清单 6.2 中的代码。

● 与本文同时阅读。

● 更改分布的参数,并查看曲线如何变化。

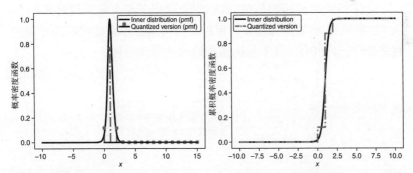

图 6.3 使用 tfd.Logistic(loc = 1,scale = scale)创建的三个逻辑函数,scale 参数的值分别为 0.25、1.0 和 2.0。左图是概率密度函数(PDF),右图是累积概率密度函数(CDF)

在 WaveNet 和 PixelCNN 模型中,输出值是离散的。因此,合适的条件概率分布应该能对离散值(而非连续值)进行建模。但是逻辑分布是对没有上下限的连续变量进行描述的。因此,我们需要对逻辑分布进行离散化处理,并将其值限制在可能的范围内。在 TFP 工具箱中,可以使用 QuantizedDistribution 函数来实现离散化处理。

QuantizedDistribution 函数的输入为概率分布(在图 6.4 中称为输入分布)，输出为相应的量化分布。参考手册中的可选练习介绍了使用 QuantizedDistribution 的详细信息。

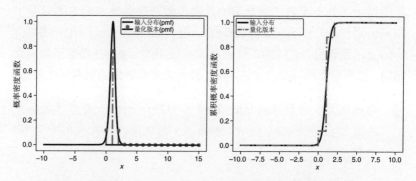

图 6.4　参数 loc = 1 和 scale = 0.25 的逻辑分布函数的量化版本

为了得到更灵活的分布，我们混合叠加了多个量化逻辑分布(如图 6.5 所示)。对于混合操作，可以使用类别分布来确定不同分布的权重(即混合比例)。以下代码清单给出了具体示例。

代码清单 6.1　混合两个量化的分布

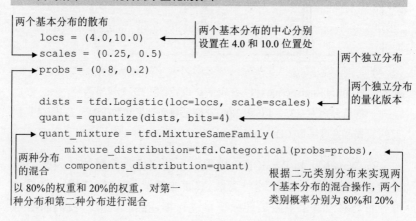

图 6.5 给出了最终的混合分布。该分布适用于像素值(如 PixclCNN)和声音幅度(如 WaveNet)这样的数据。如果要进一步混合叠加多个分布以得到更加灵活的输出分布,例如对四个分布或者十个分布进行混合,也可以按照上述步骤很容易地实现。

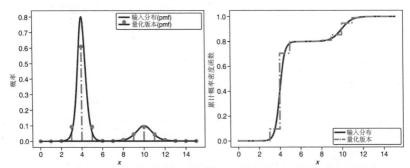

图 6.5 混合两个逻辑分布所得的离散混合分布(有关生成这些图的代码,请参见代码清单 6.2)

如果想在网络中使用此分布取代原来的泊松分布,则可以在代码清单 6.2 的尾部复制并粘贴该 quant_mixture_logistic 函数。该段代码源自 TensorFlow 中关于 QuantizedDistribution 函数的说明文档。

对于每个混合部分,神经网络需要估计 3 个参数:该部分的位置和散布以及混合权重。如果你对 num 个基本分布进行混合,则神经网络需要具有 3×num 个输出节点,对应为每个基本分布的 3 个参数,分别控制其位置、散布和权重。请注意,quantum_mixture_logistic 函数希望神经网络的输出层直接输出结果,不经过激活函数处理(在 Keras 中是默认设置)。下面的代码清单显示了如何将此函数用于具有两种分布的混合。对于这种情况,神经网络有 6 个输出。

代码清单 6.2 将函数 quant_mixture_logistic()作为分布

```
def quant_mixture_logistic(out, bits=8, num=3):
    loc, un_scale, logits = tf.split(out,        将输出分成大
                            num_or_size_splits=num,  小为 3 的小块
                            axis=-1)
```

将分布偏移 0.5

根据比例参数的性质，把它转换为正值

```
scale = tf.nn.softplus(un_scale)
discretized_logistic_dist = tfd.QuantizedDistribution(
    distribution=tfd.TransformedDistribution(
        distribution=tfd.Logistic(loc=loc, scale=scale),
        bijector=tfb.AffineScalar(shift=-0.5)),
    low=0.,
    high=2**bits - 1.)
mixture_dist = tfd.MixtureSameFamily(
    mixture_distribution=tfd.Categorical(logits=logits),
    components_distribution=discretized_logistic_dist)
return mixture_dist
```

直接使用 logits 变量，无需进行概率归一化

```
inputs = tf.keras.layers.Input(shape=(100,))
h1 = Dense(10, activation='tanh')(inputs)
out = Dense(6)(h1)
p_y = tfp.layers.DistributionLambda(quant_mixture_logistic)(out)
```

网络的最后一层，控制混合模型的参数为每组三个(此处为 2~3)保持默认的线性激活，不对取值范围设限，softplus 函数已确保正值的转换。

6.2 案例研究：巴伐利亚公路伤亡事故

让我们将上一节中关于混合操作的知识应用到一个案例研究中，演示使用适当的灵活概率分布作为条件结果分布的优势。由于训练 PixelCNN 类似的神经网络需要相当多的计算资源，因此这里我们使用一个中等大小的数据集。该数据集描述了 2002 年至 2011 年间德国巴伐利亚州道路上与鹿相关的车祸，统计了巴伐利亚州每个地方每 30 分钟死于交通事故的鹿的数量。我们之前在其他研究中也使用了该数据集来分析计数数据。它来源于网站 https://zenodo.org/record/17179。表 6.1 中包含了该数据集经预处理后的部分样本。[1]

---

[1] 如果你感兴趣，可以使用统计软件 R 进行预处理。该脚本可从网站 http://mng.bz/lGg6 上获取。我们要感谢来自苏黎世大学的 Sandra Siegfried 和 Torsten Hothorn，他们为我们提供了帮助并给出了 R 脚本的初始版本。

表 6.1 巴伐利亚州与鹿有关的交通事故数据集部分样本行

野鹿	年份	时间	昼夜	工作日
0	2002.0	0.000000	night.am	Sunday
0	2002.0	0.020833	night.am	Sunday
…	…	…	…	…
1	2002.0	0.208333	night.am	Sunday
0	2002.0	0.229167	pre.sunrise.am	Sunday
0	2002.0	0.270833	pre.sunrise.am	Sunday

各列分别具有以下含义。

● 野鹿：巴伐利亚州交通事故中被杀死的鹿数量。

● 年份：年份(从2002 年到 2009 年的数据作为训练集，从 2010
年到 2011 年的数据作为测试集)。

● 时间：事件发生的时间(2002 年 1 月 1 日作为时间零点)，
以一天的比例数来计算。样本记录的时间间隔为 30 分钟，即
样本时间分辨率为 30 分钟，对应于 1 天的比例值为 1/48≈
0.020833(请参见第二行)。

● 昼夜：相对于日落和日出的时间。数据集中分为 8 个类别：
night.am、sun.sunrise.am、post.sunrise.am、day.am、day.pm、
pre.sunset.pm、post.sunset.pm 和 night.pm，分别对应于晚上，
日出之前，日出之后，早晨，下午等。

● 工作日：从星期日到星期六，假期均用星期日表示。

实操时间 打开网站 http://mng.bz/B2O0 上的 notebook 程序文
件。该文件包含了加载与鹿相关的交通事故案例研究数据集相
关代码。

● 使用本节中所学到的知识，为目标变量(野鹿)构建概率深度
学习模型。测试集上的负对数似然值应该低于 1.8。

● 真正的挑战是负对数似然值低于1.6599，可通过复杂的统计
模型获得(请参阅 Sandra Siegfried 和 Torsten Hothorn 的文
章，网址为 http://mng.bz/dygN)。

● notebook 文件中提供了一种解决方案(尝试自己动手给出
  更好的解决方案)。将你做的结果与解决方案结果进行对
  比分析。

祝你能够有所收获！如果你在测试集上得出的负对数似然值显
著低于 1.65，请一定与我们联系，我们可以一起写篇学术论文。

6.3　与流同行：标准化流(NF)简介

第 6.1 节讲述了一种对复杂分布进行建模的灵活方法，即构建
基于简单基础分布的混合模型。当分布在低维空间时，这种方法非
常有效。例如 PixelCNN++和并行 WaveNet 模型，其任务是解决回
归问题，输出结果的条件概率分布在一维空间。

但是如何建立和拟合一个灵活的高维空间分布呢？设想一下，
一张彩色图像，包括 $256 \times 256 \times 3 = 195\,840$ 个像素，则定义了一个
包含 195 840 维度的高维空间，而每张相同大小的彩色图像是该高
维空间的中一个点。如果在该高维空间中随机选择一个点，则很有
可能仅会获得没有任何实际意义的噪声图像。这意味着人脸图像等
现实世界图像仅覆盖该高维空间中的部分子区域，很难进行定义。
现有研究认为人脸图像等现实世界图像所构成的空间是一种流形空
间，由低维空间映射而来。那么如何学习生成可以绘制人脸图像的
195840 维概率分布呢？答案是使用标准化流。简而言之，标准化流
可以学习从简单高维分布到复杂高维分布间的变换关系，即流转换。
并且为了保证变换后的概率分布仍是有效分布，即满足离散情况下
概率和必须为 1，或者连续情况下概率密度积分必须为 1，还需要对
变换后的概率分布进行标准化处理。因此，在流转换中也需要保持
这个标准化属性不变，进而把这个处理称为标准化流，或简称为 NF。

本节将对标准化流工作原理进行说明。通过学习，你会发现标
准化流是一种概率模型，因此同样可以使用前几章学习采用的最大
似然方法进行模型拟合。当然，拟合后的概率分布可以用于创建逼

真的人脸图像，甚至在现实世界中不存在的人脸图像，或者将你的人脸图像变换成布拉德·皮特的形象。

标准化流在高维空间中特别有用。由于人们很难对一个超过三维的空间进行想象，所以我们在低维空间中来解释标准化流。但是不要担心，我们将在本节的最后介绍人脸图像的高维分布。

什么是标准化流，它们有什么好处？其核心优势是可以拟合复杂的概率分布(如图 6.6 所示)，而不必预先选定合适的概率分布族或对多个概率分布进行混合。

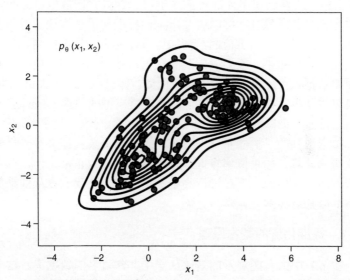

图 6.6　参数概率密度估计示意图。每一个点(x_1, x_2)被赋予一个概率密度。
我们选择了参数 θ 来匹配数据点(图中的点)

通过对概率密度进行采样，可以得到符合概率分布的样本。对于人脸图像分布，可以从中采样生成人脸图像。采样生成的人脸图像与训练数据集中的人脸图像并不相同，或者确切地说，从学习到的概率分布中采样得到训练样本的机会很小。

因此，标准化流可以看作生成模型。其他著名的生成模型包括生成对抗网络(GAN)和变分自编码器(VAE)。在创建现实世界中不存在的人脸图像时，生成对抗网络可以得出令人印象深刻的结果。访问网站 http://mng.bz/rrNB，可以看到一张这样的生成图像。对于生成对抗网络，如果想了解更多信息，可查阅 Jakub Langr 和 Vladimir Bok 撰写的 *GANs in Action*(Manning，2019)，该书对生成对抗网络进行了全面且通俗易懂的介绍(请参阅网站 http://mng.bz/VgZP)。同时，正如你稍后将看到的那样，标准化流也可以生成逼真的人脸图像。

不同于生成对抗网络和变分自编码器，标准化流是一种概率模型，可学习生成样本空间的概率分布，并计算确定每个样本的概率(可能性)。假设已使用标准化流来学习拟合人脸图像概率分布，那么对于已知的图像 x，可以通过 $p(x)$ 向标准化流查询该图像的发生概率。这是很有实用价值的，例如可以以此进行异常检测。

在异常检测中，需要确定观测数据点是否来自某个概率分布，是原始数据点，还是异常数据点。例如，你已经记录了大量机器(例如喷气发动机)的正常数据。这可能是非常高维的数据，如振动光谱。然后，训练一个标准化流来拟合"机器正常"分布。当机器运行时，基于拟合得到的"机器正常"分布，对机器采集数据进行"机器正常"概率计算。如果概率较低，则表示机器没有正常工作，机器的某些方面出了问题。但在讨论高维数据之前，让我们先从低维数据入手，以开启标准化流学习之旅。

6.3.1　标准化流的基本原理

图 6.7 中的左图展示的是统计学中非常著名的数据集。这个一维数据集共 272 个样本点，每个样本点表示黄石国家公园中老实泉喷泉两次喷射的时间间隔。而图 6.7 中的右图展示的是一个人造二维数据集。假设你的统计学老师问你这些数据来自哪个分布，你的答案是什么，是高斯分布，威布尔分布，还是对数正态分布？即使对于左图的一维数据集，上述分布也无法与其匹配。但是，你是一名优秀的读者，仍记得第 6.1 节内容，于是提出采用混合模型，例如两个高斯分布混合模型进行描述。尽管该混合模型可以对图 6.7 中的老实泉数据集进行描述，但毕竟喷泉数据集是一种非常简单的分布，对于高维和复杂概率分布，概率混合方法就行不通了。

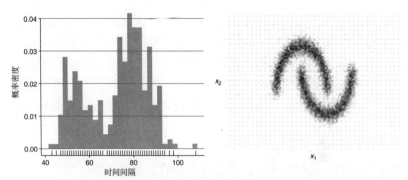

图 6.7　两个数据集：左图是一个真实的一维数据集(喷泉相邻两次喷射之间的时间间隔)，而右图是一个人造数据集。我们并不知道产生此类数据的概率分布

那么该怎么办呢？还记得古语有云："坐而论道不如起而行"吗？图 6.8 形象地表示了标准化流的核心思想。从高斯分布中产生数据，对其进行变换，生成满足复杂概率分布的所需数据。这主要通过变换函数 $g(z)$ 来实现，而 $g^{-1}(x)$ 则表示反向变换函数，把复杂分布数据 x 变换为简单分布数据 z。

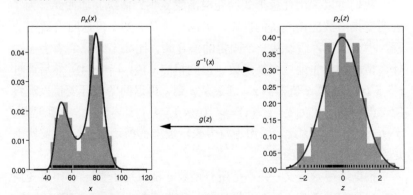

图 6.8　标准化流原理。数据 x 的复杂概率密度函数 $p_x(x)$ 转换为数据 z 的简单高斯分布概率密度函数 $p_z(z)=N(z; 0, 1)$。变换函数 $x = g(z)$ 表示简单高斯分布 z 变量和复杂分布 x 变量间的转换

而标准化流的主要任务则是找到 $g(z)$ 和 $g^{-1}(x)$ 两个变换函数。假设当前已经找到了这样一对函数 g 和 g^{-1}，我们可以利用它们完成两个任务。首先，利用它们可以从复杂概率分布函数 $p_x(x)$ 进行采样，以允许相关应用生成新的逼真人脸图像。其次，利用它们可以计算实际观测样本 x 的生成概率 $p_x(x)$，实现诸如异常检测之类的应用。

让我们从第一个任务开始，了解如何使用 g 生成新样本 x。请记住，不能直接对 $p_x(x)$ 进行采样，因为 $p_x(x)$ 是未知的，但是对于简单分布 $p_z(z)$，我们是知道如何进行采样的。这很简单！对于简单高斯分布，可以通过 TFP 工具箱，使用 z=fd.Normal(0,1).sample() 函数直接生成样本。然后应用变换函数 g 以获得最终所需样本 $x = g(z)$。至此，解决了第一个任务。

那么第二个任务呢？某实际观测样本 x 的可能性有多大？由于 $p_x(x)$ 未知，无法直接利用 $p_x(x)$ 进行概率计算。但是我们知道概率分布 $p_z(z)$，可以通过 $z = g^{-1}(x)$，将 x 变换为 z，然后使用 $p_z(z)$，最终计算得出 x 的概率。对于简单高斯分布 $p_z(z)$，计算确定样本 z 的概率是比较容易的，可以直接使用 tfd.Normal(0,1).prob(z) 函数实现。

我们可以采用任意形式的变换函数 g 吗？情况并非如此。为了说明变换函数应该具备的性质，考虑一个从 z 到 x 再返回的循环过程。举个例子，假设从一个固定的值开始，比如 $z = 4$，看看会出现什么情况？首先通过变换函数 g 得到相应 x 值，$x = g(4)$，然后通过 $z = g^{-1}(x)$，根据 x 值得到 z。通过从 z 到 x 再返回的循环变换，最终应该得到的结果为 $z = g^{-1}(x) = g^{-1}(g(4)) = 4$。上述变换，必须适用于所有的 z 值。因此，采用逆符号表示反向变换函数 g^{-1}，其实质上是变换函数 g 的逆函数。

根据逆函数定义，并不是所有函数 g 都有逆函数 g^{-1}，如果变换函数 g 具有逆函数 g^{-1}，则变换函数 g 称为双射(bijective)函数。此外，某些函数仅在有限的取值范围内满足双射性要求，例如 $g(z) = z^2$ 仅在 z 取非负值时满足双射性要求，你能给出它的逆函数吗？标准化流中，变换函数 g 必须具有双射性。此外，我们还希望能够高效地实现流处理。在下一节中，将了解相关的具体数学运算步骤以及其对高效实现的影响。

6.3.2 概率变量变换

本节将学习如何在一维空间中实现标准化流方法，统计学家称之为变量变换技术，可实现概率分布的合理变换。它是标准化流方法的核心，而标准化流方法是把多个具备概率转换功能的网络层堆叠起来，从而最终构成深度标准化流模型。为了描述标准化流模型单层网络实现的功能，我们从一维分布的转换开始学习。稍后，在第 6.3.5 节，我们将把一维问题的结果推广到更高维度中。在标准化流模型的编程实现中，我们主要使用 TFP 工具箱的 bijector 程序包，请参见代码清单 6.3 中的示例。所有 TFP 工具箱中的 bijector 类函数均是双射变换函数，它们应用变量变换技术来正确地变换概率分布。

让我们从简单情况开始，由简入繁。假设 z 是 0 到 2 之间均匀分布的随机变量，对 z 进行变量变换 $x = g(z) = z^2$，然后分析 x 的概率分布。在本节中，我们将其称为简单示例。在 z 的取值范围内，函数 $g^{-1}(x) = \sqrt{x}$ 满足 $g^{-1}(g(x)) = \sqrt{z^2} = z$，即变换函数满足双射性要求。顺便补充一下，如果假设 z 在 -1 到 1 上服从均匀分布(要求取值满足非负性)，将会不成立。但是现在，如果 z 为 0 到 2 之间服从均匀分布的随机变量，$x = g(z) = z^2$ 的分布会是怎样的呢？看看你能否先找出答案。

统计学中通常采用仿真方法对假设结论进行检验。对于上述概率变换，首先在 0 到 2 范围内，仿真产生 100000 个服从均匀分布的样本点，可以直接使用 tdf.Uniform(0,2).sample(100000)产生。然后对仿真产生的 100000 个样本点取平方，最后绘制直方图(plt.hist)，观察其概率分布情况。具体实现代码在下述的 notebook 文件中，可以先自己尝试一下，看看能否独立完成。

实操时间   打开网站 http://mng.bz/xWVW 中的 notebook 程序文件，文件中包含变量变换方法中 TFP.bijectors 的随附练习代码。阅读本节内容的同时，按步骤逐步运行代码。

得到的结果可能与你的第一直觉有些不同。让我们看一下，通过对均匀分布随机变量应用平方变换会得到什么结果。图 6.9 展示出了相应的变换结果，其中平方变换函数由粗实曲线表示，横轴上面绘制了 0 到 2 之间的 100 个均匀分布样本，由刻度线表示，相应的分布直方图如图上方所示。对每个均匀分布样本(刻度线)进行平方，

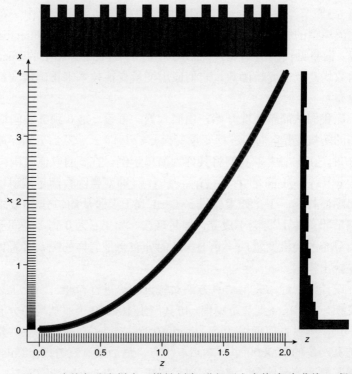

图 6.9   对 100 个均匀分布样本 z(横轴刻度)进行平方变换(粗实曲线)，得到变换后的 100 个复杂分布样本 x(纵轴刻度)。曲线上方和右侧的直方图分别表示 z 和 x 的随机变量分布

其结果可以由下列方法得出：从横轴样本刻度线垂直向上移动到平方变换函数曲线，在其相交点的位置向左水平移动，到达纵轴，在纵轴相应位置绘制刻度，就得到转换后的值。如果对所有简单分布样本 z 执行上述操作，则会得到转换后的所有样本，表示为纵轴上的所有刻度线，其分布直方图如图右侧所示。可以看出，0 附近区域的刻度线比 4 附近区域的刻度线更密集。通过上述分析可以明显看出，在变换函数曲线平坦区域，变换函数把附近样本压缩在一起，即提高了单位区域内的概率分布密度，在变换函数曲线陡峭区域，变换函数对附近样本进行分散，即降低了单位区域内的概率分布密度。

通过上述分析，可知具有恒定陡度和不同偏移量的线性函数不会改变概率分布的形状，只会改变分布样本值的大小。因此，要实现从简单分布到复杂分布的变换，需要非线性变换函数。

为确保变换函数 g 满足双射性要求，其必须是单调函数[1]，这是它的另一个重要属性。这意味着变换后样本将会保持原有顺序，不会跳前或跳后。对于单调递增变换函数，变换前样本 $z_1 < z_2$，变换后样本一定满足 $x_1 < x_2$，如图 6.9 中单调递增变换所示。对于单调递减变换函数，变换前样本 $z_1 < z_2$，变换后样本一定满足 $x_1 > x_2$。根据该属性还可以进一步得出，z_1 和 z_2 之间的样本数始终与 $x_1 = g(z_1)$ 和 $x_2 = g(z_2)$ 之间的样本数相同。

对于标准化流，需要一个公式来描述这个变换。对于我们已经建立的简单转换模型，接下来要做最后一步，从样本与直方图到概率密度。变换函数能保持变换后间隔内的样本数不变，进而也能保持变换后间隔内的概率大小不变，如图 6.10 所示。严格来说(在本书中对问题的考虑并不严谨)，$p_z(z)$ 表示一个概率密度，而所有概率密度都是经过归一化处理的，即概率密度曲线下的面积为 1。当使用变换从一种分布转换到另一种分布时，概率归一化应保持不变，而这也是标准化流名称的由来。变换过程中概率没有损失，类似于

---

1 更准确地说，它需要严格单调。

质量守恒定律。而且，概率不变特性不仅适用于密度曲线下的整个区域，还适用于更小的区域。

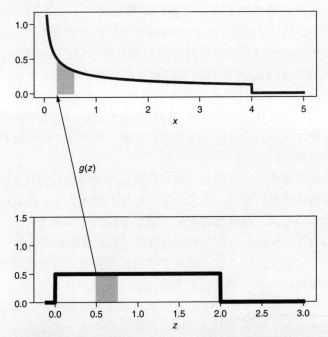

图 6.10　理解转换过程。面积 $p_z(z)|dz| = p_x(x)|dx|$ (图中阴影区域)需要保持不变。该过程的动画版本可从网站 https://youtu.be/fJ8YL2MaFHw 上查看。请注意，严格来说，dz 和 dx 应该是无穷小量

　　为由概率密度 $p_x(x)$ 得到 x 相近值的实际概率，需要计算 x 附近 dx 长度区间内，概率密度曲线 $p_x(x)$ 下面的面积，对于无穷小量 dx，可以直接用 $p_x(x)$ 乘以 dx 得到相应概率 $p_x(x)dx$。对于 z 也是如此，$p_z(z)dz$ 表示转换前相应概率，而这两个概率必须相同。图 6.10 形象地表示了该转换过程，图中曲线下的阴影区域是相同的。

　　由此得到以下公式：[1]

---

　　[1]　$|dz|$ 和 $|dx|$ 取绝对值是因为 dz 和 dx 可能为负值。

$$p_z(z) \cdot |\mathrm{d}z| = p_x(x) \cdot |\mathrm{d}x|$$

上述公式确保在变换过程中不会损失任何概率(类似质量守恒)。进一步对公式进行变换,可得

$$p_x(x) = p_z(z) \cdot \left| \frac{\mathrm{d}z}{\mathrm{d}x} \right|$$

$$p_x(x) = p_z(z) \cdot \left| \frac{\mathrm{d}x}{\mathrm{d}z} \right|^{-1}$$

上面将分子 $\mathrm{d}z$ 和分母 $\mathrm{d}x$ 进行了交换,有严格的数学依据证明这是可行的。

$$p_x(x) = p_z(z) \cdot \mathrm{d} \left| \frac{\mathrm{d}g(z)}{\mathrm{d}z} \right|^{-1} \quad \text{其中} \quad x = g(z)$$

$$p_x(x) = p_z(z) \cdot |g'(z)|^{-1}$$

$$p_x(x) = p_z(g^{-1}(x)) \cdot |g'(g^{-1}(x))|^{-1} \quad \text{其中} \quad z = g^{-1}(x) \qquad \text{式(6-2)}$$

公式 6-2 非常有名,被称为变量代换公式,直接决定了变换后变量 $x = g(z)$ 的概率密度 p_x。求解好导数 $\dfrac{\mathrm{d}g(z)}{\mathrm{d}z}$ 和逆变换函数后,代入公式 6-2 可直接求出 $p_x(x)$。$\left| \dfrac{\mathrm{d}z}{\mathrm{d}x} \right|$ 表示从 z 变换到 x 时,区间长度的变化,变换前如图 6.10 横轴间隔长度所示,变换后如图 6.10 纵轴间隔长度所示。该长度变化比例可确保图 6.10 阴影区域保持不变。长度变化比例绝对值符号主要是用来涵盖转换函数递减的情况,此种情况下,$\dfrac{\mathrm{d}z}{\mathrm{d}x}$ 为负数。而从 x 变换到 z,长度则按相反的方向变化:

$$\left|\frac{dz}{dx}\right| = 1 / \left|\frac{dx}{dz}\right|$$

让我们花点时间回顾一下目前为止所学到的知识。如果我们有一个从 z 到 x 的可逆变换函数 $g(z)$ 和从 x 到 z 的逆函数 $g^{-1}(x)$，则公式 6-2 说明了变换后概率分布是如何变化的。再得到变换函数 $g(z)$、导数 $g'(z)$ 和 $g^{-1}(x)$ 后，就可以应用标准化流法了。下一节将会学习如何获得流操作 g 和 g^{-1}。首先将这个公式应用到简单示例当中，看看如何使用 TFP 工具箱中的 bijector 类函数妥善地完成变换操作。

在简单示例中，假设 z 在 0 到 2 之间服从均匀分布，$p_z(z) = \frac{1}{2}$，分布满足归一化要求。让我们对该示例进行数学运算，其中 $x = g(z) = z^2$。根据 $z = g^{-1}(x) = \sqrt{x}$ 和 $g'(g^{-1}(x)) = 2 \cdot g^{-1}(x)$，公式 6-2 可写作：

$$p_x(x) = p_z(g^{-1}(x)) \cdot \left|g'(g^{-1}(x))\right|^{-1}$$

$$p_x(x) = \frac{1}{2}\left|2 \cdot \sqrt{x}\right|^{-1} = \frac{1}{4 \cdot \sqrt{x}}$$

如图 6.11 所示，公式推导结果与仿真结果相一致。

事实证明，TFP 工具箱可以很好地支持变量代换操作。变量代换的核心是一个双射变换函数 g。我们在前面已经介绍过了，tfp.bijector 工具包中均是双射变换函数，提供了多种变换函数。让我们首先简单了解一下 TFP 工具箱中的一个 bijector 变换函数(请参见下述代码清单和网站 http://mng.bz/xWVW 上随附的 notebook 文件)。

代码清单 6.3   首个 bijector 函数

```
tfb = tfp.bijectors          ← 这是一个简单的双射函
g = tfb.Square()             ← 数，从 z 变换为 z²
g.forward(2.0)    ←── 得到值为 4
g.inverse(4.0)    ←── 得到值为 2
```

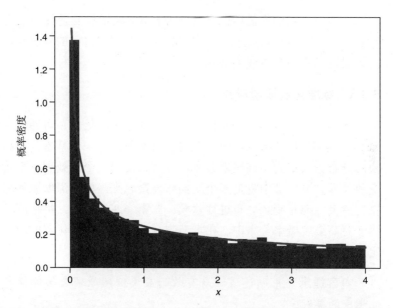

图 6.11 变量代换仿真结果(直方图)与公式 6-2 解析推导结果(曲实线)比较,其中 z 服从均匀分布,变换函数为 $x = z^2$

在上面代码清单中,双射函数 g 可实现一种概率分布向另一种概率分布的变换。第一种分布(通常是简单分布)称为基本分布或源分布,在该分布上应用双射函数 g,所得的分布称为变换分布或目标分布。代码清单 6.4 说明如何利用 TFP 工具箱实现本节简单示例。

代码清单 6.4 TFP 简单示例

双射函数;这里具体是一个平方函数
```
g = tfb.Square()
db = tfd.Uniform(0.0,2.0)
mydist = tfd.TransformedDistribution(
    distribution=db, bijector=g)

xs = np.linspace(0.001, 5,1000)
px = mydist.prob(xs)
```

基本分布。这里是一个均匀分布

将基本分布和双射函数进行组合,得到一个新分布

变换后分布(TransformedDistribution)具有与常用分布函数相同的功能

请注意，我们不需要自己实现公式 6-2 所示的变量代换公式。TFP 工具箱在后台自动进行了实现！如果要创建自己的双射函数，则需要自己实现变量代换公式。

6.3.3　标准化流模型拟合

本节将学习标准化流建模复杂分布的第一步处理，可通过使用 TFP 工具箱中的 bijector 函数很容易地实现，这一节基本分布和变换后分布仍限定为一维概率分布，并且只使用一个流处理 g 来实现变换处理。下一节中将把多个流操作连接起来，构建深度流处理，以便更灵活地对复杂分布进行建模。在第 6.3.5 节中，将把流模型用于更高维度概率分布中。在本节中，将学习由参数化双射函数 g 定义给出的流处理。

内容提示　可以通过古老有效的最大似然原理来估计确定流处理中的参数。

如何通过标准化流对概率分布进行建模？如果数据 x 具有复杂的未知分布 $p_x(x)$，则采用双射变换函数 g，将变量 z 转换为简单的基础分布 $x = g(z)$，最终得到符合复杂分布 $p_x(x)$ 的随机变量 x。如果已知要使用哪种变换函数 g，就可以运用 6.3.2 节学到的方法，直接进行建模。进而，每个样本 x 的可能性 $p_x(x)$ 可根据公式 $p_x(x_i) = p_z(g^{-1}(x_i)) \cdot \left| g'(g^{-1}(x_i)) \right|^{-1}$，由变换前样本的可能性给出。但是，如何知道采用哪个双射变换函数 g 呢？

第一种解决方案是，向经验丰富的老统计学家们请教。他们将启动 EMACS 编辑器。首先第一步，采用高斯等简单模型对训练样本数据进行拟合。当然，高斯分布无法对复杂分布进行描述和表达。此时，经验丰富的统计学家会仔细观察模型和数据之间的差异，并根据差异做一些神奇的调整与改变，但是其中的具体细节没有人能够了解。然后，他们含糊地说，"孩子，对你的数据应用对数变换，

然后就可以用高斯分布拟合你的数据了。"因此,你将使用 tfb.Exp()
实现一个流操作。但在继续阅读之前,请先思考一下这里为什么要
使用指数函数对数据进行变换。

答案是统计学家提供了从复杂分布变换到简单高斯分布的转换
方法,$z = g^{-1}(x) = \log(x)$。因此,按照从简单基本分布到复杂变换
分布的转换方向,相应流操作函数由对数函数的逆函数给出,即指
数变换函数 $x = g(z) = \exp(z)$。

第二种解决方案是,你意识到我们生活在 21 世纪,具备充足的
计算机能力,可以以数据驱动的方式找到双射变换函数 g,该变换
可将符合简单基本分布 $p_z(z)$ 的随机变量 z 变换为要得到的变量
$x = g(z)$,其中简单基本分布已知。在已知流操作前提下,根据 $p_x(x) =$
$p_z(z) \cdot \left| g'(z) \right|^{-1} = p_z(g^{-1}(x)) \cdot \left| g(g^{-1}(x)) \right|^{-1}$(参见公式 6-2),双射变换函
数 g 可以计算确定复杂分布。

数据驱动方法的关键是构建一个表达能力强、足够灵活、具备
可学习参数 θ、可调节的双射变换函数 g。那么如何确定这些参数的
值呢?常用的方法是使用最大似然方法。具体思路为:对于已有的
训练数据 x_i,通过公式 $p_x(x_i) = p_z(g^{-1}(x_i)) \cdot \left| g'(g^{-1}(x_i)) \right|^{-1}$,计算训练
样本 i 的可能性;然后按照公式 $\prod_{i=1}^{n} p_x(x_i)$,通过将所有单个可能性
贡献相乘计算所有样本的联合似然性;最后,通过最小化训练集负
对数似然值 $\sum_{i=1}^{n} \log(p_x(x_i))$,来计算确定参数的值。

让我们从一个非常简单的例子开始。第一个可学习流是线性函
数,$g(x) = a \cdot z + b$,只涉及 a 和 b 两个参数。在代码清单 6.5 中,
可以看到使用了一个仿射双射函数。简单来说,一个仿射函数
$g(x) = a \cdot z + b$ 可由一个线性函数 $g(x) = a \cdot z$ 加上一个偏移量 b 构
成。在本书中,我们的表述会稍微灵活些,没有那么严谨,当说"线
性"的时候,实际上指的是"仿射"。当然,对于这样一个简单的流

操作，不可能实现太多变换，做太多花哨的事情。

在图 6.9 的讨论中，我们已经指出，使用线性变换函数不会改变概率分布的形状。现在我们要学习实现从 $z \sim N(0,1)$ 向 $x \sim N(5,0.2)$ 转换的变换函数。因为两个概率分布都是钟形的，所以可以利用(仿射)线性变换实现它们之间的变换。以下代码清单显示了完整的代码，它也随附在 notebook 文件中。

代码清单 6.5 TFP 简单示例

```
a = tf.Variable(1.0)      │定义变量                使用由两个变量定义
b = tf.Variable(0.0)      │                       的仿射变换构建流
bijector = tfb.AffineScalar(shift=a, scale=b)  ◄
dist = tfd.TransformedDistribution(distribution=
        tfd.Normal(loc=0,scale=1),bijector=bijector)

optimizer = tf.keras.optimizers.Adam(learning_rate=0.1)

for i in range(1000):
    with tf.GradientTape() as tape:
                                          样本负对数似然值
        loss = -tf.reduce_mean(dist.log_prob(X))  ◄
        gradients = tape.gradient(loss,  ◄── 计算可训练变量的梯度
                    dist.trainable_variables)
    optimizer.apply_gradients(
        zip(gradients, dist.trainable_variables))  ◄
                                          将梯度用于更新变量
```

经过多个周期的训练，最终得到参数估计为 $a \approx 0.2$ 和 $b \approx 5$，通过它们可实现 $N(0,1)$ 分布随机变量向 $N(5,0.2)$ 分布随机变量的变换(有关结果，请参阅网站 http://mng.bz/xWVW 上的 notebook 文件)。当然，此类(仿射)线性变换太简单了，无法将高斯分布变换成更复杂的分布。

6.3.4 链接流以实现深度变换

从 6.3.3 节可知，线性流只能移动和拉伸基础分布，不能改变

分布的形状。因此，对高斯分布进行线性变换，虽然分布参数发生了改变，但结果仍然是一个高斯分布。在本节中，将学习一种对复杂目标分布建模的方法，该目标分布形状与基础分布相比有很大的不同。基于此，可对现实世界中的复杂分布进行建模，例如老实泉喷泉相邻两次喷发之间的等待时间。并且，你会发现使用 TFP 工具箱很容易实现上述建模。

如何搭建可以改变分布形状的流处理呢？记住深度学习的傻瓜规则——堆叠更多层(如第 2.1.2 节所述)。还要记住在神经网络各层之间，要使用非线性激活函数。否则，多个线性层的深层堆栈可以直接用一个线性层代替。对于标准化流，这个规则表示不要只使用一个流操作，而要使用一系列流操作，此外两个流操作之间的非线性也很重要，稍后会讲到这一点。从 z 开始，沿着变换链，经 k 次变换到 x：$z = z_0 \rightarrow z_1 \rightarrow z_2 \cdots \rightarrow z_k = x$。图 6.12 展示了这种连续转换。

让我们以 $z_0 \rightarrow z_1 \rightarrow z_2$ 两个变换链为例来理解通用链变换公式。已知概率分布 $p_{z_0}(z_0)$，但是如何确定概率分布 $p_{z_2}(z_2)$ 呢？让我们逐步进行变换，并在每步中使用变量代换公式实现变换(请参见公式 6-2)。

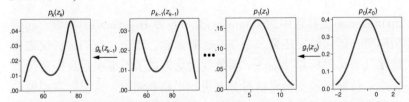

图 6.12 多个简单变换构成的变换链，为建模复杂分布所需的复杂变换提供了可能。从右向左，从标准高斯分布 $z_0 \sim N(0,1)$ 开始，如右图，通过一系列连续变换，最终变为具有双峰形状的复杂分布，如左图

首先确定概率分布 $p_{z_1}(z_1)$。根据变换函数 $z_1 = g_1(z_0)$，通过变换 z_0，得到 z_1。要使用变量代换公式，需要确定导数 g_1' 和逆函数 g_1^{-1}，然后根据公式 6-2，可计算得到 z_1 分布为 $p_{z_1}(z_1) = p_{z_0}(z_0) \cdot \left| g_1'(z_0) \right|^{-1}$。按照上述步骤操作，根据 $p_{z_2}(z_2) = p_{z_1}(z_1) \cdot \left| g_2'(z_1) \right|^{-1}$，可计算确定转换变

量 z_2 的概率密度 p_{z_2}。代入 $p_{z_1}(z_1)$ 表达式 $p_{z_1}(z_1) = p_{z_0}(z_0) \cdot \left| g_1'(z_0) \right|^{-1}$，可得链式流变换后概率密度为：

$$p_{z_2}(z_2) = p_{z_0}(z_0) \cdot \left| g_1'(z_0) \right|^{-1} \cdot \left| g_2'(z_1) \right|^{-1}$$

通常，处理对数概率比直接处理概率更方便。对上述公式取对数，利用对数规则 $\log(a^p) = p \cdot \log(a)$，在上式中 $a = g_i'(z_i)$，$p = -1$，可得出以下公式：

$$\log(p_{z_2}(z_2)) = \log(p_{z_0}(z_0)) - \log\left(\left| g_1'(z_0) \right| \right) - \log\left(\left| g_2'(z_1) \right| \right)$$

对于一个完整的链式流，其中 $x = z_k$，该公式可推广为：

$$\log(p_x(x)) = p_{z_0}(z_0) - \sum_{i=1}^{k} \log\left(\left| \frac{\mathrm{d}g_i(z_{i-1})}{\mathrm{d}z_{i-1}} \right| \right)$$

要计算概率 $p_x(x)$，只需要反向按照图 6.12 中的链 $x = z_k \rightarrow z_{k-1} \rightarrow \cdots \rightarrow z_0$，从后向前回溯计算变换前变量，然后计算对数项 $-\log\left(\left| g_i'(z_{i-1}) \right| \right)$，并对各对数项求和即可。可以利用 TFP 工具箱构建上述链式流。

利用 TFP 工具箱可以非常方便地创建双射函数链，只需将 tfp.bijectors 工具包中的 Chain(bs) 类与各种 Bijectors(bs) 函数一起使用即可，返回结果还是一个 bijector 函数。那么，我们是否仅需要链接几个仿射标量 bijector 函数就大功告成了？事实是我们还没有完成，仿射标量变换只能对分布进行平移和缩放。这很容易理解，在图 6.9 中仿射变换就是一条直线，无法更改分布的形状。

如果要更改概率分布的形状，该怎么做呢？可以在堆叠的线性流之间引入一些非线性 bijector 函数，或者直接使用非线性 bijector 函数代替线性 bijector 函数。让我们采用第一种方式进行实现。

首先需要选择一个具有可调参数的非线性变换函数，然后通过最大似然方法找到该函数的参数值。有许多可用的 bijector 函数能够实现这一点，请参阅网站 http://mng.bz/AApz 上的内容，但许多 bijector 函数没有参数(如 softplus 函数)，或者对 z 或 x 的取值范围有限制。SinhArcsinh 函数是其中的一个典型变换函数,虽然名称很复杂,但很有应用前景。它有偏斜度和尾重两个参数,并且如果尾重大于 0,该函数对 x 和 z 没有任何约束。图 6.13 显示了不同参数下的 SinhArcsinh 函数,其中如果尾重=1 且偏斜度=1,那么它看起来是非线性的,并且无需约束 x 和 y 的取值范围。因此,可以使用它来拟合老实泉的数据(请参见代码清单 6.6)。请注意,SinhArcsinh并不是唯一选择,在 TFP 工具包中还有其他满足要求的双射函数。

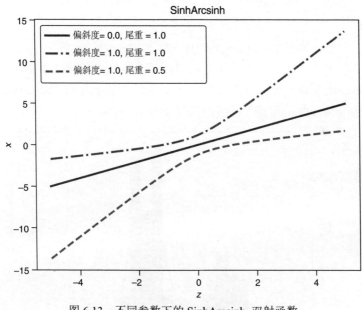

图 6.13 不同参数下的 SinhArcsinh 双射函数

让我们构造一个链,在 AffineScalar 变换函数之间添加SinhArcsinh 变换函数。可由代码清单 6.6 中的代码实现。

代码清单 6.6 TFP 中构建老实泉变换函数简单示例

```
num_bijectors = 5 ←——— 层数
bs=[]
for i in range(num_bijectors):
```

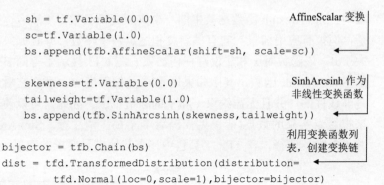

```
sh = tf.Variable(0.0)                        AffineScalar 变换
sc=tf.Variable(1.0)
bs.append(tfb.AffineScalar(shift=sh, scale=sc))

skewness=tf.Variable(0.0)                     SinhArcsinh 作为
tailweight=tf.Variable(1.0)                   非线性变换函数
bs.append(tfb.SinhArcsinh(skewness,tailweight))

bijector = tfb.Chain(bs)                      利用变换函数列
dist = tfd.TransformedDistribution(distribution=   表，创建变换链
        tfd.Normal(loc=0,scale=1),bijector=bijector)
```

请参阅网站 http://mng.bz/xWVW 上的 notebook 文件，以了解用
于建模老实泉相邻两次喷发等待时间的变换链，最终结果如图 6.14
所示。顺便说一下，从图 6.12 可知，从标准正态分布 $N(0,1)$ 到描述
老实泉相邻两次喷发等待时间的复杂分布，需要经过多个变换步骤。

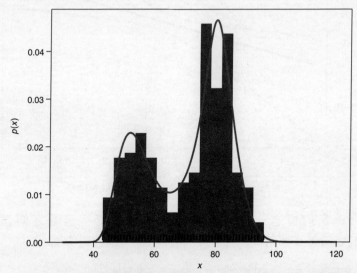

图 6.14   老实泉相邻两次喷发等待时间的直方图(竖条)和拟合得到的概率密度
　　　　分布(实线)。直方图表明该分布是一个复杂分布，与高斯分布等简单
　　　　分布差异较大。五层流模型可以很好地捕获数据的特征(实线)

到目前为止，我们已经在一维空间中和一维数据上学习应用了标准化流方法,但这种方法是否也适用于高维数据呢？想象一下标准化流对高维数据的应用，例如对于尺寸为 $256 \times 256 \times 3$(高×宽×通道数)的图像数据。当然，我们对学习拟合这些图像数据的概率分布非常感兴趣，了解之后就可以从中进行采样。事实上，标准化流方法同样适用于更高维度，唯一的区别是，变换函数具有与数据一样的维度数，不再是一维函数。

在接下来的两节中，我们将标准化流方法扩展到更高维度。如果你对方法应用比对数学推导更感兴趣，则可以跳过这些部分，直接转到第 6.3.7 节。但是，如果你想了解更多详细信息，请继续阅读！

6.3.5 高维空间变换*

让我们制定一个任务，对图像等高维空间数据概率分布建模，以便使用流方法对其进行拟合。首先对图像数据进行展平处理。处理后，每个图像可以得到具有196 608 个元素的向量 x，生成的向量位于一个高维空间内，空间维度为 196 608，但 x 向量的概率分布 $p_x(x)$是未知的，这种情况可能很复杂。那么如何对 $p_x(x)$进行拟合表达呢？可以建立一个服从简单基础分布 $p_z(z)$的随机变量 z，如高斯分布。此时，$p_x(x)$拟合任务变为找到一个变换函数 $g(z)$，以把向量 z 变换成向量 x，并且 $g(z)$必须是双射变换，因此 x 和 z 的向量维数必须是相同的。让我们以三维空间为例，看如何实现变换。此时待处理数据点可表达为 $x = (x_1, x_2, x_3)$ 和 $z = (z_1, z_2, z_3)$，变换函数可表达为：

$$g(z) = \begin{pmatrix} g_1 = (z_1, z_2, z_3) \\ g_2 = (z_1, z_2, z_3) \\ g_3 = (z_1, z_2, z_3) \end{pmatrix}$$

一维流操作的主要公式为

$$p_x(x) = p_z(z) \cdot \left| \frac{dx}{dz} \right|^{-1} = p_z(z) \cdot \left| \frac{dg(z)}{dz} \right|^{-1} \qquad \text{式(6-3)}$$

其中 $\left| \dfrac{dg(z)}{dz} \right|$ 项表示从 z 变换到 x 时长度的变化。在三维空间中，还需要考虑体积变化，而对于四维以上的空间，则需要考虑变换 g 超体积的变化。从现在开始，无论是长度变化，还是面积变化，我们都将其统称为体积。

对于高维数据，公式 6-3 中的标量导数 $\left| \dfrac{dg(z)}{dz} \right|$ 由偏导数矩阵雅可比矩阵替代。为了便于理解雅可比矩阵，我们首先回顾一下什么是偏导数。变换函数 $g = (z_1, z_2, z_3)$ 包含 z_1，z_2，z_3 三个变量，则其关于 z_2 的偏导数可写为 $\dfrac{\partial g = (z_1, z_2, z_3)}{\partial z_2}$。举个简单的例子，假设 $g = (z_1, z_2, z_3) = 42 \cdot z_2 + \sinh(\exp(z_1 / z_3))$，$\dfrac{\partial g = (z_1, z_2, z_3)}{\partial z_2}$ 的结果是多少呢？你很幸运，答案是 42。这个问题很简单，但关于 z_1 和 z_3 的偏导数会比这复杂得多。不同于 z_2 的偏导数只返回一个标量结果，由于 x 和 z 的向量维数一致，需要考虑 g 返回一个向量的情况，该向量包含三个元素。如果需要列举一个具体例子，可以把函数 g 考虑为具有三个输入神经元和三个输出神经元的全连接神经网络 (fcNN)。对于此示例，其雅可比矩阵为：

$$\frac{\partial g(z)}{\partial z} = \begin{pmatrix} \dfrac{\partial g_1 = (z_1, z_2, z_3)}{\partial z_1} & \dfrac{\partial g_1 = (z_1, z_2, z_3)}{\partial z_2} & \dfrac{\partial g_1 = (z_1, z_2, z_3)}{\partial z_3} \\[3mm] \dfrac{\partial g_2 = (z_1, z_2, z_3)}{\partial z_1} & \dfrac{\partial g_2 = (z_1, z_2, z_3)}{\partial z_2} & \dfrac{\partial g_2 = (z_1, z_2, z_3)}{\partial z_3} \\[3mm] \dfrac{\partial g_3 = (z_1, z_2, z_3)}{\partial z_1} & \dfrac{\partial g_3 = (z_1, z_2, z_3)}{\partial z_2} & \dfrac{\partial g_3 = (z_1, z_2, z_3)}{\partial z_3} \end{pmatrix}$$

在一维情况下，变量代换公式6-3需要确定导数$|dg(z)/dz|$的绝对值。在高维情况下，需要用雅可比矩阵的行列式绝对值来代替。最终，可得高维数据变量代换公式为：

$$p_x(x) = p_z(z) \cdot \left| \det\left(\frac{\partial g(z)}{\partial z} \right) \right|^{-1} \qquad \text{式(6-4)}$$

如果你不知道什么是行列式，或者忘记了，不必担心。你唯一需要知道的是，对于一个如公式6-5所示的三角形矩阵，其行列式可由对角元素的乘积计算得到。当然，如果下三角矩阵的一些(或全部)非对角元素也为0，该计算方法依然成立。总而言之，你不需要自己计算行列式。

TFP工具箱中的每个bijector函数都可以实现log_det_jacobian(z)方法，然后就可以按照前面描述的方法，计算流或链式流处理后结果。但在计算过程中，行列式的计算非常耗时。不过有一个很好的技巧可以加快计算速度，即如果矩阵是所谓的三角矩阵，那么行列式的值就是对角元素的乘积。如何在雅可比矩阵中得到0值呢？如果函数g_k与变量z_i不相关，那么函数g_k关于变量z_i的偏导数就为0。如果我们构建一系列特定流操作，其中函数$g_1 = (z_1, z_2, z_3)$与变量z_2, z_3无关，函数$g_2 = (z_1, z_2, z_3)$与变量z_3无关，那么其雅可比矩阵为：

$$\frac{\partial g(z)}{\partial z} = \begin{pmatrix} \dfrac{\partial g_1(z)}{\partial z_1} & 0 & 0 \\[2mm] \dfrac{\partial g_2(z)}{\partial z_1} & \dfrac{\partial g_2(z)}{\partial z_2} & 0 \\[2mm] \dfrac{\partial g_3(z)}{\partial z_1} & \dfrac{\partial g_3(z)}{\partial z_2} & \dfrac{\partial g_3(z)}{\partial z_3} \end{pmatrix} \qquad \text{式(6-5)}$$

该矩阵是一个三角矩阵，因此，可以通过计算对角元素的乘积得到行列式值。三角雅可比矩阵的一个很好的特性是不需要计算非

对角线项(公式6-5中以灰色显示),即可确定行列式的值。如公式 6-4 所示,这些非对角线项仅在第一个项 $p_z(z) = p_z(g^{-1}(x))$ 中起作用,在第二个项 $\left| \det\left(\dfrac{\partial g(z)}{\partial z} \right) \right|^{-1}$ 中则不起作用。为了对复杂分布进行建模,可能需要在很多非对角线位置采用复杂函数。幸运的是,即使这些表达式很复杂,也根本不是问题,因为不必计算它们的导数。想要得到这样一个好的三角雅可比矩阵,只需保证 $j > i$ 时, $g_i(z)$ 与 z_j 无关。

我们已经了解到,具备三角雅可比矩阵的双射函数很容易处理。但是,这些变换是否也可以灵活地对各种复杂分布进行建模呢?幸运的是,答案是肯定的! Bogachev 及其同事在 2005 年已证明:对于任何 D 维分布对(关于 x 的复杂分布和关于 z 的简单基础分布),都可以找到合适的三角双射函数,将一个分布转换为另一个分布。

6.3.6　流操作的网络实现

现在,将神经网络和标准化流相结合,构建强大的复杂分布建模能力。其核心思想是使用神经网络对 D 维空间双射函数的各个分量进行建模,双射函数表示为 $g(z) = (g_1(z_1, \cdots z_D)), g_2(z_1, \cdots z_D), \cdots g_D(z_1, \cdots z_D)$,分量为 g_i 。关于如何利用神经网络实现双射函数 g 不同分量 g_i 的建模,上一节的讨论为我们提供了一些指导原则:

(1) 双射函数应该具有三角雅可比矩阵,可确保 $j > i$ 时, g_i 与 z_j 无关,即 $g_i(z_1, z_2 \cdots, z_D) = g_i(z_1, \cdots, z_i)$ 。

(2) 雅可比矩阵的对角元素 $\dfrac{\partial g_i(z_1, \cdots, z_i)}{\partial z_i}$ 应该易于计算。

(3) 对于下三角雅可比矩阵中的非对角线元素,由于不需要对这些函数的偏导数进行求取,因此可以把它们设置得复杂一些。

(4) 转换函数必须是可逆的。

首先聚焦指南的第一条准则,据此构建三角双射函数 $g(z)$ 的各个分量：

$$x_1 = g_1(z_1, z_2, \cdots, z_D) = g_1(z_1)$$

$$x_2 = g_2(z_1, z_2, \cdots, z_D) = g_2(z_1, z_2)$$

$$\cdots \qquad\qquad 式(6\text{-}6)$$

$$x_D = g_D(z_1, z_2, \cdots, z_D) = g_D(z_1 \cdots, z_D)$$

　　下一个问题是，可以使用哪个参数函数来表示 g_i？此时，指南的第二条和第三条准则开始发挥作用，设计 g_i 函数时，应确保雅可比矩阵的对角元素，即偏导数 $\dfrac{\partial g_i(z_1, \cdots, z_i)}{\partial z_i}$，易于计算。由于线性函数的导数很容易计算，因此设定 g_i 关于 z_i 是线性的，即：

$$x_i = g_i(z_1, z_2, \cdots, z_i) = b + a \cdot z_i$$

　　请注意，关于 $z_1, z_2, \cdots, z_{i-1}$ 的 g_i 可以是非线性的。这意味着截距 b 和斜率 a 可能是这些 z 分量的复杂函数，即 $b_i = b_i(z_1, z_2, \cdots, z_{i-1})$ 和 $a_i = a_i(z_1, z_2, \cdots, z_{i-1})$，因此最终可以得到转换函数分量 g_i 的表达式为：

$$x_i = g_i(z_1, z_2, \cdots, z_i) = b_i(z_1, z_2, \cdots, z_{i-1}) + a_i = a_i(z_1, z_2, \cdots, z_{i-1}) \cdot z_i$$

　　由于 $b_i = b_i(z_1, z_2, \cdots, z_{i-1})$ 和 $a_i = a_i(z_1, z_2, \cdots, z_{i-1})$ 是复杂函数，所以可以使用神经网络对它们进行建模表达。众所周知，包含一个以上隐藏层的神经网络具有强大的灵活性，可以对任意函数进行拟合，因此以所提供 z 分量为函数输入，参数 a 和 b 能以复杂的方式构建和 z 分量之间的函数关系。在一维情况下，需要转换函数是单调递增或递减函数以确保双射性。该要求可通过保证转换函数斜率不为 0 来实现。在多维情况下，需要保证的不是斜率，而是雅可比矩阵的行列式不为 0。该要求可通过保证对角线上的所有元素都大于 0 来实现。为此，可以采用第 4 章对正标准差建模时所用技巧进行处理：不直接将神经网络的输出 $\alpha_i(z_1,z_2,\cdots,z_{i-1})$ 作为斜率，而是先通过指数函数对其进行处理，再把处理结果作为输出。按照上述步骤，可得 $a_i = \exp(\alpha_i(z_1,z_2,\cdots,z_{i-1}))$，最终公式 6-6 变为：

$$x_i = g_i(z_1,z_2,\cdots,z_i) = b_i(z_1,z_2,\cdots,z_{i-1}) + \exp(\alpha_i(z_1,z_2,\cdots,z_{i-1})) \cdot z_i$$

式(6-7)

计算雅可比矩阵的行列式很容易，只需计算各分量 g_i 关于 z_i 的偏导数，然后累积相乘即可：

$$\det\left(\frac{\partial g(z)}{\partial z}\right) = \prod_{i=1}^{D} \exp(\alpha_i(z_1,z_2,\cdots,z_{i-1}))$$

该行列式由正值的乘积给出，因此其最终计算结果也是正值。

如前所述，按照公式 6-6 的结构构建转换函数可以高效地实现标准化流模型。在某些文献中，该类模型有时也被称为逆自回归模型(Inverse Autoregressive Models)。"自回归"表示变量 x_i 的回归模型只依赖于同一变量先前的观测值 $x_1,\cdots,x_{j-1}$ 作为输入。由于输出与输入变量相同，只是时间不同，因此名称中含有"自"一词。在第 6.1.1 节中已经学习了解了典型的神经网络自回归模型，如 WaveNet 和 PixelCNN 网络。但如公式 6-6 所示的流模型本身并不是自回归的，因为 $x_i = g_i(z_1,z_2,\cdots,z_i)$ 是由变量 z 的先前(和当前)值决定的，与 x 无关。虽然如此，公式 6-6 所示的流模型与自回归模型之间仍存在某种联系，因而将其命名为逆自回归模型。如果想了解更多详细信息，可以查阅网站 http://mng.bz/Z26P 上的博客文章。

采用全连接神经网络实现逆自回归标准化流模型，需要 D 个不同的网络。按照公式 6-7，每个网络根据不同的输入 $z_1,z_2,\cdots,z_i$ 计算 a_i 和 b_i，其中 $i \in \{1,2,\cdots,D\}$。建立 D 个不同的实现网络将需要更多的参数，此外从 D 个不同网络分别进行采样也会耗费更长的时间。那么能否构建一个单一的网络，把所有的 $z_1,z_2,\cdots,z_D$ 作为输入，同时计算输出所有 a_i 和 b_i 呢？这样就可以一次性计算出所有的

$x_1, x_2, \cdots, x_D$ 值。思考一下，看看能否找到答案？

答案是不能。因为全连接神经网络违背了 $j > i$ 时，g_i 与 z_j 不相关的要求，即无法保证 $g_i(z_1, z_2, \cdots, z_D) = g(z_1, \cdots, z_i)$。因此，通过全连接网络无法得到三角雅可比矩阵。但是还有一个解决方案，有一种被称为自回归网络的特殊网络，该网络隐藏了部分连接，以确保 $j > i$ 时，输出节点 a_i 与输入节点 z_j 不相关。幸运的是，可以通过 TFP 工具箱中的 tfp.bijectors.AutoregressiveNetwork 函数来保证逆自回归特性。在一篇名为 *Masked Autoencoder for Distribution Estimation(MADE)* 的论文中首次描述了该网络(请参阅网站 https://arxiv.org/abs/ 1502.03509)。

下面我们看一看如何在 $D = 4$ 维空间中训练生成自回归网络。在训练阶段，我们把观察到的四维样本 x 转换为四维样本 z，以获得每个观测样本的可能性 $p_x(x) = p_z(z) = p_z(g^{-1}(x))$。为此，首先要利用公式 6-7，此处重述公式如下：

$$x_i = g_i(z_1, z_2, \cdots, z_i) = b_i(z_1, z_2, \cdots, z_{i-1}) + \exp(\alpha_i(z_1, z_2, \cdots, z_{i-1})) \cdot z_i$$

式(6-7)(在此重复)

根据公式 6-7 求解其中 z_i 的值可得：

$$z_1 = x_1$$

$$z_2 = \frac{x_2 - b_2(z_1)}{\exp(\alpha_2(z_1))}$$

$$z_3 = \frac{x_3 - b_3(z_1, z_2)}{\exp(\alpha_3(z_1, z_2))}$$

$$z_4 = \frac{x_4 - b_4(z_1, z_2, z_3)}{\exp(\alpha_4(z_1, z_2, z_3))}$$

可见，上述求解公式是一个顺序过程，由于不能并行进行训练，将导致运算速度非常缓慢。但是在测试阶段，它的速度会非常快。[1]

　　Laurent Dinh 等人在一篇名为 *Density Estimation using Real NVP* 的论文中介绍了一种不同的可逆流构建方法，该论文可在网站 https://arxiv.org/abs/1605.08803 上查阅。在论文中，他们提出了一个称为实值非体积保持流(Real valued non-volume preserving，或简称为 Real NVP 的流)。"非体积保持"表示该方法(如三角流)的雅可比矩阵行列式值不等于1，变换前后的体积会发生变化。与公式 6-6 设计相比，实值非体积保持流的设计要简单得多，如图 6.15 所示。对比图 6.15 和公式 6-6 可以发现，实值非体积保持流模型的架构实质上是三角流模型的简化和稀疏版。对于三角流模型，如果将前 d 个维度变换分量的参数均设置为 $b=0$ 和 $a=0$，并让剩余变换分量的参数 a 和 b 仅取决于 z 的前 d 个分量，那么最终得到的就是实值非体积保持流模型。实值非体积保持流架构虽然不如完整三角流模型那么灵活，但是它可以实现快速计算。

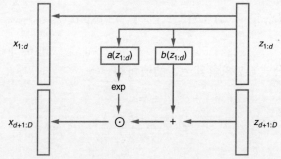

图 6.15　实值非体积保持流模型架构。前 d 个分量，$z_1, z_2, \cdots, z_d$，保持不变，可得 $x_1 = z_1, x_2 = z_2, \cdots, x_d = z_d$。$x$ 的剩余分量 $x_d + 1, \cdots, x$ 仅与 z 的前 d 个分量 $z_1, z_2, \cdots, z_d$ 相关，可得转换函数为 $x_i = g_i(z_1, z_2, \cdots, z_i)$ $= b_i(z_1, z_2, \cdots, z_d) + \exp(\alpha_i(z_1, z_2, \cdots, z_d)) \cdot z_i$，其中 $i = d+1, \cdots, D$，这个乘法运算可以用点乘 $\odot$ 表示

1　实际上，自回归流也是存在的。通过不同权衡，这些网络的训练速度是很快的，但预测速度却很慢。事实上 WaveNet 就是这样一种自回归流。

如图 6.15 和下面示例所示,在实值非体积保持流模型中,前 d 个分量直接从 z 传递到 x,并经神经网络处理,为其余的 x_i(其中 $i = d+1,\cdots,D$)输出 a_i 和 b_i。

构建实值非体积保持流模型时,首先在 1 和问题维数 D 之间选定一个 d 值,其中维数 D 也就是 z 和 x 的维数。为了进一步简化讨论内容,我们直接设定 $D=5$ 和 $d=2$。当然,最终得到的结果同样适用于其他情况。流运算将服从简单分布的 z 转换为服从复杂分布的 x。其中前 d 个分量(此处 $d=2$)直接从 z 传递到 x,请参见公式 6-8 的前两行。同时,这 d 个(此处为两个)分量 z_1 和 z_2 作为神经网络的输入,用于计算 a_i 和 b_i,请参见公式 6-7,得到线性变换 $x_i = b_i + a_i \cdot z_i$ 的斜率 $a_i = \exp(\alpha_i)$ 和位移 b,请参见公式 6-8 中的第 3~5 行,其中 $i \in \{3,4,5\}$。相应的神经网络会有两类输出端,它们都有 $D-d$(这里 $5-2=3$)个节点,一个输出 $b_1(z_1,z_2)$, $b_2(z_1,z_2)$, $b_3(z_1,z_2)$,另一个输出 $a_1(z_1,z_2),a_2(z_1,z_2),a_3(z_1,z_2)$。接下来的三个转换函数是通过神经网络,按照公式 6-8 中的 3~5 行计算确定的。

$$x_1 = g_1(z_1) = z_1$$
$$x_2 = g_2(z_2) = z_2$$
$$x_3 = g_3(z_1,z_2,z_3) = b_3(z_1,z_2) + \exp(\alpha_3(z_1,z_2)) \cdot z_3 \qquad \text{式(6-8)}$$
$$x_4 = g_4(z_1,z_2,z_4) = b_4(z_1,z_2) + \exp(\alpha_4(z_1,z_2)) \cdot z_4$$
$$x_5 = g_5(z_1,z_2,z_5) = b_5(z_1,z_2) + \exp(\alpha_5(z_1,z_2)) \cdot z_5$$

这是我们之前使用过的仿射变换,比例和位移项由神经网络控制,但不同之处是神经网络仅把 z 的前 $d=2$ 个分量作为输入。那么该网络是否满足双射性和三角形的要求?让我们从 x 到 z 反向推导一下。经推导:

$$z_1 = x_1$$
$$z_2 = x_2$$
$$z_3 = \frac{x_3 - \mu_1(z_1,z_2)}{\exp(\alpha_3(z_1,z_2))}$$

$$z_4 = \frac{x_4 - \mu_2(z_1, z_2)}{\exp(\alpha_4(z_1, z_2))}$$

$$z_5 = \frac{x_5 - \mu_3(z_1, z_2)}{\exp(\alpha_5(z_1, z_2))}$$

可见该网络满足双射性要求，并且其雅可比矩阵也具有所需的三角矩阵形式，矩阵中所有列号大于 d 的非对角元素都为 0。对于该网络，只需要计算雅可比矩阵的对角线元素即可确定矩阵的行列式值，这正是标准化流方法所必需的。

$$\frac{\partial g}{\partial z} = \begin{pmatrix} 1 & 0 & 0 & 0 & 0 \\ 0 & 1 & 0 & 0 & 0 \\ \dfrac{\partial g_3}{\partial z_1} & \dfrac{\partial g_3}{\partial z_2} & e^{\alpha_3} & 0 & 0 \\ \dfrac{\partial g_4}{\partial z_1} & \dfrac{\partial g_4}{\partial z_2} & 0 & e^{\alpha_4} & 0 \\ \dfrac{\partial g_5}{\partial z_1} & \dfrac{\partial g_5}{\partial z_2} & 0 & 0 & e^{\alpha_5} \end{pmatrix}$$

在上面公式中，非 0、非对角线元素用灰色显示，这是因为我们在运算过程中并不需要它们。流模型中的这部分实现网络被称为耦合层。

在实值非体积保持流中，保持前 d 个维度不受影响通常不合常理。由于我们想要堆叠更多的层，可以在进入下一层之前对 z 的各个分量重新进行排序，以便在附加层中使用它们。并且这种排序操作是可逆的，其雅可比矩阵行列式值为 1。在 TFP 工具箱中，可以使用 tfb.Permute() 双射函数进行重新排序。代码清单 6.7 显示了相关实现代码，其中我们使用了五对耦合层和排序操作(另请参阅下述 notebook 文件代码)。

实操时间 打开网站 http://mng.bz/RArK,其中 notebook 代码文件演示了如何采用实值非体积保持流建模方法,对玩具数据集上的香蕉形状二维分布进行拟合生成。

● 执行代码并尝试理解

● 调整隐藏层的数量,看看会发生什么

代码清单 6.7 TFP 实值非体积保持流建模简单示例

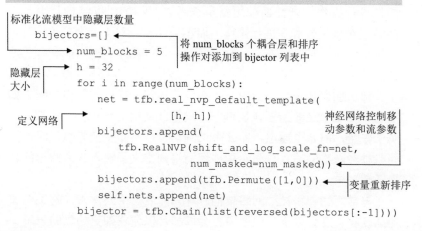

现在,你已经了解了如何使用神经网络构建流模型。其诀窍是保持一切都可逆,同时所构建流模型应确保其雅可比矩阵的行列式能便于快速计算。最后,让我们了解一下 Glow 架构,使用标准化流方法,采样获得一些有趣的逼真人脸图像。

6.3.7 有趣的流模型:人脸图像采样

现在到了有趣的部分。OpenAI 公司在开发标准化流模型方面做了很有价值的工作，他们将其称之为 Glow 模型。你可以用它来创建逼真的人脸图像或者其他的图像。Glow 模型与实值非体积保持流模型相似，但做了一些调整。主要的变化是使用 1×1 卷积取代了排序变换操作。

本节的处理对象是图像数据。在 6.3.5 节之前的示例中，处理的都是一维标量数据。第 6.3.5 节和第 6.3.6 节处理的是 D 维向量数据(z 和 x 都是 D 维的)，但数据仍然是简单的向量。如果想要对图像进行操作，则需要使用张量来考虑它们的二维结构，因此现在必须对张量 x 和 z 进行操作，而不是向量。对于典型彩色图片，张量 x 和 z 的形状为(h, w, d)，分别表示高度(h)、宽度(w)和颜色通道的数量(d)。

那么如何在张量上应用一个实值非体积保持流类似模型呢？如图 6.15 和公式 6-8 所示，回顾一下向量的实值非体积保持流架构。对于张量，前 d 个通道，即 d 个二维切片，不受变换影响，将作为卷积神经网络的输入，而卷积神经网络则定义了输入其余通道的转换函数。

与常规的卷积神经网络架构一样，随着网络的深入，特征图像的高度和宽度会减少，但通道数会增加，以便找到更抽象的表示。但是在标准化流模型中，输入和输出必须具有相同的维度。因此如果高度和宽度减小二分之一，则通道数量应增加 4 倍。

在输出层中，高度和宽度均为 1，而深度则由输入张量形状的乘积 $h \cdot w \cdot d$ 给定。要想了解更多详细信息，请参阅 Kingma 和 Dhariwal 撰写的论文 Glow: Generative Flow with Invertible 1x1 Convolutions，可以在网站 https://arxiv.org/abs/1807.03039 上找到该论文，或在网站 https://github.com/openai/glow 上查看 GitHub 官方库。

最重要的是，将尺寸(h, w, d)(通常为(256,256,3))的图像 x 转换为长度为 $h \cdot w \cdot d$ (通常为 196608)的向量 z，其每个分量都来自独立的高斯分布 $N(0,1)$。同时向量 z 也可以转换为尺寸为(256×256×3)的彩色图像 x。

该网络已经训练了 3 万张名人图片。该训练需要耗费相当长的时间，但幸运的是，可以下载预训练权重。让我们一起操作一下吧。打开以下 notebook 程序文件，在阅读本节内容时逐步运行文件代码。

实操时间　打开网站 http://mng.bz/2XR0，notebook 程序文件中包含了用于下载预训练 Glow 模型权重的代码。强烈推荐使用 Colab 版本，因为其权重约为 1GB。此外，由于权重存储在 TensorFlow 1.0 版本程序包中，因此我们使用 Colab 的 TF 1.0 版本。打开 notebook 文件，该文件包括以下四个部分：

● 随机抽取人脸图像
● 伪造一张人脸图像
● 在两张人脸图像间变换
● 给 Leonardo 画个山羊胡

首先，从人脸图像的生成分布中随机抽取一张人脸图像。可以通过对包含 196608 个独立高斯分布的向量 z 进行采样，然后将其转换为一个向量 $x = g(z)$，它可以通过张量变形表示为一张人脸图像，这种做法通常产生的人脸图像非常不自然。为了避免这种情况，并获得更逼真且自然的人脸图像，一定不要利用标准正态分布 $N(0,1)$ 绘制图像，而应该利用方差较小的高斯分布(如 $N(0,0.7)$)绘制图像，以使其更接近中心，这降低了获得异常人脸图像的风险。

另一个有趣的应用是人脸图像变换。图 6.17 展示了相应结果。从选取第一个图像开始，比如以 Beyoncé 的图像作为 x_1。然后，你可以使用流操作来计算相应的向量 $z_1 = g^{-1}(x_1)$。然后选取第二幅图像，如 Leonardo DiCaprio，同样计算相应的向量 z_2。现在，让我们混合两个向量。取一个介于 0 到 1 之间的权重变量 c，用于表示 DiCaprio 信息占比：当 $c=1$ 时，表示人脸图像为 DiCaprio；当 $c=0$ 时，表示人脸图像为 Beyoncé。在 z 空间中，混合向量由 $z_c = c \cdot z_2 + (1-c)z_1$ 给出。我们可以对 z 进行重新变换，以便对该公

式 进 行 深 入 理 解 。 经 重 新 变 换 ， $z_c = c \cdot z_2 + (1-c)z_1 = z_1 + c(z_2 - z_1) = z_1 + c\Delta$，其中 Δ 表示 z_2 和 z_1 之间的差值。该公式的具体解释如图 6.16 所示。

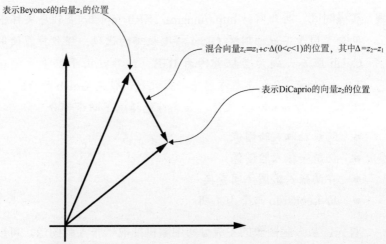

图 6.16   空间 z 中混合向量示意图。注意，z 空间是高维空间，而不是图中所示的二维空间。我们以线性插值方式，从表示 Beyoncé 的向量开始，沿 $\Delta = z_2 - z_1$ 方向，朝着表示 DiCaprio 的向量移动

我们从 $c = 0$ (表示 Beyoncé)开始，沿着 Δ 的方向移动到表示 DiCaprio 的向量。然后使用标准化流 $x_c = g(z_c)$，从 z 空间变换到 x 空间。对于某些 c 值，相应的输出图像 x_c 如图 6.17 所示。

图 6.17   从 Beyoncé 人脸图像到 Leonardo DiCaprio 人脸图像变换。从左往右，分别表示 $c = 0$(100%Beyoncé 原始图像)，$c = 0.25$，$c = 0.5$，$c = 0.75$，$c = 1$(100% DiCaprio 原始图像)时，得到的相应输出混合图像。具体实现过程的动画演示版本可从网站 https://youtu.be/JTtW_nhjIYA 上获取

图 6.17 的优点是,对于所有中间值 x_c,对应的人脸图像看起来都比较逼真。除此之外,在高维空间中还能找到其他有趣的插值变换方向吗?事实证明,答案是肯定的。

CelebA 数据集包含 40 个不同类别的注释,如山羊胡子、大鼻子、双下巴、微笑等。那么,可以用CelebA 数据集来确定山羊胡子方向吗?首先计算所有标记为山羊胡子图像的平均位置,设为 z_1,然后计算所有未标记为山羊胡子图像的平均位置,设为 z_2。最后,z_2 减去 z_1 可得到变化方向 $\Delta = z_2 - z_1$。这个方向 $\Delta = z_2 - z_1$ 是否像我们希望的那样是山羊胡子的变化方向吗?让我们尝试一下,在图像中给 DiCaprio 画个山羊胡子。输出结果如图 6.18 所示。这些方向由 OpenAI 模型计算得出,在 notebook 文件中有它们的相关代码。

图 6.18 给 Leonardo DiCaprio 画个山羊胡。从左向右,分别表示 $c=0$(没有山羊胡子的原始图像), $c=0.25$、$c=0.5$、$c=0.75$、$c=1$ 时,得到的相应输出图像。具体实现过程的动画演示版本可从网站 https://youtu.be/OwMRY9MdCMc 上获取

这很有意思,因为山羊胡的信息在流模型的训练过程中没有被用到。只有在训练发生后,才在潜在空间中发现了山羊胡子的方向。下面尝试理解一下为什么在潜在 z 空间中按照特定方向移动,会相应地在 x 空间中产生有效的图像。看看从 Beyoncé 到 Leonardo DiCaprio 的变形示例,这两个图像实际上就是 196608 维 x 空间中的两个点。为了更好地理解这一点,让我们看一下第 6.3.5 节讨论的二维示例。请再次打开网站 http://mng.bz/RArK 上的 notebook 文件,并向下滚动到 Understanding the Mixture 单元。二维例子中的 z 分布由两个独立高斯分布产生,如图 6.19 的左图所示,而 x 分布看起来

像一个回旋镖，如图 6.19 的右图所示。

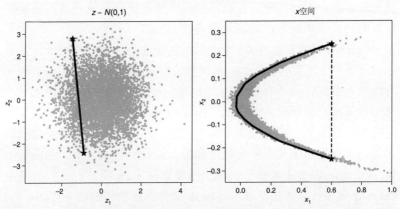

图 6.19　一个复杂二维 x 分布(右图所示)和潜在二维 z 分布(左图所示)示例。训练好的实值非体积保持流把潜在变量 z 转换为观测变量 x。z 空间中的直线对应于 x 空间中的曲线

　　我们从 x 空间中的两个点开始，在高维示例中，这两个点分别表示 Beyoncé 和 DiCaprio，在二维示例中，两个点设定为(0.6, 0.25)和(0.6, -0.25)，在图 6.19 右图中用星号标记。然后使用可逆流计算确定两个设定点在 z 空间中的对应点 z_1 和 z_2，在图 6.19 左图中用星号标记。在 z 空间沿着从 z_1 到 z_2 的直线移动，如图 6.16 所示。由图 6.19 左图可知，z 空间中的直线完全处于分布之中，因此在该直线上移动不会移动到没有训练数据(灰色点)区域。现在，我们将该条直线变换回实际数据空间中，如图 6.19 右图所示，变换后线条现在呈现弯曲形状，并且同样也停留在有数据区域。虽然我们仅在二维空间进行了展示，但在高维空间中也会发生同样的情况，这就是 Beyoncé 图像和 DiCaprio 图像之间所有点看起来都像真实人脸图像的原因。

　　如果把 x 空间中的两点直接连接起来会发生什么呢？如图 6.19 中的虚线所示，我们将离开已知点区域。同样的情况也会发生在高维空间中，从而使产生的图像看起来不像真实图像。那么山羊胡是

怎么产生的呢？同样，在分布区域内，沿着 z 潜在空间的直线方向移动，没有离开样本点分布区域。我们从一个有效的点(DiCaprio)开始，在 z 分布区域内沿着一个特定的方向(比如示例中的山羊胡)移动，期间并不离开 z 分布区域。

6.4 小结

- 真实世界数据建模需要复杂概率分布。
- 对于分类数据，多项式分布具有强大的灵活性，但缺点是参数过多。
- 对于具有许多可能值的离散数据，如计数数据，多项式分布是无效的。
- 简单计数数据适用于泊松分布。
- 对于复杂离散数据，包括计数数据，混合离散逻辑分布已成功应用于实际复杂问题，如 PixelCNN++和并行 WaveNet。
- 标准化流(NF)是对复杂分布进行建模的一种有效方法。
- 标准化流通过转换函数，可基于简单基础分布实现感兴趣的真实世界复杂分布的建模
- 利用神经网络可以实现强大的标准化流。
- 可以使用基于神经网络的标准化流对人脸图像等高维复杂分布进行建模。
- 还可以使用标准化流模型从学习到的分布中进行样本数据采样。
- TFP 工具箱围绕标准化流模型提供了 bijector 软件包。
- 与第 4 章和第 5 章相同，最大似然原理在学习标准化流的过程中起到了关键作用。

第Ⅲ部分

概率深度学习模型的贝叶斯方法

在本书的第Ⅲ部分中，将学习贝叶斯深度学习模型。你会发现，当某些新情况出现时，贝叶斯模型会变得尤为重要。贝叶斯模型是概率模型的一种特殊形式，它增加了额外的不确定性。

在本书的第Ⅱ部分中，你学习了如何设置非贝叶斯概率神经网络模型。这些概率模型可以描述数据固有的不确定性。如果数据存在某些随机性，则始终需要考虑处理数据固有的不确定性，这意味着观测结果不能完全由输入决定。这种不确定性称为偶然不确定性。

但是，事实证明，模型还存在另一种固有的不确定性，这种不确定性称为认知不确定性。会出现认知不确定性是因为不可能绝对准确地估计出模型参数值，因为我们没有无限数量的训练样本。通常情况下，训练数据是有限的，无法涵盖所有可能的情况。例如，一个经过训练的模型可以根据性别、年龄、咖啡消耗量、血液中酒精含量和房间温度来预测一个人的反应时间。假设我们从学生志愿者那里收集了样本数据用于模型训练，然后针对一组学生数据进行模型性能评估，并且取得了很好的效果。现在，如果采用上述模型对医院患者数据进行分析预测，你认为该模型会有用吗？事实上，不一定。但是即便如此，模型仍会得到一些预测值，尽管这些预测可能是完全错误的。在第III部分的最后，将学习如何设计模型，以便对模型不可靠预测进行判断和识别。

第 *7* 章

贝叶斯学习

本章内容：
- 深度学习的致命弱点是外推
- 贝叶斯建模简介
- 模型不确定性概念，即认知不确定性
- 贝叶斯方法是处理参数不确定性的最先进方法

　　本章主要介绍贝叶斯模型。除似然法外，贝叶斯法也是非常重要的建模方法，可对概率模型参数进行拟合，对参数不确定性进行估计。贝叶斯方法可对另一种不确定性进行估计，一般称为认知不确定性。通过本章内容，你将了解到对认知不确定性进行建模，可以获得更好的预测性能，更准确地说，可以对预测结果分布的不确定性进行量化。当预测模型应用于训练过程未曾遇见的新情况、新数据时，认知不确定性会变得尤为重要。在回归分析中，对未曾遇见、全新的数据进行预测，称为外推，与插值对应。

　　在本章中，你将了解到对于模型训练样本较少或模型训练后用于外推问题的情况，传统非贝叶斯模型无法表达不确定性，但是贝叶斯模型可以。因此，对于训练数据很少或实际应用中无法排除训练中不可见问题时，如房间里的大象(请参见本章开头的图)，最佳的解决方案是使用贝叶斯方法。并且，你还将进一步了解到，即使是最先进的深度学习模型，如在 ImageNet 挑战赛中胜出的模型，尽管能对大象的各种类别很好地进行分类，也无法对房间中的大象进行正确分类预测，还会以很高的概率预测出错误的类别。在处理未曾预见的新情况时，非贝叶斯深度学习模型具有无法对不确定性进行传达，进而会产生不可靠预测结果的严重缺陷，而贝叶斯深度学习模型则能够表达不确定性。

　　在本章中，你将学习贝叶斯建模方法，并将其应用于构建简单模型。例如，作为入门级简单示例，采用贝叶斯建模方式，对投掷硬币试验进行建模，并进一步采用贝叶斯建模方法解决线性回归问题。事实证明，像神经网络这样的复杂模型需要采用贝叶斯近似建模方法进行处理，对此将在第 8 章中进行介绍。本章旨在理解贝叶斯建模的原理，但在深入探讨贝叶斯建模方法之前，让我们看看传统非贝叶斯神经网络模型有什么弊端。

7.1　非贝叶斯深度学习的弊端，以房间里的大象为例

　　在本节中，将了解到深度学习模型有时可以(天真而自信地)讲

述一个完全错误的故事。我们列举两个示例，一个是回归问题，一个是分类问题。在这两个示例上，非贝叶斯深度学习都失败了。对于回归问题，列举了一个简单的一维示例，从中你能很容易地理解非贝叶斯深度学习不适用的原因。对于分类问题，列举的示例是常见的图像分类问题，由于比较复杂，理解起来稍微有点困难，但是失败的原理是一样的。

通常，当预测数据与训练数据保持一致时，传统深度学习模型的预测结果具有很高的可靠性，这会在某种程度上给你一种虚假的安全感，从而无视潜在的错误。与此相反，贝叶斯建模有助于对潜在的错误预测进行提示和预警。在详细解释传统神经网络模型缺点之前，让我们首先回顾一下深度学习的成功之道。

让我们回到深度学习尚未取得突破的年代。从 2012 年说起，当时 iPhone 刚诞生 5 年，我们所处的环境是：

- 将文本准确地转换为语音几乎是不可能的。
- 电脑无法准确地识别你的笔迹。
- 开发一个翻译程序需要一个语言学家团队参与其中。
- 机器无法有效解读照片。

图 7.1 展示了两个图片示例，它们可以被 VGG16 网络准确分类。VGG16 网络是 2014 年推出的一个深度学习网络，是最早的深度网络之一，开启了图像分类的深度学习革命。你可以使用下述 notebook 文件中的代码进行分类。

 实操时间　打开网站 http://mng.bz/1zZj，然后按照 notebook 文件上的说明进行操作。它生成了本章所需的图形。尝试理解 notebook 文件中代码含义。

按照深度学习常规程序，至此已经完成了所有的操作，没有其他问题需要解决。然而事实并非如此。深度学习中还存在一个尚未解决的重要挑战，可通过图 7.2 中的左图简单感受一下。这幅图像清楚地展示了某种大象。采用图 7.1 所采用的深度神经网络对图 7.2

进行分类。该网络可对图 7.1 中大象进行了很好的分类，但对图 7.2 中的大象物种图像进行分类识别时，却完全失败了。这表示该深度学习模型无法识别出房间里的大象！

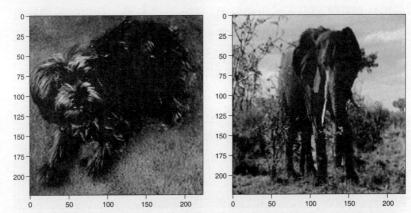

图 7.1   深度学习的成功案例。左图显示的是一只狗，被网络正确归类为猴犬。右图显示的是一头大象，被网络正确归类为长牙象。狗的图像来自网站 http://mng.bz/PABn，大象的图像来自网站 http://mng.bz/JyWV

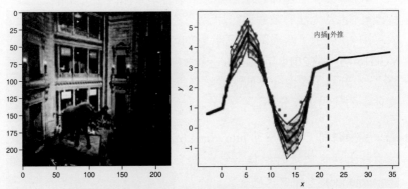

图 7.2   深度学习的失败案例。在 ImageNet 数据集上训练得到的高性能 VGG16 卷积神经网络无法识别出房间里的大象！VGG16 网络得到的排名前五的类别预测分别是马车、购物车、宫殿、有轨电车和贡多拉船，大象类别不在其中。从回归角度来看，该图像实质上是训练集的一个外推，处于左图中垂直虚线的右侧，为无样本数据区域。可见，传统非贝叶斯模型在该区域的不确定性为 0

为什么这个案例中深度学习模型不能发现识别大象呢？这是因为该深度学习模型的训练集中没有类似样本，即没有处于室内的大象照片。这并不奇怪，该模型训练集中的大象图像都是处于自然环境之中，没有出现在室内环境之中。经过训练的深度学习模型预测失败的典型情况是，遇到训练阶段没有出现过的新类别或新情景实例。如果测试数据与训练数据的分布不一致，那么不仅是深度学习模型，传统的机器学习模型也会遇到麻烦。说得有点夸张，但深度学习成功的关键取决于一个大的谎言：

$$P(\text{训练数据})=P(\text{测试数据})=\text{"大的谎言"}$$

条件 $P(\text{训练数据})= P(\text{测试数据})$是模型训练运用的必要前提。然而实际上，训练和测试数据通常不是来自同一分布的。例如，你已经使用旧相机拍摄的图像训练得到了一个图像分类模型，而现在你想要对新相机拍摄的图像进行分类。

训练和测试数据之间没有系统性差异，对这一可疑假设的依赖性通常是深度学习和机器学习的主要弱点。作为人类，我们的学习方式显然与机器不同。一旦孩子们知道了大象的样子，他们就会认出图 7.2 中的大象。那么如何像人类一样进行学习呢？人们对此进行了深入思考和推测。例如，Judea Pearl 指出，实现更智能和更强大的深度学习的关键在于包含因果结构。到目前为止，深度学习仅是利用了样本数据中的统计相关性。但是，如何像人类一样进行学习，目前还没有明确答案。

即使我们只希望深度学习利用样本数据中的统计相关性，我们也会遇到一个严重的问题：网络并没有告诉我们识别房间里的大象存在问题，网络并不知道这是它一无所知的类别或情况。虽然看起来网络只是将一个大象图像的样本类别预测错误，有时甚至以很高的可能性预测错误，但其实这是一个大问题。想象一下自己坐在无人驾驶汽车中，对于网络可能存在的错误，你还会觉得无所谓吗？

从图 7.2 右图可以看出网络无法正确识别的原因。对于样本数据充足的区域，该网络可以完美地对不确定性进行建模。其中不确定性主要是通过方差来度量的，是平均值之外另一个需要预测的变量。在第 5 章中，我们称这种类型的不确定性为偶然不确定性。现在，将重点放在外推区域中的 x 值上。例如，在 $x=20$ 时，预测结果没有散开，并且不确定性趋近于 0，这是没有问题的。但当我们增大 x 值，进入无样本数据区域时，即外推时，问题就出现了。该网络只是将所获取最后一个值的不确定性简单外推到未曾见过的区域。此情此景，可以引用《星际迷航》中的座右铭来形象描述，即"勇踏前人未至之境"。但这或许太大胆了。

类似的，大象问题也可以看作一个外推问题。当只有一个变量 x 时，可以在上面画一条直线，就可以很容易地看出何时离开样本数据区域。对于大象问题，就无法这样简单操作了，现在变量维度为图像像素值大小的平方(宽度为 256 的图像有 65 535 个数值)，而不是一维实值变量，很难看出是否离开样本数据空间范围。但是，这确实是有必要的，再一次想象一下自己坐在自动驾驶汽车里。我们将在第 7.2 节讨论这个问题。

再举一个例子，假设你想利用一笔巨额资金进行投资，你的深度学习模型可以预测出回报丰厚的投资方式。难道你不想知道该深度学习模型对其预测结果分布的确定程度吗？或者，想象一个对医学组织样本进行分类的深度学习系统。对此，相信你也很想知道预测类别概率的确定程度，从而可以进一步让医生更加仔细地观察预测不确定性高的样本。

那么，网络如何告诉我们它所感觉到的不确定性呢？解决方案是引入一种新的不确定性——认知不确定性(Epistemic Uncertainty)。Epistemic 来自于古希腊单词 epistēmē，意为知识。当离开样本数据所在区域时，它可以反映某种程度的不确定性。在实践中，这种不确定性是通过模型参数的不确定性来建模的，因此，有时也称为参数或模型不确定性。在第 7.2 节，我们将讨论一种统计思维方式，名为贝叶斯推理。而贝叶斯推理使我们能够为这种不确定性进行建模。

7.2　初始贝叶斯方法

本节通过一个直观的例子来阐述贝叶斯统计的基本原理，以便了解贝叶斯方法是如何解决认知不确定性的建模难题的。

- 在第 7.2.1 节，我们对标准线性回归模型进行扩展，不再简单地给出一个拟合解，而是对多个可能的拟合解进行整体集成。
- 在第 7.2.2 节，从另一种角度对第 7.2.1 节给出的启发式回归方法进行思考，并用贝叶斯术语对它进行描述，进而引入贝叶斯方法。

7.2.1　贝叶斯模型：黑客式

为了解概率预测模型中认知不确定性的含义，让我们从一个简单的示例开始，以黑客方式拟合贝叶斯模型。如图 7.3 所示，该示例利用四个样本点对概率线性回归模型进行拟合。同时假设样本数据的波动方差是恒定的，即 $\sigma = 3$，则模型可以表示为：

$$p\big(y\big|x,(a,b)\big) = N(y; \mu = a \cdot x + b, \sigma = 3) \qquad \text{式(7-1)}$$

对于同一线性回归问题，图 7.3 给出了两个线性回归结果，分别对应两个不同的参数集(a, b)。

深入观察分析图 7.3，首先聚焦到左列图。左上方的图为最大似然拟合结果。可以利用网站 http://mng.bz/wBrP 中的 notebook 文件，计算得到其似然值为 0.064，最大似然参数估计值为 $a = 2.92$ 和 $b = -1.73$。在其左下方还有第二种拟合结果，对应的参数值为 $a = 1.62$ 和 $b = -1.73$，似然值为 0.056。当只能采用一个 a 和 b 作为拟合结果时，采用最大似然参数估计值绝对是有意义的，即选择左列图中的上半部分。但是，不建议完全忽略其他参数。一种合理的思路是综合考虑其他可能的参数，但又不能一视同仁，不能像信任最优(最大似然)结果那样信任它们，即应该区别对待。

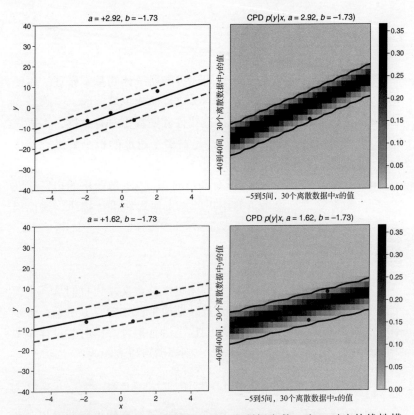

图 7.3 线性回归和数据。左列图表示图上方所标参数 a 和 b 对应的线性模型，图中平均值采用实线表示，2.5%分位线和 97.5%分位线采用虚线表示。右列图表示拟合输出结果的条件预测分布 $p(y|x,(a,b)) = N(y; \mu = a \cdot x + b, \sigma = 3)$，采用不同颜色进行编码表示。其中最上面一行为最大似然估计值 a_{ml} 和 b_{ml}

　　怎样才能很好地衡量参数(a, b)的可信度呢？可以试试采用可能性 $p(D|(a,b))$ 作为参数可信度的衡量。当假设我们的模型参数由值 a 和 b 给出时，其可能性、可信度与观察到数据 D 的概率成正比。因此，可以根据每个模型的可能性，按照不同模型间可能性比例进行加权，其中每个模型由特定参数值 a 和 b 定义。当然，还要对计

算得到的权值进行归一化处理，使它们之和为 1。因此，最终使用归一化可能性 $p_n\big(D|(a,b)\big)$ 作为权重：

$$\sum_a \sum_b p_n\big(D|(a,b)\big) = 1$$

实际操作时，首先计算可能性之和 $\sum_a \sum_b p\big(D(a,b)\big) = 1$，然后对每个模型的可能性 $p\big(D|(a,b)\big)$ 除以可能性之和，得到归一化可能性 $p_n\big(D|(a,b)\big)$。图 7.4 显示了不同模型参数集 (a,b) 对应的归一化可能性。

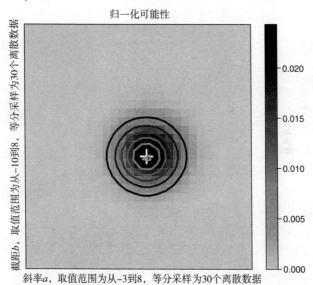

图 7.4　不同模型下观测数据的归一化可能性，其中模型的波动方差参数设置为常量，$\sigma = 3$，斜率 a 和截距 b 由横轴和纵轴坐标定义。对似然值 $p_n\big(D|(a,b)\big)$ 进行归一化，这意味着图中所有像素之和为 1。

实操时间　打开网站 http://mng.bz/wBrP 中的 notebook 文件，其中包含了被我们称为黑客式贝叶斯方法的代码，可生成本节所展示的结果。阅读主要文本时，请逐步运行 notebook 文件中的代码，直到到达解析解之前的 "返回到书中" 符号为止。

现在让我们观察一下图 7.3 中的右列图。我们所关注的预测结果是什么呢？答案是，对于给定的训练样本数据集 D 和输入的 x 值，我们关注不同预测值 y 的可能性，即 $p(y|x,D)$。对于所关注预测值，我们要考虑到所有可能的模型参数值，即 $p(y|x,(a,b))$。图 7.3 的右上图显示了一个最大似然参数集(a,b)示例，右下图显示了另一个不同的参数集(a,b)示例。现在，将成千上万个具有不同 (a,b) 值的预测概率 $p(y|x,(a,b))$ 相加，并用归一化可能性 $p_n(D|(a,b))$ 对它们进行分别加权，以得到给定 x 输入时，y 输出的预测分布，其过程由图 7.5 表示。

图 7.5　等号左侧的图像表示不同的概率回归模型 $p(y|x,(a,b))$，每个模型对应不同的参数集(a,b)，图像左侧因子表示相应模型下观察到训练数据集 D(四个数据点) 的归一化可能性 $p_n(D|(a,b))$。将不同的模型 $p(y|x,(a,b))$ 相加，并用归一化可能性 $p_n(D|(a,b))$ 对它们进行加权，可最终得到贝叶斯预测模型，如等号右侧图所示

上述贝叶斯计算过程，在数学上可以更确切地表述为：

$$p(y|x,D) \approx \sum_a \sum_b p(y|x,(a,b)) \cdot p_n(D|(a,b)) \qquad \text{式(7-2)}$$

上述等式中的求和涵盖了参数 a 和 b 的所有可能值。让我们从一个稍微不同的角度，来重新观察这个公式。模型 $p(y|x,(a,b))$ 由参数 a 和 b 确定，而训练数据仅用于确定特定参数值 a 和 b(给定 $\sigma=3$)的归一化概率。因为 a 和 b 是连续变量，所以实际上可以对

a 和 b 进行积分。但是我们比较草率，仅按照公式 7-2，对 30 个不同的 a 和 b 值进行了粗略计算。代码清单 7.1 提供了与公式相对应的代码，图 7.6 显示了预测分布 $p(y|x, D)$ 的计算结果[1]。

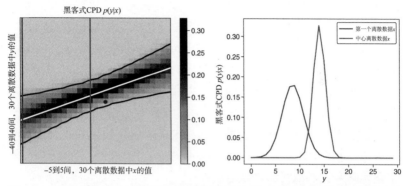

图 7.6　经四个数据点训练后，得到的贝叶斯线性回归预测分布，左图用不同颜色进行编码表示，右图表示两个不同位置 x 输入，对应的预测输出条件分布，如图中曲线所示。从图中可以清楚地看到，当离开样本数据区域时，模型预测不确定性会变大

代码清单 7.1　公式 7-2 对应的代码

从一张空白画布开始

```
pyx = np.zeros((nbins_c, nbins_c), dtype=np.float32)
for a in np.linspace(amin, amax, nbins):
    for b in np.linspace(bmin, bmax, nbins):
        p = getProb(a,b)
        pyx += pre_distribution(a,b) * getProb(a,b)
```

循环参数 a 的所有可能值

对于给定的训练样本数据，计算不同参数集(a, b)的可能性

---

1 对于那些有统计回归模型经验的人来说，当看到图 7.6 所示的缩腰式预测区间，可能会觉得眼熟。实际上，当一个条件正态分布的平均参数为随机变量，并且包含一定置信度时，计算该正态分布区间就会得到与图 7.6 相类似的结果。对于不太大和不太复杂的模型，这种模型参数的置信区间可以在不使用贝叶斯统计的情况下计算出来。但对于一个具有数百万参数的复杂非线性深度学习模型来说，其非贝叶斯不确定性度量需要使用重采样方法和多轮神经网络训练拟合过程，非常耗时，致使无法实现。

7.2.2   我们刚刚做了什么

你将在第 7.3 节了解到,第 7.2.1 节进行的实验实际上是有理论支持的,它就是贝叶斯统计理论。第7.2.1 节采用了黑客式方法近似实现了贝叶斯模型拟合,不再仅考虑单个最大似然模型参数估计,而是对模型参数整体分布进行综合考虑。其中模型参数 w 分布概率由归一化可能性 $p_n(D|w) = C \cdot p(D|w)$ 给出, C 表示归一化常数。

拟合预测模型的主要目的是给定输入 x,对结果输出 y 的概率分布进行预测,也即在第 4 章中介绍的条件概率分布 $p(y|x,D)$。公式 7-2 说明了如何采用黑客式穷举法来求取这种预测分布。在上节示例中,通过对 30 个不同的 a 和 b 值进行组合,得到了 900 个可能的参数向量,然后得出以下总和:

$$p(y|x,D) \approx \sum_{w_i} p(y|x,w_i) \cdot p_n(D|w_i) \qquad 式(7\text{-}3)$$

在上式中,我们采用归一化可能性 $p_n(D|w) = C \cdot p(D|w)$ 作为权重。由于参数 $w_i = (a,b)$ 为连续变量,如果要使上式更准确,则应使用积分而不是求和。因此,为了得到结果输出 y 的正确预测条件概率分布 $p(y|x,D)$,应该对所有可能的参数进行积分,最终公式如下所示:

$$p(y|x,D) = \frac{1}{C}\int_w p(y|x,w) \cdot p_n(D|w)dw \qquad 式(7\text{-}4)$$

与第 4 章和第 5 章通过最大似然法推导得到的概率模型相比,上式给出的贝叶斯模型存在一些差异,让我们具体对比分析一下。

首先,最大的不同是贝叶斯模型使用参数分布 $p_n(D|w)$,而传统非贝叶斯模型则采用固定参数。在贝叶斯方法中,参数分布 $p_n(D|w)$ 称为概率似然,表示由 w 参数模型生成训练数据集 D 的概率。在通用贝叶斯表达式中, $p_n(D|w)$ 需替换为 $p(w|D)$。 $p(w|D)$ 称为后验概率分布,表示基于训练数据 D 的模型参数概率。同时"后

验"在某种程度上暗示着在看到训练数据之前存在一种先验分布
$p(w)$。下一节将通过数学推导方法，介绍如何从先验参数分布得到
后验分布，从而得到贝叶斯表达式。因此实际上，公式 7-4 成立是
有前提条件的，需保证先验分布 $p(w)$ 为均匀分布，$p(D)$ 概率为 1。

　　其次，非贝叶斯概率模型预测得到的条件概率分布仅能建模表
达数据固有波动变化，即仅能对偶然不确定性进行表达。而贝叶
斯模型预测得到的条件概率分布则可以同时对偶然不确定性和认
知不确定性进行表达，参见公式 7-3。其中认知不确定性主要由参
数的不确定性确定，具体通过参数概率分布 $p(w|D)$ 建模。稍后，
你会发现如果训练数据为无限大，并且可以涵盖所有可能发生的
情况，则认知不确定性原则上可以降为 0，但却无法通过搜集更多
数据来减少偶然不确定性。此外，你还将看到，在认知不确定性为
0 的罕见情况中，相应的结果条件概率分布 $p(y|x,D)$，与第 4 章和
第 5 章是通过最大似然法得到的条件概率分布相同。第 7.2.1 节的
小示例中仅有四个数据点，因此，认知不确定性不为 0，如图 7.3
所示的最大似然模型与如图 7.6 所示的贝叶斯模型有很大不同。最
大似然模型为每个输入 x 预测一个具有恒定宽度的条件概率分布，
包括训练样本区域外的其他 x 值。而对于该区域的 x 值，即外推时，
贝叶斯模型预测的条件概率分布会变得更宽。这是一个非常良好的
性能，离开已知区域时，不确定性会增加！稍后将在第 7.3.3 节再
次关注这个问题，并通过线性回归简单示例，对机器学习方法与贝
叶斯方法进行详细比较。但首先，让我们详细了解一下贝叶斯方法。

7.3　贝叶斯概率模型

　　通过概率分布构建能包含参数不确定性的模型是非常古老的想
法。早在 18 世纪，托马斯·贝叶斯(Thomas Bayes)牧师(如图 7.7 所
示)就提出了这个想法的实现方法，称为贝叶斯方法。如今，贝叶斯
统计已成为统计学中的一个完整分支。

贝叶斯方法是一种完善、清晰和彻底的方法，可对包含各种不确定性的概率模型进行拟合，提供了进行概率统计和概率解释的另一种选择。在主流频率统计学中，概率通过事件的重复次数来定义，更准确地说，频率统计学将概率定义为进行无数次重复实验时，事件出现的相对频率理论极限值。而在贝叶斯统计中，概率是根据置信度定义的，一个输出结果或某个具体参数值出现的可能性越大，其置信度就越高。这个看似松散的想法实际上给出了概率的严格有效定义。

图 7.7　托马斯·贝叶斯(1701-1761)是英国统计学家，哲学家和皇家学会牧师。该图像摘自维基百科(网址为https://en.wikipedia.org/wiki/Thomas_Bayes)，可能不是贝叶斯的真实照片。但由于没有其他肖像可用，因此在需要时总是使用它来表示贝叶斯

在贝叶斯方法中，只有最简单的问题才能在没有计算机协助的情况下，手动顺利解决。因此，在 20 世纪的大部分时期，这种方法没有受到太多关注，一直停滞不前。但是现在不同，由于具备了强大计算能力，这种方法得到了广泛使用。这是一种强大的方法，尤其是当你具有一些先验知识，并想对此进行建模时。

在 7.3.1 节，将学习如何实现贝叶斯模型拟合，并给出了贝叶斯统计中最重要的术语和数学定律概述。在 7.3.2 节，将使用所学技能来拟合一个入门级贝叶斯模型。

7.3.1　贝叶斯模型训练和预测

贝叶斯统计最著名的公式之一就是贝叶斯定理。它甚至出现在软件公司 HP Autonomy 剑桥办公室悬挂的霓虹灯上，如图 7.8 所示。除了爱因斯坦的 $E = mc^2$ 公式外，没有多少数学公式能如此受欢迎。

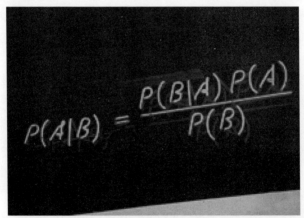

图 7.8　贝叶斯定理定义了如何根据逆条件概率 $P(B \mid A)$、$P(A)$ 和 $P(B)$
　　　　推导出 $P(A \mid B)$。(图像摘自网址 http://mng.bz/7Xnv)

贝叶斯定理将四种概率联系在一起：已知事件 B 条件下事件 A 发生概率，即条件概率 $P(A \mid B)$；已知事件 A 条件下事件 B 发生的概率，即逆条件概率 $P(B \mid A)$；事件 A 的无条件概率 $P(A)$；事件 B 的无条件概率 $P(B)$。在本节最后的补充内容中，你将进一步了解到贝叶斯定理推导过程是非常简单的。让我们先用贝叶斯定理拟合一个贝叶斯概率模型。为此，用模型的参数 θ 替代 A，用训练数据集 D 替代 B，从而得到贝叶斯定理另一种有效的形式：

$$p(\theta \mid D) = \frac{p(D \mid \theta)p(\theta)}{p(D)} \qquad \text{式(7-5)}$$

公式 7-5 中的所有概率变量都很重要，它们都有自己的名称：

$p(\theta \mid D)$ ——后验概率，给定训练数据集 D 条件下参数 θ 的概率；

$p(D \mid \theta)$ ——逆概率，也称为似然概率；

$p(\theta)$ ——先验概率；

$p(D)$ ——事件概率，也称边缘似然或证据。

请注意，在贝叶斯解释中，参数 θ 不是一个确定值，其不确定性由概率分布 $p(\theta)$ 描述。该分布 $p(\theta)$ 定义了每个可能参数值 θ 的概率，而某个参数值的概率 $p(\theta)$ 可以解释为参数为该特定值的置信度。[1]

贝叶斯定理是贝叶斯模型拟合的核心，因为它提供了建立模型的有关指导，根据它我们知道如何从训练数据中学习得到模型参数后验分布。在非贝叶斯模型拟合中，给定训练数据 D，只需要找到最大似然参数值 θ_{maxLik}，而现在我们得到了模型参数的整个分布 $p(\theta \mid D)$。对于概率贝叶斯模型，仅需知道参数 θ 的后验分布即可。据此，可以得到预测分布为

$$p(y \mid x_{\text{test}}, D) = \int_{\theta} p(y \mid x_{\text{test}}, D) \cdot p(\theta \mid D) d\theta \qquad \text{式(7-6)}$$

在上一节中，通过抽样连续参数 θ 的一些离散值 θ_i，采用了一种黑客式暴力方法对这种预测分布进行了近似。对于前面的回归示例，参数是斜率和截距，即 $\theta_i = (a, b)_i$。

$$p(y \mid x_{\text{test}}, D) = \sum_i p(y \mid x_{\text{test}}, \theta_i) p(\theta_i \mid D) \qquad \text{式(7-7)}$$

为了解释上述贝叶斯预测分布，让我们回顾一下最大似然预测分布：

---

1 在这本书中，当谈到数学符号时，我们表述得不够严谨。实际上，如果参数 θ 是一个连续变量，那么我们应该称它为概率密度而不是概率，但我们在本书中并没有这样做。

$$p(y|x_{\text{test}}, D) = p(y|x_{\text{test}}, \theta_{\text{max Lik}})$$

对于最大似然预测分布，我们首先选择带有参数 θ 的分布作为条件概率分布，然后利用训练数据来确定最优参数值 θ_{maxLik}。给定 θ_{maxLik} 值后，所有可能结果 y 都服从条件概率分布 $p(y|x_{\text{test}}, \theta_{\text{max Lik}})$，因此计算完 θ_{maxLik} 后，就不再需要训练数据了。而对于贝叶斯方法，得到的不再是单个参数值对应的条件概率分布，而是对许多不同参数 θ_i 对应的条件概率分布 $p(y|x_{\text{test}}, \theta_i)$ 进行加权，其中平均权重为 $p(\theta_i|D)$，以获得最终预测分布，如图 7.5 所示。

为了更好地理解上述内容，设想如下示例。你经营了一个主动管理基金，需要对某只股票的未来价格进行预测，即需要计算概率值 $p(y|x_{\text{stock}})$。你的团队中有几位专家。每位专家 i 提供的概率预测 $p(y|x_{\text{stock}}, \theta_i)$ 都略有不同。要想从中得出一个稳定有效的预测，最好的办法是为每个条件概率分布 $p(y|x_{\text{stock}}, \theta_i)$ 赋予适当的权重，对所有预测条件概率分布进行加权平均。你赋予的权重应与专家预测模型在给定股票的过去数据 D 上的预测能力成比例，即 $p(D|\theta_i)$。此外，还可以添加对这些专家预测模型的主观判断，即先验概率 $p(\theta_i)$。或者，如果不愿对专家进行评判，也可以给每位专家相同的主观先验判断，此时先验概率是一个常量。两者相乘可得到非标准化后验分布，参见公式 7-5。标准化后，使用后验概率 $p(\theta_i|D)$ 作为权重，从而最终得到：

$$p(y|x_{\text{stock}}, D) = \sum_i p(y|x_{\text{stock}}, \theta_i) \cdot p(\theta_i|D)$$

综上所述，贝叶斯模型是一个加权集成模型——集群体智慧，但权衡不同专家贡献。为了分清关于不同分布的术语，我们在表 7.1 中收集了相关术语、对应公式和一些说明。

表 7.1　本章涉及概率概率分布

名称	公式	说明/示例
似然概率/ 可能性	$p(D\|\theta)$	D 表示训练数据集，每个数据可能是单量数据，如在抛硬币示例中的观测数据，或成对数据，如线性回归或典型深度学习任务。 y_i 是样本 i 期望结果部分的具体值。 投掷硬币：训练数据集 D 表示不同次数投掷的结果，每个样本为正面 ($y=1$) 或反面 ($y=0$)。单次抛掷的可能性由伯努利分布确定，θ 表示正面的可能性，而 $1-\theta$ 表示反面的可能性。 线性回归：训练数据集 D 由多个成对 (x_i, y_i) 数据组成。参数 θ 由斜率 a 和截距 b 组成。单个样本的可能性 $p(y_i\|x_i, a, b)$ 服从正态分布，由公式 $(y_i\|x_i) \sim N(a \cdot x_i + b, \sigma)$ 确定。
先验概率	$p(\theta)$	在贝叶斯设置中，参数的分布是由先验分布决定。在看到数据之前，需要先定义该分布。在设置先验概率分布时，通常带有一定程度的主观性。可参见以下示例。 投掷硬币：$p(\theta) = U(\theta; 0, 1)$。(你不相信任何人。正面概率 θ 服从均匀分布。) 回归问题：$p(a) = N(a; 0, 1)$。 贝叶斯网络：$p(w) = N(w; 0, 1)$ (所有权值服从标准正态分布)。
后验概率	$p(\theta\|D)$	利用贝叶斯公式从训练数据集中学习得到的参数分布。 贝叶斯法则：后验分布与似然函数和先验分布的乘积成正比，即 $p(\theta\|D) \propto p(D\|\theta) \cdot p(\theta)$。 标准化常数可以根据约束条件 $\int p(\theta\|D)\mathrm{d}\theta$ (对于连续参数)或 $\sum_i p(\theta_i\|D)$ (对于离散参数)确定。

(续表)

名称	公式	说明/示例
最大似然方法得到的预测分布，即结果 y 的条件概率分布 如果不是以 x 为输入预测得到的，称为无条件结果概率分布	$p\left(y\middle|\theta_{\text{maxLik}},x\right)$ $p\left(y\middle|\theta_{\text{maxLik}}\right)$	y 现在是一个变量，而不是一个固定值。 线性回归：$p(y\mid x)=\dfrac{1}{\sqrt{2\pi\sigma^2}}e^{-(a\cdot x+b-y)^2/2\sigma^2}=$ $N(y;a\cdot x+b,\sigma)$，其中参数 a 和 b 从训练数据 D 中估计得出。在典型的深度学习任务中，此分布以输入 x 为条件，又称为条件概率分布。 投掷硬币：伯努利分布，$p(y=1)=\theta$，$p(y=0)=1-\theta$，其中 θ 通过最大似然方法，从训练数据集 D 中估计得出。
贝叶斯模型得到的预测分布，称为后验预测分布，也称为条件概率分布 (CPD) 如果不是以 x 为输入预测得到的，称为无条件结果概率分布	$p\left(y\middle|x,D\right)$ $p\left(y\right)$ $p\left(y\middle|x,D\right)$ $p\left(y\right)$	y 是一个变量，而不是一个固定值。它的分布取决于输入 x 和训练数据集 D。 通常，通过公式 $p(y\mid x,D)=\int p(y\mid x,\theta)\cdot$ $p(\theta\mid D)d\theta$，由后验概率 $p(\theta\mid D)$ 计算得出。 请注意，$p(y\mid x,\theta)$ 是结果的预测分布，包括所有可能参数值的贡献，不仅仅是最大似然参数 $\theta_{\text{max\,Lik}}$。贝叶斯预测对 θ 的所有值进行积分，并根据给定的后验概率 $p(\theta\mid D)$ 对它们进行加权。

　　注意　有关如何阅读表 7.1 中公式的小提示。管道符号(|)右边指的是"来自"什么部分。管道符号左边指的是"至"什么部分。可以从右向左阅读这些术语。有时，这有助于在我们的脑海中为公式构建方向箭头，从而使其含义更清晰，更具可读性。因此，$p(D\mid\theta)$ 是根据参数 θ 获得训练数据集 D 的概率。如果这里有数学家，就会

说："$p(D|\theta)$ 是在给定参数 θ 的情况下训练数据集 D 的概率。"

当有训练数据集 D 时，利用公式 7-5 所示的贝叶斯定理，可以计算出 θ 的概率分布 $p(\theta|D)$。因此，$p(\theta|D)$ 被称为后验概率，因为在看过数据集后才确定它(后验(posterior)的名称来自拉丁语 post，意思为后)。但是如何推导 $p(\theta|D)$ 呢？首先需要确定参数为 θ 的模型下，观测数据的似然概率 $p(D|\theta)$。另外，还需要知道先验概率 $p(\theta)$ 和证据 $p(D)$。因为训练数据集 D 是固定的，所以 $p(D)$ 是一个常量。因此后验分布正比于似然概率乘以先验分布，即 $p(\theta|D) \propto p(D|\theta) \cdot p(\theta)$，这也被称为贝叶斯法则。

贝叶斯法则：后验分布正比于似然概率乘以先验分布。

这表明证据 $p(D)$ 仅是为了保证后验概率之和或积分为 1。从数学上讲，先使用贝叶斯法则，随后按以下要求计算缩放比例通常更为方便。

$$\int p(\theta|D)d\theta = 1$$

确定证据 $p(D)$ 很容易，但是如何选择先验概率 $p(\theta)$ 呢？如果对参数值没有先验知识，则可以直接使用均匀分布作为先验概率，为每个参数值赋予相同的概率。这意味着你需要选择以下先验概率：$p(\theta) = $ 常数 。在这种特殊情况下，后验分布 $p(\theta|D)$ 与似然函数成正比。因为 $p(\theta|D)$ 是概率分布，它的积分值必为 1，如果先验概率是恒定常数，则后验概率 $p(\theta|D)$ 可以直接由标准化似然函数给出。这正是在黑客式示例中所使用的方法。在该示例中，如公式 7-2 所示，我们对不同的参数值，使用归一化似然概率对其条件概率分布进行加权。这里重复以下公式：

$$p(y|x,D) = \sum_a \sum_b p(y|x,(a,b)) \cdot p_n(D|(a,b)) \qquad \text{式(7-2)(此处重复)}$$

在贝叶斯回归问题以及之后的深度贝叶斯神经网络中，我们希

望为每个输入预测它的条件概率分布 $p(y|x)$。但是在这之前，我们首先尝试拟合单个无条件概率分布 $p(y)$。

贝叶斯定理推导

贝叶斯定理可以通过乘积规则推导得出，如下所示：

$$P(A,B) = P(B|A) \cdot P(A)$$

简而言之，乘积规则表示事件 A 和 B 共同发生的联合概率，由 $P(A,B)$ 表示，等同于(第一个)事件 A 发生的概率 $P(A)$ 乘以当事件 A 发生时事件 B 发生的概率 $P(B|A)$。从左到右阅读本式：$P(B|A)$ 是从 A 到 B，表示当事件 A 发生时事件 B 发生的概率，或者通常表示为 $P(\text{to}|\text{from})$。如何理解呢？例如，考虑一下在海滩漫步时发现牡蛎的可能性为 $P(\text{oyster}) = 0.2$。而牡蛎含有珍珠的概率为 $P(\text{pearl}|\text{oyster}) = 0.01$。据此可以计算出找到含有珍珠的牡蛎的概率为 $P(\text{oyster.with.pearl}) = P(\text{oyster}) \cdot P(\text{pearl}|\text{oyster}) = 0.2 \times 0.001 = 0.0002$。让我们来推导出贝叶斯公式。

$$p(\theta|D) = \frac{p(D|\theta) \cdot p(\theta)}{p(D)}$$

你需要对上述公式使用乘积规则。由于可以对 A 和 B 进行调换，可得：

$$P(B) \cdot P(A|B) = P(B,A) = P(A,B) = P(A) \cdot P(B|A)$$

将两边除以 $P(B)$ 即可得到贝叶斯定理：

$$P(A|B) = \frac{P(A) \cdot P(B|A)}{P(B)}$$

这很容易！鉴于贝叶斯定理的强大功能，推导它是小菜一碟。但是，推导另一个强大的公式 $E = mc^2$ 会比较困难。

7.3.2 投掷硬币，贝叶斯模型的 "Hello World"

根据第 7.3.1 节学习的贝叶斯统计概念，拟合你的第一个贝叶斯模型。首个模型示例的重点是对概念和流程进行演示，因此要尽量确保简单。假设想要对投掷硬币实验的结果进行预测，可能的结果有两个，分别是正面($y = 1$)和反面($y = 0$)。对此，你需要确定一个预测分布 $p(y)$，对两个可能结果进行预测。

需要注意的是在本书大多数示例中，预测模型都是根据给定输入估计出期望输出结果的概率分布，即在这些示例中，需要为期望输出结果估计一个条件概率分布。而本节的投掷硬币示例则没有任何输入变量，希望模型估计的正面投掷概率与任何外部变量无关，因为投掷的始终是同一枚硬币。因此，本示例只需要预测估计投掷结果的无条件概率分布。

如果已知这是一枚公正的硬币，那么预测无条件的投掷结果分布就简单多了。对于一枚公平的硬币来说，其预测分布中正面概率为 0.5，反面概率为 0.5。这个概率结果能够对投掷硬币实验中固有的偶然不确定性进行准确描述，即完全不知道每次投掷实验得到的是正面还是反面。另一方面，认知不确定性为 0，即不存在任何认知不确定性，因为这是一枚公平的硬币，你明确知道正面出现的概率是 0.5。

通过概率建模，将预测分布描述为具有二元结果的伯努利分布：出现正面的事件表示为 $y = 1$，出现反面的事件表示为 $y = 0$。该模型只有一个参数 θ，对应于投掷正面的概率，即 $\theta = p(y = 1)$。如果这是一枚公平的硬币，则参数 θ 为 $\theta = 0.5$。但实际上 θ 可以取其他值。图 7.9 中左图显示了 θ 固定时投掷结果的预测分布。

假设硬币来自可疑的赌徒，这时不能再假设它是一枚公正的硬币，也无法知道 θ 的确切值。这意味着需要估计出该枚硬币正面出现的概率 $\theta = p(y = 1)$。

为了生成一些训练数据，将硬币投掷了三次，并且三次均观察到的是正面，即 $D = (1,1,1)$。这时，你的第一直觉是硬币不是公平的。

那么如何预测后续的投掷结果呢？我们马上会讲到贝叶斯方法。但
首先，让我们看看非贝叶斯方法会得到什么结果。

硬币投掷示例的最大似然解

让我们采用传统的非贝叶斯最大似然方法，基于伯努利模型，
对投掷硬币实验结果进行拟合。为了拟合模型，需要利用训练数据
集 $D = (y_1 = 1, y_2 = 2, y_3 = 3)$。根据该训练数据集，在如图 7.9 所示
的伯努利模型中，参数 θ 的最佳估计值是多少呢？

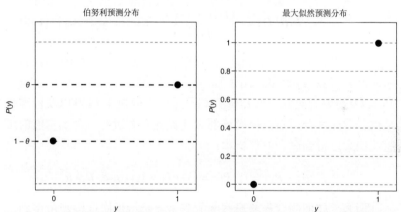

图 7.9　二元变量 Y 的伯努利分布，分布参数为 θ (左图)。右图表示连续观察到
　　　　三次正面投掷结果后，最大似然方法得到的投掷结果预测分布

正面概率($y=1$)的最大似然估计可由观察到的正面次数(n_1)除以
投掷的总次数(n)计算得出的。对于三次均观察到正面的投掷结果，
正面概率最大似然估计为 $\theta_{\text{maxLik}} = \dfrac{n_1}{n} = \dfrac{3}{3} = 1$，标准差为 $sd\left(\theta_{\text{maxLik}}\right) =$
$\theta_{\text{maxLik}} \cdot \left(1 - \theta_{\text{maxLik}}\right) = 1 \times 0 = 0$ (请参阅网站 http://mng.bz/mB9a，查看标
准差公式的推导过程)。这意味着最大似然估计将正面概率赋值为 1，
$sd\left(\theta_{\text{maxLik}}\right) = 0$ 表明认知不确定性为 0，即预测分布不包含任何不确
定性，如图 7.9 右图所示。最终得到的模型会给出硬币投掷结果始

终为正面的预测。在仅投掷了三次之后就得出这样的结果，这是一个相当冒险的声明！

硬币投掷示例的贝叶斯解

让我们采用贝叶斯方法，基于伯努利模型，对硬币投掷实验结果进行拟合。经过思考，你认为需要对参数θ的不确定性进行考虑，毕竟只有三个训练样本数据！你的目标不是估计参数θ的最优值，而是确定该参数的后验分布。再次看一下贝叶斯公式：

$$P(\theta \mid D) = \frac{P(D \mid \theta) \cdot P(\theta)}{P(D)} \qquad \text{式(7-5)(在此重复)}$$

其中$P(\theta \mid D)$为后验概率，$P(D \mid \theta)$为似然概率，$P(\theta)$为先验概率，$P(D)$为边缘概率，用于标准化。该公式表明，求解后验概率$P(\theta \mid D)$需要确定联合似然概率$P(D \mid \theta)$、先验概率$P(\theta)$以及标准化常数$P(D)$。联合似然概率应该怎么计算呢？将所有三个观测值的可能性相乘，得到联合似然概率：

$$P(D \mid \theta) = P(y = 1) \cdot P(y = 1) \cdot P(y = 1) = \theta \cdot \theta \cdot \theta = \theta^3$$

那么，如何确定先验概率呢？参数θ表示每次投掷硬币得到正面的概率，因此参数θ必须为0到1之间的一个数字。在对参数θ没有更多其他先验信息情况下，可以假设θ值服从均匀分布，所有介于0和1之间的值都是等概率出现的。由于θ可以取0到1之间的任何值，因此$P(\theta)$是一个连续概率分布，同时需要满足积分值为1的约束，如图7.11中左上图所示。

在通过连续分布积分运算推导解析解之前，让我们再次使用暴力方式进行求解。为此，建议逐步运行notebook文件中的代码进行练习。

用暴力近似法求投掷硬币示例的贝叶斯解

 实操时间　打开网站 http://mng.bz/5a6O，该 notebook 文件展示了如何通过暴力方法以贝叶斯方式来拟合伯努利分布。

- 在先验分布为均匀分布假设下，使用暴力方法进行投掷硬币实验。
- 对于较大训练数据集，观察研究参数后验概率曲线的变化。

为了使用暴力方法，首先对先验分布进行均匀采样，得到 19 个采样点，具体为 $\theta_1 = 0.05, \theta_2 = 0.1, \theta_3 = 0.15, \ldots, \theta_{19} = 0.95$。在这种暴力方法中，我们得到了一组参数 θ 的离散值，因此可以使用参数的概率值进行求和运算，以替代原有的概率密度和积分。因为假设先验分布 $p(\theta)$ 中的 19 个离散值都具有相同的概率，可计算其概率为 $p(\theta) = \dfrac{1}{19} \approx 0.052\,632$，如图 7.10 左上图所示。

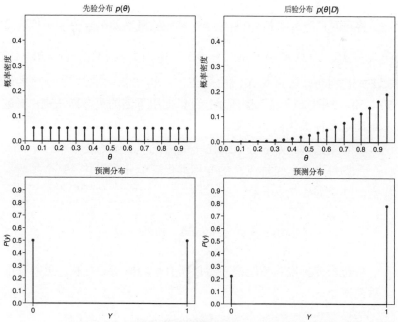

图 7.10　先验分布(左上图)和后验分布(右上图)。下半部分图对应投掷结果的条件概率分布，其中 1 表示正面，0 表示反面。本图相关结果由暴力方法计算得到

在计算参数后验分布之前，让我们先看一看在处理训练数据之前，投掷结果的预测分布是怎样的。因为先验分布对所有 θ_i 值均给出相同的概率，所以第一直觉是得到正面和反面的概率是相等的。根据公式推导出预测分布，以对直觉结果进行检验。

$$p(y \mid x, D) = \sum_i p(y \mid x, w_i) \cdot p(w_i \mid D) \qquad \text{式(7-8)}$$

结合投掷硬币示例，用模型参数 θ 代替 w，并且由于没有输入，直接去掉 x 变量，最终结果为：

$$P(y = 1) = \sum_i P(y = 1 \mid \theta_i) \cdot p(\theta_i)$$

将正面预测概率 $P(y = 1 \mid \theta_i) = \theta_i$ 和先验概率 $p(\theta) = \dfrac{1}{19} \approx 0.052632$ 代入公式，计算可得 $P(y = 1) = 0.5$，进而对应得出 $P(y = 0) = 1 - P(y = 1) = 0.5$。这正是我们所期望的，出现正面或反面的概率是 $50 : 50$，如图 7.10 左下图所示。可以使用下述的贝叶斯法则，来进一步确定非标准化后验概率。

贝叶斯法则：后验分布正比于似然概率乘以先验分布。

计算每个参数采样点 θ_i 的非标准化后验分布，共 19 个参数采样点，结果如表 7.2 所示。

$$\text{unnorm\_post}_i \propto \text{jointlik}_i \cdot \text{prior}_i = \theta_i^3 \cdot \frac{1}{19}$$

将每个非标准化后验概率除以所有后验概率的总和，可得标准化后验概率：

$$p(\theta_i \mid D) = \frac{\text{unnorm\_post}_i}{\sum_{i=1}^{19} \text{unnorm\_post}_i}$$

标准化后验概率计算结果如图 7.10 右上图所示。正如预期，在观察到 3 次正面后,后验概率分布倾向于参数值接近于 1,但仍然给小于 1 的参数值一定概率,从而使得每次投掷硬币时无法完全确定投掷结果为正面。至此,已计算出后验概率,具备了根据下式决定贝叶斯预测分布的所有变量值。

$$P(y=1|D) = \sum_i P(y=1|\theta_i) \cdot p(\theta_i|D)$$

表 7.2　暴力计算结果表。每一行对应一个参数值采样点。各列分别为参数值(theta),似然概率(jointlik),先验概率(prior),未标准化后验概率(unnorm_post)和后验概率(post)

	theta	jointlik	prior	unnorm_post	post
0	0.05	0.000125	0.052632	0.000007	0.000028
1	0.10	0.001000	0.052632	0.000053	0.000222
2	0.15	0.003375	0.052632	0.000178	0.000748
3	0.20	0.008000	0.052632	0.000421	0.001773
4	0.25	0.015625	0.052632	0.000822	0.003463
5	0.30	0.027000	0.052632	0.001421	0.005983
6	0.35	0.042875	0.052632	0.002257	0.009501
7	0.40	0.064000	0.052632	0.003368	0.014183
8	0.45	0.091125	0.052632	0.004796	0.020194
9	0.50	0.125000	0.052632	0.006579	0.027701
10	0.55	0.166375	0.052632	0.008757	0.036870
11	0.60	0.216000	0.052632	0.011368	0.047867
12	0.65	0.274625	0.052632	0.014454	0.060859
13	0.70	0.343000	0.052632	0.018053	0.076011
14	0.75	0.421875	0.052632	0.022204	0.093490
15	0.80	0.512000	0.052632	0.026947	0.113463
16	0.85	0.614125	0.052632	0.032322	0.136094
17	0.90	0.729000	0.052632	0.038368	0.161551
18	0.95	0.857375	0.052632	0.045125	0.190000

将条件概率 $P(y=1|\theta_i)=\theta_i$ 和表 7.2 最后一列后验概率 $p_i(\theta|D)$ 代入上述公式，得出：

$$P(y=1|D)=0.78$$

进一步可得：

$$P(y=0|D)=1-P(y=1|D)=0.22$$

根据贝叶斯预测分布，可以预计正面出现的概率为 78%，反面出现的概率为 22%，如图 7.10 右下图所示。

投掷硬币示例的贝叶斯解析解

在投掷硬币示例中，拟合贝叶斯伯努利模型非常简单，因此可以精确地解决这个问题。让我们一起推导计算该问题的解析解。

对于先验概率，可以同样假设为均匀分布，为每个可能的 θ 值赋予相同的先验概率。而要想得到一个有效概率分布，所有概率密度的积分或概率的求和必须为 1。因此，当 θ 介于 0 和 1 之间时，先验参数分布为 $p(\theta)=1$。此时根据公式 7-6，可以首先得到先验概率下的预测分布

$$P(Y=1)=\int_\theta P(Y=1|\theta,x)\cdot p(\theta|D)d\theta \quad \text{式(7-6)(此处重复)}$$

由于没有输入特征 x，目前还没有看到训练数据，即还没有数据集 D，因此上述公式需要使用先验概率 $p(\theta)=1$ 而不是后验概率 $p(\theta|D)$，可得：

$$p(y)=\int_\theta p(y|\theta)\cdot p_n(\theta)d\theta$$

这是无条件情况下、未看到训练数据集时，公式 7-6 的变体。

因此，在看到数据之前，可计算投掷结果 $Y=1$ 的预测概率为：

$$P(Y=1)=\int_0^1 P(Y=1|\theta)\cdot p(\theta)d\theta \quad \text{(利用公式 7-4 得出)}$$

$P(Y=1) = \int_0^1 \theta \cdot 1 d\theta = \frac{1}{2} \cdot \theta^2 \Big|_0^1$ (求积分，得到关于 θ 的不定积分

为 $\frac{1}{2}\theta^2$)

$P(Y=1) = \frac{1}{2} \cdot 1 - \frac{1}{2} \cdot 0 = 0.5$ (代入数值)

$P(Y=0) = 1 - P(Y=1) = 0.5$ (根据概率和为 1，可计算 $P(Y=0)$ 的值)

计算得到的贝叶斯解析解与利用暴力方法得到的先验预测分布完全相同，如图 7.11 左下图所示。为了确定后验概率，需要再次使用贝叶斯公式：

$$p(\theta \mid D) = \frac{p(D \mid \theta)p(\theta)}{p(D)}$$

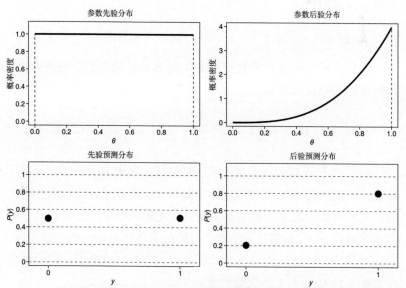

图 7.11　在投掷硬币实验中，解析求解得到的先验分布和后验分布(上图)
　　　　以及他们相应的预测分布(下图)

该公式中各项名称为：

- $p(\theta|D)$ 表示后验概率
- $p(D|\theta)$ 表示似然概率
- $p(\theta)$ 表示先验概率
- $p(D)$ 是边缘概率，用于标准化

该公式表明如果要确定未标准化的后验概率，需要先确定联合似然 $p(D|\theta)$ 和先验概率 $p(\theta)$。已知先验概率 $p(\theta)=1$，那么联合似然是多少呢？结果与暴力方法相同，让我们简单回顾一下。已有三组观察结果，三次均为正面，对应的联合似然为：

$$P(D|\theta) = P(y=1) \cdot P(y=1) \cdot P(y=1) = \theta \cdot \theta \cdot \theta = \theta^3$$

现在，已经具备了计算参数后验分布所需的一切参量。为了便于求解，可以使用贝叶斯法则，即后验分布正比于似然概率乘以先验分布，可得：

$$p(\theta|D) = 后验分布 = C \cdot 似然概率 \cdot 先验概率 = C \cdot \theta^3 \cdot 1$$

然后再确定标准化常数 C 即可。根据后验概率积分必须为 1，可推导得出标准化常数 C 为：

$$\int_0^1 p(\theta|D)d\theta = \int_0^1 C \cdot \theta^3 d\theta = \left[\frac{C}{4} \cdot \theta^4\right]_0^1 = \frac{C}{4} = 1 \Rightarrow C = 4$$

将 $C=4$ 代入后验概率表达式，可得后验概率为 $p(\theta|D) = 4 \cdot \theta^3$。让我们一起欣赏一下推导得出的后验概率，如图 7.11 的右上图所示。它的形状看起来与使用暴力方法获得的后验概率形状相似，倾向于 θ 值接近 1。值得注意的是，后验分布仍然存在一些不确定性，它并不能确切无疑地说硬币总是正面朝上。此种情况下，后验概率位于图 7.11 中 θ 为 1 的尖峰位置。

进一步，利用参数的后验概率分布，推导得出贝叶斯预测分布。由参数的后验概率分布可知，它分配给正面($y=1$)的概率要比分配给

背面(y=0)的概率高得多。由于没有 x 输入，可通过如下所示的公式 7-6 无输入条件版本，推导贝叶斯预测分布。

$$p(y \mid D) = \int_{\theta} p(y \mid \theta) \cdot p(\theta \mid D) d\theta$$

这是公式 7-6 的变体，适用于无条件情况(即没有输入 x)。

由上式，可得：

$$P(Y = 1 \mid D) = \int_0^1 P(Y = 1 \mid \theta) \cdot P(\theta \mid D) d\theta$$

进一步将 $P(Y = 1 \mid \theta) = \theta$ 和 $p(\theta \mid D) = 4 \cdot \theta^3$ 代入上述公式中，可得：

$$P(Y = 1 \mid D) = \int_0^1 P(Y = 1 \mid \theta) \cdot P(\theta \mid D) d\theta \quad \text{(使用公式 7-4 即可得出)}$$

$$P(Y = 1 \mid D) = \int_0^1 \theta \cdot 4 \cdot \theta^3 d\theta = \frac{4}{5} \theta^5 \bigg|_0^1 \quad \text{(对 } 4\theta^4 \text{ 求积分，得到不定积}$$

分为 $\frac{4}{5} \theta^5$)

$$P(Y = 1 \mid D) = \frac{4}{5} \cdot 1^5 - \frac{4}{5} \cdot 0^5 = 0.8 \quad \text{(代入数值)}$$

$$P(Y = 0) = 1 - P(Y = 1) = 0.2 \quad \text{(根据概率和为 1，可计算 } P(Y = 0)$$
的值)

同样，公式推导得到一个与暴力近似方法相似的结果，但更精确。贝叶斯预测分布使结果带有一些不确定性，预测反面概率为 0.2，如图 7.11 右下图所示。在仅进行了三次投掷实验情况下，这个结果似乎是合理的。最大似然方法得到预测分布，预测正面概率为 1，如图 7.9 中右图所示。可见，贝叶斯方法处理这种小样本情况比最大似然方法更具可行性和合理性。

从投掷硬币示例和 notebook 练习中获取的有价值信息

- 对于伯努利这样简单模型，可以对后验分布和预测分布进行解析推导。使用暴力法，可以得到解析解的近似结果。

　　　暴力方法的优势是，在无法进行积分的情况下，可以利用它来近似实现积分处理。请注意，暴力方法也不是灵丹妙药，无法用于诸如神经网络之类的复杂问题。

- 与先验分布相比，后验分布为参数值提供了更大的概率，从而会赋予观测数据更高的似然概率。

- 与最大似然方法不同，在贝叶斯方法中，不能只选择一个具有最高概率的参数值来推导预测分布。相反，贝叶斯预测分布对所有可能的预测分布进行加权平均，其权重为相应参数值的后验概率。训练数据集越大，后验分布的扩展就越小(请参阅网站 http://mng.bz/5a6O 上的 notebook 文件)。

- 训练集越大，先验分布的影响越小(请参阅 notebook 文件)。

- 对于大型训练数据集，后验分布变成以最大似然参数估计值为中心的窄分布，比如高斯分布。

关于先验选择的一些趣事

　　前面已经了解对于回归问题和投掷硬币简单问题，如何运用训练简单的贝叶斯模型。第 8 章将进一步学习如何训练贝叶斯深度学习模型。但在此之前，让我们增强对贝叶斯方法的信心，消除对先验概率使用的担忧。在贝叶斯建模中，不仅需要为结果条件概率分布选择一个概率分布模型，还需要为看到任何训练数据之前的先验概率 $p(\theta)$ 选择一个概率分布模型。

　　在获得一些训练数据后，可以使用公式 7-5 所示的贝叶斯定理确定后验概率 $p(\theta|D)$。由于贝叶斯定理使用先验概率来确定后验概率，所以先验分布对后验概率仍然存在一定影响。这种贝叶斯学习方法甚至在一向性格孤僻的统计学家中引发了一场大讨论。反贝叶斯阵营的主要论点是：

- 使用先验概率会引入主观性。使用先验概率将为某些参数范围提供较高的概率，因此，一定程度上会将后验概率拉向该范围。

- "让数据说话"更为科学。

另一方面，贝叶斯阵营认为

- 所有合理的先验概率最终都会得到相似的后验概率，随着训练数据集的增大，无论先验概率如何设置，后验概率最终都会收敛到最大似然结果。

- 先验概率的"向先验收缩"效应可有助于避免出现假阳性结果。

贝叶斯统计学家对一项引人注目的研究成果进行了重新分析，以支持第二个论据，即先验概率有助于避免出现假阳性结果。原有研究成果被发表在科学生物学期刊上，该研究采用非贝叶斯方法进行研究分析，得到了长相好看的父母生的女孩比男孩多的重要发现，对应的 p 值为 0.015[1]。这个结果被解释为一种进化效应，因为与男性相比，出众的外表对于女性来说更有优势。该研究成果和重要佐证被公布在《每日邮报》等公共媒体上，上面列举了很多既有名又漂亮的父母和他们第一个孩子的照片，无疑他们的第一个孩子都是女孩，请参阅网站 http://mng.bz/6Qoe(如果启用了广告拦截功能的话，这个链接可能无法正常打开)。

这一研究成果来自英国的一项研究，该研究要求教师对学生的吸引力进行打分评估。四十年后，这些已经成年的学生被问及他们孩子的性别。非贝叶斯分析发现，相比于相貌不好的父母，相貌较好的父母中生女孩的比例明显更高。著名的贝叶斯学者安德鲁·格尔曼(Andrew Gelman)利用贝叶斯理论对数据进行了重新分析。设定先验概率时，他对父母相貌吸引力对后代性别影响较小的论断设置较大的概率，并根据所有其他已知因素对后代性别影响也很小的事实，如怀孕期间父母的压力等，来说明先验概率设定的合理性。通过贝叶斯分析，安德鲁·格尔曼得出的结论是父母的吸引力并不影响生女孩的可能性。

---

1 p 值表明观察到的效应(或一个更强的效应)纯属偶然的概率。通常，将 p 值低于 0.05 的观察发现称为具有统计学意义的发现。

　　为了支持先验概率设定的合理性，安德鲁·格尔曼做了一项仿真研究，采用小而真实的效应量和非常小的样本量。以非贝叶斯方式分析这些数据会发现，大多数仿真运行没有显著发现。但由于它的随机性，一些仿真中生成了显著的结果。在这些显著的结果中，40%的效果报告指向了错误的方向！如果结果很吸引人，就会被公开发表。因此，安德鲁·格尔曼认为，采用保守的先验概率作为正则化方法进行贝叶斯分析更为合理。

　　在建立深度学习模型时，使用偏好较小权重值的先验分布对权重进行正则化是否合理呢？我们认为是合理的，具体有以下几方面的原因：

- 经验表明，训练良好的神经网络通常权重较小。
- 较小的权重导致较少的极端输出，在分类问题中，对应更低的极端概率，这对于未经训练的模型来说是理想的特性。
- 预测模型一个非常著名的特性是，向损失函数添加较小权重偏好分量，通常有助于获得更高的预测性能。这种方法在非贝叶斯神经网络中被称为正则化或权重衰减。

7.3.3　贝叶斯线性回归模型回顾

　　在本章开头，我们学习了如何以黑客方式进行贝叶斯线性回归拟合。在黑客方式中，设置两个参数 a 和 b 的先验概率为无穷大，并进行贝叶斯预测，最终得到的预测概率具有良好的特性，可以在没有训练数据的区间即外推时，不确定性增大，如图7.12右图所示。这与传统最大似然方法预测模型完全不同，其结果如图7.12左图所示。

　　由图7.12可知，只有贝叶斯模型可以在离开已知样本数据区域时，增大预测结果的不确定性，因此，拟合贝叶斯模型比拟合传统的最大似然模型更好。进一步观察分析条件概率分布的95%置信区域宽度，可以发现，贝叶斯模型在训练数据区域外给出的95%置信区域更宽。并且，在训练数据的区间范围内，即插值预测时，贝叶斯模型也比最大似然模型具有更高的不确定性。因为模型拟合只依赖于 4 个样本数据，所以贝叶斯模型的不确定性越高，可能越接近事实，基于此，我们更倾向于选用贝叶斯模型。另一方面，较宽的概率分布可能也是由较广的先验概率分布造成的，在上述示例中，我们对于模型斜率和截距参数均选择了均匀分布。为了研究贝叶斯模型能否预测生成更现实、更合理的条件概率分布，让我们通过一些实验来回答以下问题：

- 贝叶斯模型得到的预测概率分布，与先验概率选择和训练数据集规模间的关系？
- 贝叶斯模型是否比传统最大似然模型具有更好的预测性能？

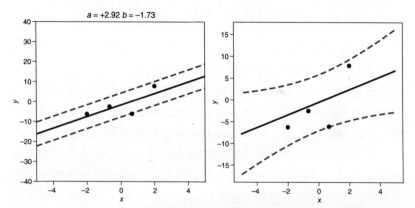

图 7.12 利用概率线性回归模型拟合四个数据点，假设模型的方差参数为恒定常量，设置为 $\sigma = 3$。左图显示的是最大似然模型，右图显示的是贝叶斯模型，其先验概率为无穷大。实线表示条件概率分布预测结果的平均值，虚线分别表示 2.5% 分位线和 97.5% 分位线

要回答这两个问题，可以进行以下实验：

1. 在仿真数据生成过程($\sigma = 3$)中，产生几个大小不同的训练数据集，例如，数据集分别具有 2、4、20 和 100 个样本数据。然后使用最大似然模型和三个具有不同先验概率的贝叶斯模型，对所有训练数据集进行拟合。其中三个贝叶斯模型的先验概率分别为均匀先验分布、标准正态分布和以训练数据集均值为中心，标准差为 0.1

的正态分布。通过仿真分析，检查生成的条件概率分布如何随先验概率宽度变化而变化，其宽度是否随着训练数据集规模的增加而减小，并与最大似然条件概率分布越来越相似。

2. 研究在不同的训练数据集规模下，贝叶斯模型和最大似然模型的预测性能是否会变得更好。在设定的训练数据范围内，进行随机抽样，得到相同数量的训练集和测试集。然后基于抽样得到的训练数据集，对贝叶斯模型和最大似然模型进行拟合，并在测试集上，计算所生成模型的负对数似然值。模型的预测性能越好，在测试集上的负对数似然值会越低。为得到可靠的结果，应该使用规模较大的测试数据集，并多次重复整个过程，以便比较不同情况下所生成模型的负对数似然值的分布和平均值。

在开始这些实验之前，需要确保能在合理的时间内完成它们。不幸的是，贝叶斯暴力拟合方法运行速度太慢，耗时太长。如果已知贝叶斯模型的解析解，就可以大大加快拟合过程。在第 7.3.2 节投掷硬币示例中，我们知道，推导求解贝叶斯模型的解析解需要求解一些积分。而之所以能够在该示例中求解这些积分，是因为只有一个模型参数、一个简单的似然概率和先验分布。对于有很多参数的复杂模型，这些积分的求解会变得很复杂，以至于无法完成。事实证明，贝叶斯模型通常不能用解析的方法求解，必须依靠仿真求解方法或近似求解方法。这也是贝叶斯模型在拥有强大计算能力之前不受欢迎的原因。你将在第 8 章详细了解这些近似方法。

对于简单的线性回归模型仍然可以推导出贝叶斯解析解，如上面的黑客示例。为此，需要假设预测结果的方差 σ^2 是已知的，可参见黑客示例，还需要假设模型斜率参数和截距参数的先验概率分布为高斯分布。尽管做了这么多假设，推导过程仍旧很冗长。为此，建议跳过数学推导过程，采用最后的贝叶斯推导结果，直接进行后验分布和预测分布计算。具体过程请参阅本章的最后一个 notebook 文件。Christopher M. Bishop 的《模式识别与机器学习》(*Pattern Recognition and Machine Learning*)一书给出了该问题的完整介绍和推导过程，可以在网站 http://mng.bz/oPWZ 上进行查阅。

使用解析表达式，可以首先检查是否能够重现第 7.2 节贝叶斯黑客近似模型的预测结果。在黑客的示例中，采用了均匀分布作为先验分布，在解析解中，这可以通过设置高斯先验分布的方差为非常大或无穷大来实现。如果你想亲自试一下，建议回到黑客式贝叶斯模型所对应 notebook 文件的最后部分，并参阅网站 http://mng.bz/qMEr。现在，已经有了可快速计算的贝叶斯解析解，可以在下述的 notebook 文件中进行上述两个建议的实验。

 实操时间　打开网站 http://mng.bz/nPj5，其 notebook 文件可以生成图 7.13，并回答以下问题：

- 贝叶斯模型得到的预测概率分布，与先验概率选择和训练数据集规模间的关系？
- 贝叶斯模型是否比传统最大似然模型具有更好的预测性能？

运行该 notebook 程序文件，并考察这两个问题。首先来看第一个问题：贝叶斯模型得到的预测概率分布，与先验概率选择和训练数据集规模间的关系？简单来说，只要先验分布不是窄分布，它的具体选择并不太重要。至于训练数据集规模对预测概率分布的影响，则是训练数据集规模越大，贝叶斯模型就越接近最大似然模型。notebook 程序文件可以逐步解决此问题。

对于解析解中的高斯先验分布，可以设置其平均值和标准差参数。因为不知道截距和斜率参数是正数还是负数，先验分布的平均值一般设为 0。因此，主要对标准差参数进行调节：将其设置为一个较大的数值，比如 $\sigma_0 = 10000$，相当于一个平坦的先验分布；而将其设置为一个较小的数字，比如 $\sigma_0 = 0.1$，将会在 0 均值附近产生一个先验分布峰值。由图 7.13 可得，$\sigma_0 = 0.1$ 的先验分布产生的条件概率预测分布，斜率接近于0，95%预测置信宽度相对较小且恒定不变，在显示的 x 范围内没有发生变化。另一方面，$\sigma_0 = 0.1$ 的先验分布产生的条件概率预测分布与 $\sigma_0 = 10000$ 的产生的非常相似，这

表明平均值为 0 且标准差为 1 的高斯先验分布对最终拟合结果没有
产生较大偏差。同时，如图 7.13 所示，上述分析结论对所有大小的
训练数据集均有效。而训练数据集大小的主要影响是，当使用较
大的训练数据集时，贝叶斯模型的认知不确定性降低，不确定性
完全由偶然不确定性构成，此时贝叶斯模型将得到与最大似然模
型相同的条件概率分布，如图 7.13 的最右列所示。

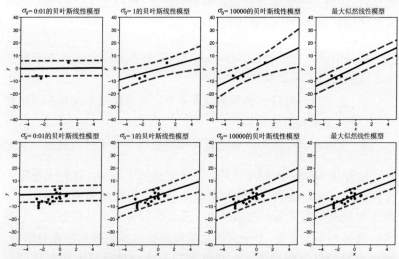

图 7.13　先验分布标准差 σ_0 对贝叶斯线性模型(前三列)和最大似然线性模型(最
右列)各自条件概率预测分布的影响。在贝叶斯线性模型中，已知预测数
据的标准差为 3，斜率和截距参数的先验分布服从高斯分布，分布的平
均值均为 0，标准差分别为 0.1、1 和 10000，如图标题所示。在上图中，
训练数据集包含 4 个数据点；在下图中，训练数据集包含 20 个数据点

我们再看第二个问题：贝叶斯模型是否比传统最大似然模型具
有更好的预测性能？答案是肯定的。如第 5 章所述，测试集上的负
对数似然值是量化和比较不同模型预测性能的有效方法，模型的负
对数似然值越低，模型的预测性能就越好。为了对比两类模型在测
试集上的负对数似然值大小，同时减少随机波动影响，我们对超过

100 个模型的负对数似然值进行平均。每个模型都采用新生成的数据进行训练拟合，其结果如图 7.14 所示。由图可以发现贝叶斯模型优于最大似然模型。当使用贝叶斯模型代替传统最大似然模型时，训练数据集越小，其预测性能提升越明显。

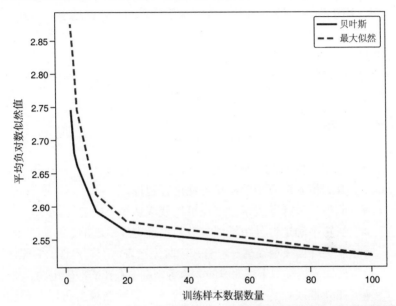

图 7.14　利用测试集上的负对数似然值，对贝叶斯线性模型和最大似然线性模型的预测性能进行比较。负对数似然值越低，模型的预测性能越好。两种模型中，数据方差均是已知的，贝叶斯模型的斜率和截距参数均采用均值为 0 且方差为 1 的高斯先验分布

　　为什么贝叶斯方法会优于最大似然方法，这一问题是否有更直观的解释？还记得第 7.3.1 节关于金融专家的示例吗，贝叶斯方法集合了许多人的智慧，而最大似然方法仅依赖于最优专家的知识。如果数据很少，那么有必要听取多位专家的意见。

　　在进入下一章讨论贝叶斯神经网络之前，让我们来总结一下本章贝叶斯入门的主要内容。贝叶斯模型可以通过概率分布获取参数

值的认知不确定性，而要采用贝叶斯方法，需要为参数分布选择一个先验分布。先验分布可以是常量，譬如均匀分布，或是钟形曲线，譬如通常均值为 0 的正态分布，主要用于引入先验知识或对模型进行正则化。通过对贝叶斯模型进行训练，最终得到参数的后验概率分布。用于训练的数据越多，后验概率分布的扩散就越小，即其方差会越小，参数的不确定性会不断降低，即模型的认知不确定性在不断降低。如果训练数据集较大，那么贝叶斯模型将产生与最大似然模型相似的结果。

7.4 小结

- 数据中固有的不确定性，称为偶然不确定性，可以用第 4 章到第 6 章介绍的概率方法进行建模。
- 此外，贝叶斯概率模型还可以获取认知不确定性。
- 认知不确定性是由模型参数的不确定性引起的。
- 非贝叶斯模型在离开已有知识时无法表达不确定性。它无法感知表达类似于房间里的大象等问题中存在的不确定性。
- 在外推或训练数据不足的情况下，贝叶斯模型可以在预测时表达不确定性。
- 在贝叶斯模型中，每个参数都能被一个概率分布所代替。
- 在拟合贝叶斯模型之前，需要选择一个先验分布。
- 贝叶斯法则是"后验分布正比于似然概率乘以先验分布。"它是贝叶斯定理的一个推论。
- 与训练数据中固有的偶然不确定性相反，可以通过增大训练数据集规模，来减少模型参数的认知不确定性，得到方差更小的模型参数后验概率分布。
- 在训练数据有限的情况下，贝叶斯模型比非贝叶斯模型具有更好的预测性能。

第 *8* 章

贝叶斯神经网络

本章内容：
- 两种贝叶斯神经网络(Bayesian Neural Networks，BNN)拟合方法
- 贝叶斯神经网络变分推理(Variational Inference，VI)近似方法
- 贝叶斯神经网络蒙特卡罗 dropout(Monte Carlo dropout，简称为 MC dropout)近似方法
- 利用 TFP 变分层构建变分推理贝叶斯神经网络
- 利用 Keras 实现蒙特卡罗 dropout 贝叶斯神经网络

　　本章将介绍两种有效的近似方法，以实现贝叶斯深度学习模型。这两种方法分别是变分推理(VI)和蒙特卡罗 dropout(MC dropout)。在构建贝叶斯深度学习模型时，需要将贝叶斯统计与深度学习相结合，如同本章开头，由贝叶斯统计创始人 Thomas Bayes 牧师和深度学习教父级领导者 Geoffrey Hinton 的画像合成的组合图像所展示的那样。这些近似方法使得具有大量参数的贝叶斯深度学习模型训练拟合具备可行性。如第 7 章所述，贝叶斯深度学习模型具备认知不确定性建模能力，而这是非贝叶斯概率深度学习模型所不具备的。

　　在第 4、5 和 6 章，我们学习了概率深度学习分类模型和概率深度学习回归模型，它们通过对期望输出的整体概率分布进行预测，来实现预测结果的固有不确定性建模和表达，即实现偶然不确定性的估计。在第 7 章中，我们进一步学习了另外一种不确定性，即认知不确定性，它主要表示模型参数的不确定性。回想一下房间里的大象问题，当对于未知的新情况使用深度学习模型进行预测时，认知不确定性变得至关重要。即使模型识别不出大象，至少应该知道有什么地方不对劲。

　　在上一章中，我们知道贝叶斯概率模型可以对参数的不确定性进行量化，从而提供了更好的预测性能，即更低的负对数似然 NLL，尤其是在训练数据很少的情况下，性能提升更加明显。遗憾的是，当从玩具数据集的简单示例转换到现实深度学习任务时，贝叶斯方法运行速度会变得越来越慢，甚至无法实现。

　　本章将学习一些近似方法以得到贝叶斯概率深度学习模型变体，进而为检测结果概率分布不确定性提供了工具。贝叶斯深度学习模型的优势在于可以通过增大认知不确定性，来输出更大的预测不确定性，从而能检测出新的未知情况。通过本章学习，你会发现贝叶斯深度学习回归模型在外推时会报告更大的不确定性，而贝叶斯深度学习分类模型对于新的未知类别会给出不确定性指示，以表明它们的预测是不可靠的。

8.1 贝叶斯神经网络概述

让我们将第 7 章所描述的贝叶斯方法应用于神经网络中，构建贝叶斯神经网络。图 8.1 的左图展示了最基本、最简单的贝叶斯线性回归模型，是其他复杂贝叶斯网络的基础，图 8.1 的右图展示了稍微复杂的贝叶斯神经网络。由图可见，与标准概率线性回归相比，贝叶斯线性回归模型的权重不是固定值，而是服从 $P(\theta \mid D)$ 分布。毫无疑问，对于神经网络，绝对不能使用概率分布来代替单一权重。事实证明，训练拟合深度贝叶斯神经网络并不简单，但 TFP 工具箱为此提供了有力的工具。

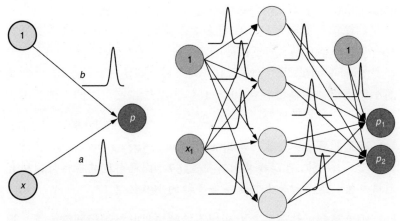

图 8.1 无隐藏层且只有一个输出节点的贝叶斯神经网络，可对简单线性回归
问题进行建模，为预期输出结果生成概率分布，如左图所示。在贝叶
斯神经网络中，用概率分布代替了固定的斜率参数(a)和截距参数(b)。
对深度神经网络进行同样的替代，就得到了更具一般性的贝叶斯神经
网络，如右图所示

在第 7.3 节中，我们通过公式推导，得到了贝叶斯线性回归模型的解析解。然而，整个推导过程需要一定的前提假设，即预测结果方差描述参数 σ_x 与输入 x 无关，并且必须提前知道。由于神经网

络比简单线性模型复杂得多，因此解析求解法并不适用于具有隐藏层的贝叶斯神经网络。那么是否可以采用第7.2节的黑客式贝叶斯近似方法呢？从原理上讲，黑客式近似方法，即暴力求解法同样适用于贝叶斯深度神经网络。但运算速度仍然是主要问题：如果保持方法不变，直接从两个参数的贝叶斯线性回归转换到具有5000万个权重的神经网络，运算耗时将大到惊人。

为了对暴力近似方法的耗时有一个直观理解，简单回顾一下第7章中的暴力计算过程：对于参数 a，均匀采样得到了30个离散值，即 nbins=30；同样对于参数 b，也均匀采样得到了30个离散值，即 nbins=30；两者组合，最终得到了 nbins^2 = 900个参数采样结果。那么对于具有5000万个参数的网络来说，暴力近似方法需要分别对 nbins^5000万个不同组合参数值进行下计算，以估计出后验概率。让我们简单估算一下这个值有多大，假设 nbins = 10，则需要计算 $10^{50,000,000}$ 个估计值，如果每秒可以进行10亿次估计运算，那么需要花费的时间为 $10^{50,000,000} / 10^9 = 10^{49,999,991}$ 秒。即使对于具有100个权重的小型网络，也需要花费 $10^{100} / 10^9 = 10^{91}$ 秒。这个时间具体有多大呢？这是个有趣的问题。

有趣的事实：登录网站 https://www.wolframalpha.com/，在搜索栏中输入 10^{91} 秒，可以换算出需要 $3.169 \cdot 10^{83}$ 年时间才能估计出所有网格点值，这个时长大约是宇宙年龄的100亿倍！

无论是解析法还是暴力法都不能解决贝叶斯神经网络问题。那么该怎么办呢？有一种方法称为马尔可夫链蒙特卡罗方法(Markov Chain Monte Carlo，MCMC)。与暴力法相比，这种方法可以高效地对参数值进行采样。第一个 MCMC 算法是20世纪50年代和70年代开发的 Metropolis-Hastings 算法。世界上最大、最著名的专业技术组织 IEEE(电气和电子工程师协会)将该方法列为20世纪科学和工程领域最具影响力的十大算法之一，具体请参阅网站 http://mng.bz/vxdp。它的优点是只要有足够的计算量，其结果会十分精确。但它主要适用于解决小问题，比如 10 到 100 个变量或权重，不适用于更大的网络，例如通常具有数百万个权重的深度学习网络。

那么，是否还有其他方法能在合理的时间内，计算得到标准化后验分布的近似解呢？答案是肯定的，一共有两种方法，分别是变分推理贝叶斯和蒙特卡罗(MC)dropout。变分推理贝叶斯方法已被装配在 TFP 工具箱中，可通过工具箱提供的特定 Keras 层来实现变分推理。而蒙特卡罗 dropout 则是一种简单的方法，可以直接在 Keras 中实现。

8.2　变分推理贝叶斯近似

在无法求得贝叶斯神经网络解析解或无法采用马尔可夫链蒙特卡罗采样方法时，需要采用其他方法获取贝叶斯模型的近似解。在本节中，将学习这样一种近似方法，即变分推理近似法。第 8.2.1 节将给出变分推理近似法的详细推导过程，第 8.2.2 节将变分推理近似应用于一个简单的线性回归示例。因为该示例存在解析解(请参见第 7.3.3 节)，所以可以对变分推理近似方法的性能优劣进行对比判断。

变分推理近似方法可应用于各种深度学习模型中，在第 8.5 节，该方法将应用于两个案例研究，一个为回归问题，另一个为分类问题。为了便于理解这种方法的基本思想，并能够与精确解析解进行比较，与第 7 章保持一致，本节将在相同的简单线性回归问题上进行演示应用。建议对照 notebook 文件学习本节内容。

 实操时间打开网站 http://mng.bz/4A5R，对照 notebook 文件来学习本节内容。该 notebook 文件主要使用贝叶斯方法来解决线性回归问题，涵盖解析方法、变分推理，以及如何使用 TFP 工具箱。尝试理解 notebook 文件中代码含义。

在深度学习中，根据贝叶斯方法构建贝叶斯神经网络的主要思路是把每个固定权重都替换为概率分布。通常情况下，这种分布相当复杂，并且分布中不同权重之间并不独立。变分推理贝叶斯近似方法的核心思想是采用简单分布对网络权重的复杂后验分布进行近似，而所采用的简单分布称为变分分布。

在变分推理近似中，经常采用高斯分布作为变分分布，在 TFP 工具箱中，默认情况下也是选择高斯分布作为变分分布。高斯变分分布由均值和方差两个参数定义。与非贝叶斯神经网络仅学习单个固定权重值 w 不同，贝叶斯神经网络需要学习权重分布的两个参数，即高斯分布的均值 w_μ 和方差 w_σ，如图 8.2 所示。根据贝叶斯定理，为了逼近后验分布，除了设定变分分布类型外，还需要提前定义先验分布。常见的做法是选择标准正态分布 $N(0,1)$ 作为先验分布。

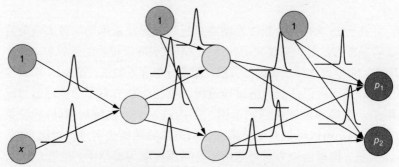

图 8.2 　具有两个隐藏层的贝叶斯网络，其权重现在服从一个分布
　　　　 而不是固定的值

第 8.2.1 和 8.2.2 节阐述了变分推理相关内容，给出了其推导过程。如果你对公式推导不感兴趣，可以跳过这些部分。第 8.3 节将学习如何使用 TFP 工具箱实现变分推理方法。

8.2.1　深入了解变分推理*

自从阿姆斯特丹大学的 Kingma 和 Welling 于 2013 年年底提出变分自动编码器以来，变分推理一直被用于深度学习中。我们此处采用的变分推理贝叶斯方法实现，被称为基于反向传播的贝叶斯算法，由 Google DeepMind 科学家 Blundell 及其同事在所撰写的论文

Weight Uncertainty in Neural Networks 中被首次提出，可参阅网站 https://arxiv.org/abs/1505.05424 查看具体内容。正如稍后将看到的那样，TFP 工具箱有效地集成了这种方法。但首先需要了解变分推理的基本原理和内部机制，图 8.3 给出了该原理的草图。

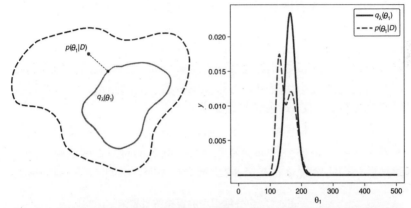

图 8.3　变分推理基本原理。左图较大区域表示所有可能后验概率分布构成的
　　　　空间，其中的一个点表示某个特定后验分布 $p(\theta_1|D)$，对应于右图中
　　　　由点虚线表示的概率密度曲线。左图内部区域表示所有可能的变分分
　　　　布。优化后的变分分布 $q_\lambda(\theta_1)$，如内环上的点所示，其与后验分布的
　　　　距离最小，如虚线所示，对应于右图中由实线表示的概率密度曲线

　　由于需要通过求解积分来对后验分布进行标准化处理，而积分都是高维的，因此真实标准后验分布 $P(\theta|D)$ 很难准确计算，可参见第 7.3.2 节。正如第 8.1 节中所讨论的，也无法使用暴力法进行近似，因为它的运算速度太慢了。当然，由于高维积分过于复杂，也无法采用解析方法进行求解。

　　为了便于理解图 8.3 不同参数含义，假设参数 θ 为深度贝叶斯神经网络的权重。与非贝叶斯神经网络权重不同，它是一个服从一定概率分布的随机变量，而非一个固定的值。图 8.3 左图显示了参数 θ 概率分布所在的抽象空间，该空间中的一个点表示某个特定后验概率分布 $P(\theta|D)$。如左图所示，变分推理并不是直接确定后验分布，而是使用简单的变分分布对其进行近似，例如右图钟形概率

密度曲线所示的高斯分布。虽然选定变分分布类型后，可采用的变分分布有无穷多个，例如图 8.3 左图被标记为 $q_\lambda(\theta)$ 的小区域内有无穷多个高斯分布，但它们仅构成所有可能分布的一个子集。变分推理的工作是通过调整变分参数 λ，使其尽可能逼近真实后验分布 $P(\theta|D)$。图 8.3 右图显示了一维权重参数 θ_i 的变分推理示意图，可知一维后验分布由一维高斯变分分布近似得到，而对于每个高斯分布有两个参数 $\lambda=(\mu,\sigma)$ 可供调整，这两个参数被称为变分参数。

　　要想变分分布尽可能接近真实后验分布，或者采用更精确的数学术语表述：最小化理想分布和真实分布之间的距离，可以通过控制变分参数 $\lambda=(\mu,\sigma)$ 来调整理想分布的形状。

　　为便于对比和理解，表 8.1 给出了变分推理中所涉及的重要符号表示。除了最后一行的符号表示外，其余的符号都应该被掌握，而最后一行的参数 w 将在第 8.2.2 节进行说明。

表 8.1　变分推理中的重要符号表示

符号	简单示例	名称	备注
θ	$\theta=(a,b)=($斜率，截距$)$	参数	θ 不是固定值，它服从一个概率分布 在非贝叶斯情况下，θ 是固定的，并且与网络的可调参数 w 相同
$P(\theta\|D)$	$P(a\|D)$	后验分布	通常难以求解
$q_\lambda(\theta)$	$N(a;\mu_a,\sigma_a)$ $N(b;\mu_b,\sigma_b)$	变分近似	函数易求解，比如每个权重参数 θ_i 都是一个独立的高斯函数
λ	$\lambda=(\mu_a,\sigma_a,\mu_b,\sigma_b)$	变分参数	变分分布的可调参数，用于对后验分布进行近似
w	$w=(w_0,w_1,w_2,w_3)$ $\lambda=(w_0,sp(w_1),w_2,sp(w_3))$	可调参数	贝叶斯网络中的待优化参数。缩写 $sp(w_1)$ 表示 softplus 函数，用于生成高斯分布标准差所需的正值

但是如何对两个概率分布间的相似性或差异性进行度量呢？更重要的是，如何对未知后验概率分布的散度进行度量呢？这两个问题的答案就是 Kullback-Leibler(K-L)散度。在 4.2 节中，我们已经学习了 K-L 散度计算公式，这里用它对 $P(\theta\,|\,D)$ 和 $q_\lambda(\theta)$ 之间的相似性进行计算。在 4.2 节中讲过，K-L 散度不是对称的。如果幸运地选择了正确的顺序 $KL\big[q_\lambda(\theta)\,\|\,p(\theta\,|\,D)\big]$，未知后验概率分布就会消失，只需要优化公式 8-1 即可。关于公式 8-1 的推导过程，可参见下面的补充内容。

$$\lambda^* = \arg\min\Big\{KL\big[q_\lambda(\theta)\,\|\,p(\theta)\big] - E_{\theta\sim q_\lambda}\big[\log(p(D\,|\,\theta))\big]\Big\} \qquad \text{式(8-1)}$$

优化损失函数推导

推导公式 8-1 是一个微积分问题，所以如果不喜欢的话，可以直接跳过这一内容。另一方面，整个推导过程是很有趣的，所以让我们开始吧。

从变分近似分布 $q_\lambda(\theta)$ 和真实后验分布 $p(\theta\,|\,D)$ 间的 K-L 散度开始。此时大家会有个疑问，我们并不知道真实的后验分布，如何进行计算？简单来回答就是，如果采用 $KL[q_\lambda(\theta)\,\|\,p(\theta\,|\,D)]$ 来计算测度，而非 $KL[p(\theta\,|\,D)\,\|\,q_\lambda(\theta)]$，则真实后验分布会丢失，此时只需要计算变分分布和已知先验分布间的 K-L 散度即可。

用 D 表示数据，根据 K-L 散度公式，得出变分近似分布 $q_\lambda(\theta)$ 和真实后验分布 $P(\theta\,|\,D)$ 间的 K-L 散度表达式。如果不记得如何写出两个函数 f 和 g 间的 K-L 散度，也许这个经验法则会对你有所帮助，即"后面、惟一、下面"。意思是 $KL[f(\theta)\,\|\,g(\theta)]$ 中的第二个函数 g 仅出现一次，并且位于分母位置。对于 K-L 散度的下述定义，你应该比较熟悉。

$$KL\big[q_\lambda(\theta)\,\|\,p(\theta\,|\,D)\big] = \int q_\lambda(\theta)\log\frac{q_\lambda(\theta)}{p(\theta\,|\,D)}\,\mathrm{d}\theta$$

$P(\theta\,|\,D)$ 为第二个函数("在后面")，在积分中只出现一次("惟

一"），并且位于分母位置（"在下面"）。可以进一步查阅 K-L 散度的定义，看是否如此。下面会有一些代数推导处理，拿出笔和纸，按照步骤操作即可。首先做的第一件事，是根据条件概率分布定义，可知 $P(\theta \mid D) = P(\theta, D) / p(D)$，将其代入 K-L 散度公式中，可得：

$$KL\big[q_\lambda(\theta) \parallel p(\theta \mid D)\big] = \int q_\lambda(\theta) \log \frac{q_\lambda(\theta)}{p(\theta, D) / p(D)} \, d\theta$$

然后运用对数运算规则 $\log(A \cdot B) = \log(A) + \log(B)$ 和 $\log(B / A) = -\log(A / B)$，将积分分成两大部分，得：

$$KL\big[q_\lambda(\theta) \parallel p(\theta \mid D)\big] = \int q_\lambda(\theta) \log p(D) d\theta - \int q_\lambda(\theta) \log \frac{p(\theta, D)}{q_\lambda(\theta)} \, d\theta$$

由于 $\log p(D)$ 与积分变量 θ 无关，可以把它提出到积分外面，得：

$$KL\big[q_\lambda(\theta) \parallel p(\theta \mid D)\big] = \log p(D) \cdot \int q_\lambda(\theta) d\theta - \int q_\lambda(\theta) \log \frac{p(\theta, D)}{q_\lambda(\theta)} \, d\theta$$

$q_\lambda(\theta)$ 是概率密度函数，满足概率密度积分为 1 的约束，即 $\int q_\lambda(\theta) d\theta = 1$，代入可得：

$$KL\big[q_\lambda(\theta) \parallel p(\theta \mid D)\big] = \log p(D) - \int q_\lambda(\theta) \log \frac{p(\theta, D)}{q_\lambda(\theta)} \, d\theta$$

第一项与变分参数 λ 无关，无需进行最小化。因此，只需要对 $-\int q_\lambda(\theta) \log \frac{p(\theta, D)}{q_\lambda(\theta)} \, d\theta$ 进行最小化，可得：

$$\lambda^* = \arg\min \left\{ -\int q_\lambda(\theta) \log \frac{p(\theta, D)}{q_\lambda(\theta)} \, d\theta \right\}$$

下面，对其进一步进行整理，以得到公式8-1。根据条件概率公式，代入 $p(\theta, D) = p(D \mid \theta) \cdot p(\theta)$，可得：

$$\lambda^* = \arg\min\left\{-\int q_\lambda(\theta)\log\frac{p(D\mid\theta)\cdot p(\theta)}{q_\lambda(\theta)}\mathrm{d}\theta\right\}$$

根据对数运算的微积分规则，可得：

$$\lambda^* = \arg\min\left\{\int q_\lambda(\theta)\log\frac{q_\lambda(\theta)}{p(\theta)}\mathrm{d}\theta - \int q_\lambda(\theta)\cdot\log p(D\mid\theta)\mathrm{d}\theta\right\}$$

第一项是变分分布和先验分布间的 K-L 散度计算公式，即 $KL[q_\lambda(\theta)\parallel p(\theta)]$（记住"后面、惟一、下面"），第二项是函数 $\log p(D\mid\theta)$ 期望的定义，最终可得：

$$\lambda^* = \arg\min\left\{KL[q_\lambda(\theta)\parallel p(\theta)] - E_{\theta\sim q_\lambda}[\log p(D\mid\theta)]\right\}$$

至此已完成公式 8-1 表达式推导。你看，没有那么难吧？

然而，如果选择了不同顺序，从 $KL[p(\theta\mid D)\parallel q_\lambda(\theta)]$ 开始，将无法获得如公式 8-1 所示的可用表达式。公式 8-1 中看起来繁杂，实际上比较简单，让我们仔细对公式 8-1 进行分析，以便于理解。

由于要最小化公式 8-1，所以第一项需要尽可能小。第一项又是一个 K-L 散度，但不同的是它是变分近似 $q_\lambda(\theta)$ 和先验分布 $p(\theta)$ 之间的散度。因为 K-L 散度表示两个概率分布间的某种距离度量，其最小化表示希望近似分布 $q_\lambda(\theta)$ 尽可能接近先验分布 $p(\theta)$。在贝叶斯神经网络中，先验分布通常选在 0 值附近，因而公式 8-1 第一项可确保变分分布 $q_\lambda(\theta)$ 集中在小数值附近。有鉴于此，公式 8-1 中的第一项也可被称为正则化项，它倾向于以 0 为中心的 θ 分布。而如果设定先验分布为狭窄分布，且远离 0 值区域，则可能会使迫使变分分布同样远离 0 值区域，进而导致最后训练得到的贝叶斯网络性能较差。

第二项 $E_{\theta\sim q_\lambda}[\log p(D\mid\theta)]$ 是一个我们比较熟悉的统计量，它以参数 θ 为随机变量，计算 $\log p(D\mid\theta)$ 的期望值。其中参数 θ 的概率

分布由变分分布近似定义，而变分分布则由变分参数 λ 确定。但终归 $E_{\theta\sim q_\lambda}\big[\log p(D\,|\,\theta)\big]$ 是关于 $\log p(D\,|\,\theta)$ 的期望值。那么它表示什么含义呢？再仔细看一下。有时，平均值比期望值更容易理解，我们知道如果样本抽样次数趋于无穷大，则期望值与样本平均值相等。因此，对于 $E_{\theta\sim q_\lambda}\big[\log p(D\,|\,\theta)\big]$，可按如下步骤求解：首先对贝叶斯网络 q_λ 分布进行 θ 值采样，然后对每个采样值计算 $\log p(D\,|\,\theta)$，最后对多次采样计算的结果求平均。

举个简单例子，看一下如何计算 $E_{\theta\sim q_\lambda}\big[\log p(D\,|\,\theta)\big]$。首先从 q_λ 概率分布中进行 θ 值采样。对于如图 8.3 所示的简单一维概率分布，可以从中采样得到 θ_1，例如采样得到 $\theta_1=2$，对于线性回归示例中的二维概率分布，可以从中随机采样得到具体的 a 和 b 值。然后根据采样得到的参数值 $\theta=(a,b)$，计算观察数据 D 的对数似然概率。在线性回归示例中，假设观测数据分布近似服从均值为 $\mu=a\cdot x+b$、标准差为固定值 σ 的高斯分布，则可按下式计算对数似然概率 $\log(p(D\,|\,(a,b)))$。

$$\log(p(D\,|\,(a,b)))=\sum_{i=1}^{n}\log(N(y_i;a\cdot x_i+b,\sigma))$$

没错，还是我们的老朋友，对数似然函数！一开始完全没有看出来！到这里，已经很清楚了：包括负号在内的第二项内容 $-E_{\theta\sim q_\lambda}\big[\log p(D\,|\,\theta)\big]$，是平均负对数似然值，与非贝叶斯神经网络一致，它仍是我们的优化损失函数。$-E_{\theta\sim q_\lambda}\big[\log p(D\,|\,\theta)\big]$ 需要对不同 θ 值进行求平均，而不同 θ 值可以从概率分布 $q_\lambda(\theta)$ 中采样得到。

总结来说，如公式 8-1 所示的贝叶斯神经网络损失函数，其含义为在权重参数 θ 的变分分布与先验分布 $p(\theta)$ 的距离不能太远的约束下，对平均负对数似然值关于权重参数 θ 的期望值进行最小化。

8.2.2　变分推理简单应用*

祝贺你没有直接跳到第 8.3 节！要理解本部分内容，仍需要一些数学知识。现在应用变分推理方法，解决贝叶斯回归简单问题。

我们已经在第 7.2.1 节利用黑客式暴力方法，在第 7.3.3 节利用解析方法，求解了贝叶斯线性回归模型。提醒一下，简单线性回归概率模型的贝叶斯变体同样由 $p(y\,|\,x,(a,b)) = N(y;\mu = a\cdot x+b, \sigma = 3)$ 给出，不同之处在于 (a,b) 为随机变量，服从一定概率分布。继续假设描述偶然不确定性的标准差 σ 已知。这里不需要深究设定 $\sigma = 3$ 的原因，我们选择它只是为了让结果好看一些。

在简单线性回归概率模型的贝叶斯变体中，需要首先定义 $\theta = (a,b)$ 这两个模型参数的先验分布，其中 a 为斜率，b 为截距。同之前一样，选择正态分布 $N(0,1)$ 作为它们的先验分布。然后设定变分分布 $q_\lambda(\theta)$，其将被调整为近似后验分布 $p(\theta\,|\,D)$。原则上，变分分布可能是一个非常复杂的概率分布，但为简化问题，选择了两个独立的高斯分布作为 $\theta = (a,b)$ 的变分分布。

斜率参数 a 可由第一个高斯分布采样得出，即 $a \sim N(\mu_a, \sigma_a)$，截距参数 b 可由第二个高斯分布采样得出，即 $b \sim N(\mu_b, \sigma_b)$。因此，简单线性回归贝叶斯模型共存在四个变分参数 $\lambda = (\mu_a, \sigma_a, \mu_b, \sigma_b)$，可以通过优化来确定它们的值。在简单线性回归贝叶斯模型优化训练时，采用随机梯度下降法来优化向量 $w = (\mu_a, w_1, \mu_b, w_3)$。由于尺度参数 σ_a 和 σ_b 必须为正值，并且我们不想直接限制 w_1 和 w_3 的值，因此采用第 5.3.2 节相同方法，使用 softplus 函数，对 w_1 和 w_3 参数进行处理。在代码清单 8.1 中，可以看到相应的代码：sigma_a = tf.math. softplus(w[1])和 sigma_b = tf.math.softplus(w[3])。

线性回归贝叶斯网络结构具体如图 8.4 所示，为便于将它与第 7.2.1 节中的暴力方法进行比较，特意选择一个小型网络。

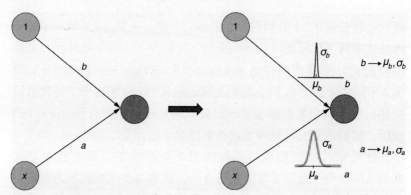

图 8.4　简单线性回归模型。左图是非贝叶斯神经网络，右图是变分推理贝叶斯近似模型。在变分推理中，模型权重 a 和 b 的后验概率分布被替换为高斯分布，由变分参数 $\lambda = (\mu_a, \sigma_a, \mu_b, \sigma_b)$ 具体确定

　　线性回归贝叶斯网络的训练任务是调整变分参数，来最小化公式 8-1 所示的损失函数。这里主要通过梯度下降法对损失函数进行优化，以确定参数 $w = (\mu_a, w_1, \mu_b, w_3)$。但在开始编程和最小化公式 8-1 之前，再一次仔细观察该损失函数，以便更好地理解在最小化过程中到底发生了什么。

$$loss_{\text{VI}} = loss_{\text{KL}} + loss_{\text{NLL}} = KL\big[q_\lambda(\theta) \,\|\, p(\theta)\big] - E_{\theta \sim q_\lambda}\big[\log p(D \,|\, \theta)\big]$$

式(8-2)

　　因为已经使用高斯分布作为变分近似值 $q_\lambda(a)$ 和 $q_\lambda(b)$，并且使用标准正态高斯分布 $N(0,1)$ 作为先验分布，所以可以通过公式推导，直接得到变分高斯分布 $N(\mu, \sigma)$ 和先验分布 $N(0,1)$ 间 K-L 散度的解析解。因为推导过程非常乏味，并且无法添加更多的独到见解，这里跳过推导部分，直接给出最终结果。

$$loss_{\text{KL}} = KL\big[q_\lambda(w) \,\|\, p(w)\big]$$
$$= KL\left[N(\mu, \sigma) \,\|\, N(0,1) = -\frac{1}{2}(1 + \log(\sigma^2) - \mu^2 - \sigma^2)\right] \quad 式(8\text{-}3)$$

不敢置信吗？可以阅读变分推理后面随附的 notebook 文件，以对公式进行数值验证。

对于公式 8-2 中的第二项 $loss_{NLL}$，需要计算负对数似然的期望值 $E_{\theta \sim q_\lambda}\left[\log p(D|\theta)\right]$。这次就没那么幸运了，它无法得到封闭的解析解。因此，这里用经验平均值来近似期望值，通过对不同 θ 值对应的负对数似然 $-\log(p(D|\theta))$ 求平均，来得到第二项 $loss_{NLL}$。其中不同 θ 值可以从变分分布 q_λ 中采样得到。但是需要多少个 θ 采样值呢？事实证明，一个样本通常就足够了，稍后将对此进行解释。

为了更好地理解，让我们看一下代码清单 8.1 中的代码，并比照图 8.4 所示的神经网络，想象一次前向传播过程，包括训练集上损失函数计算评估。在前向传播时，参数是固定的，即此时我们已经得到了固定值向量 $w=(\mu_a, w_1, \mu_b, w_3)$，即使它有可能并不是最优的。而固定值向量则直接决定变分参数大小，可参见代码清单 8.1 中 sigma_a、mu_a、sigma_sig 和 mu_sig 的计算方法，其中 sp 表示 softplus 函数。根据确定的变分参数，得到了确定的变分分布 $N(\mu_a, \sigma_a)$ 和 $N(\mu_b, \sigma_b)$。由公式 8-3 可知，在已确定变分分布时，可直接对正则化损失分量进行计算，即对公式 8-2 中的第一个分量进行求解。如代码清单 8.1 所示，在初始化时，将四个参数的初始值设为 0.1，可得此时的正则化损失为 loss_kl = −0.5。

接下来，计算损失函数的负对数似然部分，即

$$E_{\theta \sim q_\lambda}\left[\log(p(D|(a,b)))\right] = E_{\theta \sim q_\lambda}\left[\sum_{i=1}^{n}\log(N(y_i; a \cdot x_i + b, \sigma))\right]$$

其中 $N(y_i; a \cdot x_i + b, \sigma)$ 为正态分布概率密度函数。为了近似这个负对数似然项，对 a、b 进行单次采样，得到权重固定值，对应为非贝叶斯神经网络中的参数 a、b，可以按照之前的方式计算该损失函数的负对数似然部分。在代码清单 8.1 中，通过两行代码实现负对数似然值的计算：首先，为网络输出选择合适的 TFP 分布，y_prob = tfd.Normal(loc = x·a + b, scale = sigma)；有了正确的分布，就可以通过对所有训练样本的负对数似然求和，得到损失函数的负

对数似然部分，loss_nll = -tf.reduce_sum (y_prob.log_prob (ytensor))。

将 loss_kl 和 loss_nll 两个损失分量相加，即可得到最终的网络损失。这就完成了吗？根据经验，差不多了。基于 TensorFlow 的强大功能，可以直接求取损失函数关于参数 $w = (\mu_a, w_1, \mu_b, w_3)$ 的导数，并对参数进行更新。但事实上还有一个微妙的问题。

假设要计算损失函数关于权重 $\mu_a = w[0]$ 的导数，它给出了斜率 a 所服从正态分布的平均值，即 $a \sim N(\mu_a, \sigma_a)$。在图 8.5 的左图中，可以看到斜率 a 相关计算图。该计算图从变分分布 $N(\mu_a, \sigma_a)$ 中采样得到斜率参数 a，同理可以得到参数 b。在第 3 章，计算神经网络梯

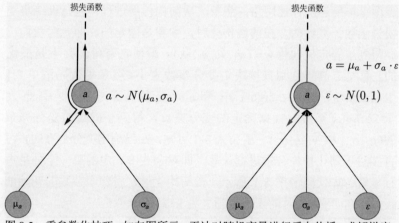

图 8.5   重参数化技巧。如左图所示，无法对随机变量进行反向传播，求解梯度，例如无法对 $a \sim N(\mu_a, \sigma_a)$，求解 $\dfrac{\partial}{\partial \mu_a}$，为此采用重参数化技巧，如右图所示。通过重参数化技术，不再从 $a \sim N(\mu_a, \sigma_a)$ 中对 a 进行采样，而是通过 $a = \mu_a + \sigma_a \cdot \varepsilon$ 来计算 a，其中 ε 服从标准正态分布，没有可调参数，由正态分布采样得到。最终，采用重参数化技巧后，随机变量 $\varepsilon \sim N(0,1)$ 为已知确定量，不需要更新优化，a 仍然服从 $a \sim N(\mu_a, \sigma_a)$ 正态分布，但可以通过反向传播来获得 $\dfrac{\partial}{\partial \mu_a}$ 和 $\dfrac{\partial}{\partial \sigma_a}$

度时，仅需要计算输出关于输入的局部梯度，并由多个级联局部梯度相乘得到整体网络梯度。按此方式，只需计算概率密度 $N(\mu_a, \sigma_a)$ 关于 μ_a 的导数即可。但是，神经网络局部输出 a 是从高斯分布中采样得到的，那么如何通过采样变量计算导数呢？事实上，这是不可能实现的，因为 a 的值是随机的，无法确定应该在哪个位置对正态分布概率密度进行求导。

由于网络局部输出 a 为采样值，满足 $a \sim N(\mu_a, \sigma_a)$，因此无法求取其关于 μ_a 或 σ_a 的导数。那么，没有其他解决办法了吗？2013年，Kingma 和 Welling 找到了解决这一困境的方法，并且还有许多人也独自找到了该解决方案：并不直接对 $a \sim N(\mu_a, \sigma_a)$ 进行采样，而是先计算 $a_{rep} = \mu_a + \sigma_a \cdot \varepsilon$，然后再对 $\varepsilon \sim N(0,1)$ 进行抽样。运行网站 http://mng.bz/4A5R 上的 notebook 程序文件，可以发现重参数化 $a_{rep} = \mu_a + \sigma_a \cdot \varepsilon$ 非常有效，可以使网络重新有效地工作！如图 8.5 右图所示，重参数化的优势在于通过节点 μ_a 或 σ_a，顺利实现了梯度计算的反向传播，而对于新引入的随机变量 ε，则无需求取任何梯度，即不必通过该节点进行梯度计算反向传播。利用重参数化技巧，得到了实现梯度计算的可行性解决方案。至此，关于贝叶斯变分推理近似网络，从前向传播到损失函数计算，再从损失函数计算到网络梯度求解，我们完成了全部相关内容的学习，具体实现完整代码，请参见代码清单 8.1。

代码清单 8.1　简单线性回归示例变分推理应用(完整代码)

向量 w 的初始值设置

```
w_0=(1.,1.,1.,1.)
log = tf.math.log
w = tf.Variable(w_0)
e = tfd.Normal(loc=0., scale=1.)      重参数化技巧所需
                                      的噪声随机变量
ytensor = y.reshape([len(y),1])
for i in range(epochs):
    with tf.GradientTape() as tape:
```

变分参数，
决定权重
a 的均值 →

变分参数，决定权
重 *a* 的方差 ←

```
mu_a = w[0]
sig_a = tf.math.softplus(w[1])
```

```
mu_b = w[2]
sig_b = tf.math.softplus(w[3])
```

变分参数，
决定权重
b 的方差 →

变分参数，决定权
重 *b* 的均值 ←

```
l_kl = -0.5*(1.0 +
    log(sig_a**2) - sig_a**2 - mu_a**2 +
    1.0 + log(sig_b**2) - sig_b**2 - mu_b**2)
```

先验分布为
高斯分布时
的 K-L 散度

使用重参数化技巧，根据 *a*~*N*(mu_a, sigma_a)进行抽样，得到权重采样

```
a = mu_a + sig_a * e.sample()
b = mu_b + sig_b * e.sample()
```

```
y_prob = tfd.Normal(loc=x*a+b, scale=sigma)
l_nll = \
    -tf.reduce_sum(y_prob.log_prob(ytensor))
```

计算负对数似然值

```
loss = l_nll + l_kl
grads = tape.gradient(loss, w)
logger.log(i, i, w, grads, loss, loss_kl, loss_nll)
w = tf.Variable(w - lr*grads)
```

梯度下降法

根据 *b*~*N*(mu_b, sigma_b)进行抽样，得到权重采样

贝叶斯变分推理近似网络训练拟合结果如图 8.6 所示。

由图可知，在网络训练过程中，经过 3000 次迭代，参数 μ_a 和 μ_b 可最终收敛到解析解位置，得到的参数估计非常准确。其中关于解析解的计算，请参阅第 7.3.3 节。

让我们回顾一下，在简单回归示例中是如何实现变分参数估计的。经公式推导，参数估计的损失函数由公式 8-2 给出。重复展示公式 8-2 如下：

$$loss_{VI} = loss_{KL} + loss_{NLL} = KL\big[q_\lambda(\theta) \parallel p(\theta)\big] - E_{\theta \sim q_\lambda}\big[\log p(D \mid \theta)\big]$$

式(8-2)(此处重复)

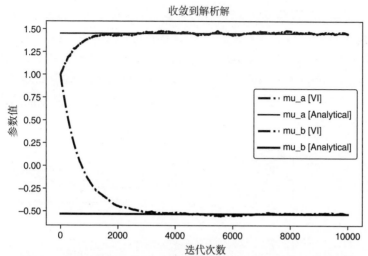

图 8.6 训练过程中，经过一定次数迭代，变分参数 μ_a (上曲线)和 μ_b (下曲线)收敛到其对应的解析解

我们使用梯度下降法来优化变分参数 $\lambda = (\mu_a, sp(w_1), \mu_b, sp(w_3))$。期望 $E_{\theta \sim q_\lambda}[\log p(D|\theta)]$ 可以通过对多个不同 θ 值对应的对数似然值 $\log(p(D|\theta))$ 求取平均来近似得到。其中不同的 θ 值由变分分布 q_λ 采样得到。根据大数定律，只有当 θ 值采样数量趋向于无穷大时，样本的平均值才等于期望值。但是实际上，只需要采样得到单个 θ 值，然后将对应的对数似然结果 $\log(p(D|\theta))$ 作为 $E_{\theta \sim q_\lambda}[\log p(D|\theta)]$ 的近似值即可。

在示例的每次迭代中，我们也仅对参数值 $\theta = (a,b)$ 进行了单次采样，然后关于函数公式 8-1，对变分分布 $a \sim N(\mu_a, \sigma_a)$ 和 $b \sim N(\mu_b, \sigma_b)$ 对应的位置变分参数 μ_a、μ_b 和方差变分参数 σ_a、σ_b 求取相应梯度。理论上，只有求取无限数量参数样本对应的梯度，然后取平均值才能得到梯度最陡下降方向，单个参数样本梯度计算并不会指向该方向。那么基于单次参数样本的计算还有意义吗？让我们具体计算分析一下。

简单回顾一下，本示例有四个变分参数，分别为 μ_a、μ_b、σ_a、σ_b。

这里主要以位置参数 μ_a 和 μ_b 梯度计算为例进行说明，设定其初始值为 $\mu_a = 1$ 和 $\mu_b = 1$。计算关于 μ_a 和 μ_b 的梯度，其结果分别为−3.09940 和2.2454。在学习率为 0.001 的情况下，采用一步参数更新，可得 $\mu_a = 1 + 0.001 \times 3.09940 = 1.0031$ 和 $\mu_b = 1 - 0.001 \times 2.2354 = 0.9975$。最后，重复上述步骤，进行多次梯度下降和参数更新，结果如图 8.7 所示。

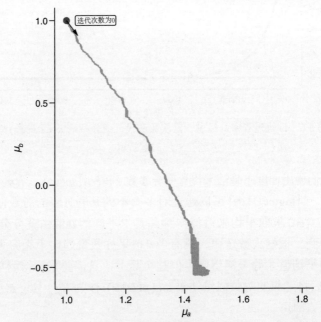

图 8.7　变分参数训练。贝叶斯神经网络训练意味对 $\theta = (a,b)$ 概率分布进行学习。最简单的贝叶斯神经网络只有两个参数 a 和 b，如图 8.4 所示。对其进行变分推理，一般假设变分分布为高斯分布 $a \sim N(\mu_a, \sigma_a)$，$b \sim N(\mu_b, \sigma_b)$。图中显示了迭代训练过程中位置参数 μ_a 和 μ_b 的数值变化曲线，其中的每一个点表示特定迭代次数后得到的变分参数 (μ_a, μ_b) 具体值，相邻两点间的连线表示负梯度方向。该图的动画版本可查阅网站 https://youtu.be/MC_5Ne3Dj6g

由图 8.7 可知，尽管每次迭代计算得到的梯度携带噪声，但整体趋势是正确的，经过多次迭代，仍然可以找到最小值。因此没必要通过对变分参数进行多次采样，来计算更精确的梯度，从而造成计算资源的浪费。虽然多次采样计算得到的梯度方向会更准确，箭头波动也比较小，但单次采样粗略估计也非常有效，并且可以快速计算。在深度学习中，仅用一个采样计算值来替代期望的技巧也被用于多种场合，如强化学习或变分自动编码器。

8.3　变分推理 TFP 实现

TFP 工具箱包含多种变分推理贝叶斯近似神经网络构建方法。首先看一下利用 TFP 构建变分推理网络有多简单。TFP 里面有一个 tfp.layers.DenseReparameterization 类，和标准的 Keras 层一样，利用它可以一层又一层地进行堆叠，以构建一个全连接的贝叶斯网络。代码清单 8.2 给出了构建贝叶斯网络的相关代码，所构建的网络如图 8.2 所示。你能猜出这个贝叶斯网络有多少个参数吗？需要注意的是，偏置项没有变分分布，只是一个固定权重。

代码清单 8.2　构建三层变分推理网络

```
model = tf.keras.Sequential([
    tfp.layers.DenseReparameterization(1, input_shape=(None,1)),
    tfp.layers.DenseReparameterization(2),
    tfp.layers.DenseReparameterization(3)
])
```

在默认设置中，DenseReparameterization 类将偏置项作为一个固定参数，而不是作为一个概率分布。因此，偏置项仅携带一个参数，如图 8.4 中从输入 1 到输出间的连接边所示。从输入 x 到输出节点采用高斯分布进行建模，共需要两个参数，分别决定分布的中心和尺度，因此第一层有三个参数需要学习。以此类推，第二层有两个偏置项和两个边，共有 2+2×2=6 个参数需要学习。最后一层有 3 个偏置项和 6 个边，得到共有 3+2×6=15 个参数需要学习。因此该网络总共有 24 个参数。与标准神经网络相比，贝叶斯神经网络的参数数量大约是标准神经网络参数数量的两倍。作为一个小练习，将代码 model.summary() 复制到 notebook 文件，实际统计一下网络权重参数的数量。

　　TFP 工具箱非常灵活。可以采用 TFP 工具箱，重新构建第 7.3.3 节中的特定线性回归模型，其斜率 a 和截距 b 服从高斯概率分布，但该模型假设高斯概率分布的方差参数 σ 是已知的。为了与 TFP 保持一致，需要将该特定模型转换为变分贝叶斯网络，如图 8.4 所示。为了对贝叶斯网络进行充分定义，还需要设定两个随机变量 a 和 b 的先验分布，这里选择正态分布 $N(0,1)$。

　　在代码清单 8.3 中可以找到实现该网络的代码。与 TFP 默认设置相反，在第 7.3.3 节中的特定线性回归模型中，偏置项也是概率分布。这可以通过在 DenseReparameterization 层构造函数中，设置 bias_prior_fn=normal 和 bias_posterior_fn=normal 来实现。此外，在 TFP 网络层中还存在一个奇特之处。变分推理贝叶斯网络损失函数如公式 8-1 所示，由常用的负对数似然项和 K-L 散度附加项组成，在全部训练样本上进行计算求和得到，可参见代码清单 8.3。然而，在深度学习中，经常把训练样本的平均负对数似然作为损失，其中平均负对数似然由负对数似然累加和除以训练样本数量得到。到目前为止，本书所有示例中也都是这样做的。由于训练优化的目标是最小化损失函数，而将损失函数除以一个常数，并不会改变最小值位置，因此把平均负对数似然作为损失不存在任何问题，同时还可以保证损失与样本数量无关，便于对比。按照现有处理方法，也需要把 K-L 总散度转换为每个样本上的平均散度，但目前 TFP 工具箱关于 K-L 散度并不是这样计算的。对 TFP 工具箱中，关于 DenseReparameterization 全连接层(请参阅网站 http://mng.bz/Qyd6)、Convolution1DReparameterization、Convolution2DReparameterization 和 Convolution3DReparameterization 卷积层的说明文档进行深入研究，可发现一些晦涩难懂的描述：

在进行小批量随机优化时，请确保每次迭代都按比例对损失进行缩放，例如，如果 kl 是批处理中每个样本的损失和，则应将 kl / num_examples_per_epoch 返回给优化器。

为了解决这个问题，还需要进一步将 KL 损失项除以训练样本数量(num)。代码清单 8.3 给出了正确的程序代码，其中 KL 损失按比例缩放由以下代码行完成：

```
kernel_divergence_fn=lambda q, p, _: tfp.distributions.kl_
    divergence(q, p) /(num · 1.0)
```

代码清单 8.3　　图 8.4 简单神经网络的代码实现

```
def NLL(y, distr):
    return -distr.log_prob(y)          固定方差高斯分布的
                                        常用负对数似然损失
def my_dist(mu):
    return tfd.Normal(loc=mu[:,0:1], scale=sigma)
                                        按比例缩放 K-L
                                        散度项(TFP 原有
kl = tfp.distributions.kl_divergence    bug 的修复)
divergence_fn=lambda q, p, _: kl(q, p) / (num * 1.0)

model = tf.keras.Sequential([
    tfp.layers.DenseReparameterization(1,
        kernel_divergence_fn=divergence_fn,
        bias_divergence_fn=divergence_fn,
        bias_prior_fn= \
        tfp.layers.util.default_multivariate_normal_fn,
        bias_posterior_fn= \
        tfp.layers.util.default_mean_field_normal_fn()
                                ),
    tfp.layers.DistributionLambda(my_dist)
])                                      TFP 通常不假设偏置
                                        项为概率分布，我们
                                        对此进行重新设定

sgd = tf.keras.optimizers.SGD(lr=.005)
model.compile(loss=NLL, optimizer=sgd)
```

TFP 工具箱还提供了构建卷积贝叶斯神经网络的变分推理层。对于常用的二维卷积，变分推理实现层被称为 Convolution2DReparameterization 层，对于一维和三维卷积，变分推理实现层被称为 Convolution1DReparameterization 和 Convolution3D-Reparameterization。此外，对于全连接和卷积贝叶斯神经网络，TFP 中有一些特殊的类和一些更高级的变分推理方法。其中最值得注意的是，DenseFlipout 层可以用作 DenseReparameterization 层的内置替代，使用了加速学习技巧。Flipout 技巧也适用于卷积，如 Convolution2DFlipout 层。Y.Wen、P. Vicol 等作者在 https://arxiv.org/abs/1803.04386 上发表的论文详细描述了该技巧。在 http://mng.bz/MdmQ 网站上的 notebook 文件中，可以使用这些层为 CIFAR-10 数据集构建贝叶斯神经网络，如图 8.9 所示。

8.4 蒙特卡罗 dropout 贝叶斯近似

在第 8.3 节中，首先了解了使用变分推理方法得到的贝叶斯近似神经网络。通过变分推理，可使用简单变分分布对权重复杂的后验分布进行近似，从而实现贝叶斯深度学习模型的训练拟合。在 TFP 工具箱中，默认选择高斯分布作为变分分布，来实现后验分布的近似。在变分推理贝叶斯近似神经网络中，网络权重由单一固定值变为高斯分布，而每个高斯分布由均值和标准差两个参数定义，因此其参数数量是非贝叶斯神经网络的两倍。尽管包含大量参数，但变分推理能够实现贝叶斯神经网络的有效拟合，仍是一种优秀的贝叶斯神经网络近似方法。但是，如果既能实现贝叶斯神经网络近似，又能保持参数数量不会增加，那就更好了。幸运的是，这可以通过一种称为蒙特卡罗 dropout 的简单方法实现。(Monte Carlo 译为蒙特卡罗，简称 MC，暗示在蒙特卡罗赌场中涉及随机过程)。2015 年，博士生 Yarin Gal 证明 dropout 方法与变分推理方法类似，能够用于近似贝叶斯神经网络。但在将 dropout 方法用于近似贝叶斯网络之前，让我们看一下 dropout 方法是如何被引入深度学习之中的。

8.4.1　经典 dropout 训练方法

dropout 方法是一种防止神经网络过度拟合的简单训练方法。在 Srivastava 等人 2014 年提出该方法时，论文就是直接以这句话作为标题的。那么，它是如何工作的呢？在神经网络训练中采用 dropout 方法时，将会随机选取一些神经元，强制设置其值大小为 0，并在每次网络权重更新时都这样操作。由于设置神经元值大小为 0，实际上相当于删除了相应神经元，因此从所删除神经元开始的所有连接权重都会被同时删除，如图 8.8 所示。

如代码清单 8.4 所示，在 Keras 中，可通过在权重层之后添加一个 dropout 层，并赋予 dropout 层一个概率 $p*$ 参数，来实现神经网络权重的 dropout。其中概率 $p*$ 表示蒙特卡罗 dropout 概率，即上层神经元值为 0 的概率。在训练阶段，dropout 方法通常只用于全连接层。

代码清单 8.4　定义和训练一个带有 dropout 层的分类卷积神经网络

```
model = Sequential()
model.add(Convolution2D(16,kernel_size,padding='same',\
input_shape=input_shape))
model.add(Activation('relu'))
model.add(Convolution2D(16,kernel_size,padding='same'))
model.add(Activation('relu'))
model.add(MaxPooling2D(pool_size=pool_size))
model.add(Convolution2D(32,kernel_size,padding='same'))
model.add(Activation('relu'))
model.add(Convolution2D(32,kernel_size,padding='same'))
model.add(Activation('relu'))
model.add(MaxPooling2D(pool_size=pool_size))

model.add(Flatten())
model.add(Dense(100))
model.add(Activation('relu'))
```

```
model.add(Dropout(0.5))
model.add(Dense(100))
model.add(Activation('relu'))
model.add(Dropout(0.5))
model.add(Dense(nb_classes))
model.add(Activation('softmax'))

model.compile(loss='categorical_crossentropy',optimizer='adam',\
metrics=['accuracy'])
```

Dropout 层，以 0.5 的概率将上一层神经元值大小设置为 0

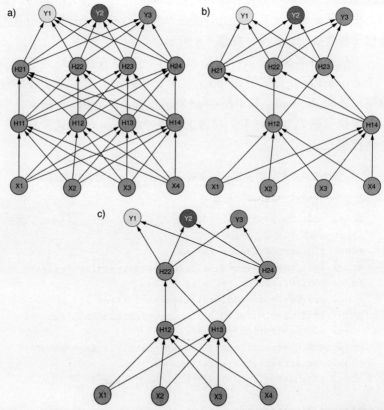

图 8.8   三个神经网络：*a*)是完整神经网络，保留所有神经元，*b*)和 *c*)是稀疏神经网络，一些神经元被删除。删除神经元相当于将所有从这些神经元开始的连接设置为 0

在详细讨论 dropout 方法之前，通过下述 notebook 文件，可以很容易证明 dropout 方法能够有效避免过拟合问题。该程序文件基于 CIFAR-10 数据集，构建了用于分类的卷积神经网络，其中 CIFAR-10 数据集具有 50000 个图像和 10 个类别，如图 8.9 所示。

实操时间 打开 http://mng.bz/XP29 网站。在 notebook 文件中，构建了深度神经网络以对 CIFAR-10 数据集进行分类，并在神经网络训练过程中使用经典 dropout 方法来对抗过度拟合问题

- 对于采用和不采用 dropout 策略方法等两种情况，检查训练损失曲线是否有效;
- 对于采用和不采用 dropout 策略方法等两种情况，检查神经网络分类准确率。

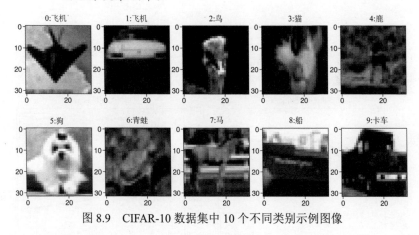

图 8.9 CIFAR-10 数据集中 10 个不同类别示例图像

网站 http://mng.bz/4A5R 上的 notebook 文件运行结果如图 8.10 所示，可以发现在训练过程中使用 dropout 方法能够有效地防止过拟合问题，甚至还能提高分类准确率。

让我们了解一下训练过程中 dropout 方法是如何工作的。在每个训练循环中，采用 dropout 方法，将会得到一个简化稀疏的神经网络，如图 8.10 所示。为什么 dropout 方法有助于防止过拟合？其

中一个重要原因是通过 dropout 方法，我们实际训练了许多简化稀疏的神经网络，与完整神经网络相比，它们具有更少的参数。在每个训练循环中，只需更新未删除的权重即可。总的来说，训练的不仅仅是一个个单一的简化稀疏神经网络，而是一个共享权重的简化稀疏网络集合。另一个重要原因是采用 dropout 方法可以学到更少的复杂特征。因为 dropout 方法迫使神经网络处理丢失的信息，进而促使网络产生了更稳定和更独立的特征。

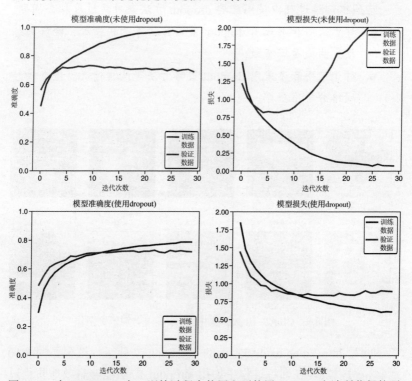

图 8.10   在 CIFAR-10 上，训练过程中使用和不使用 dropout 方法所获得的不同结果。在测试过程中，两种网络的权重都是固定值。使用 dropout 方法时，验证数据集上的准确率更高，如左图所示；验证损失和训练损失之间的距离更小，如右图所示。这表明 dropout 方法可以防止过拟合问题

那么，对于采用 dropout 方法训练过的神经网络，在测试过程中如何运用呢？这个问题很简单，只要将其恢复到具有固定权重的完整神经网络即可。但有一个细节需要注意，即需要将学习得到的权重值降低为 $w^* = p^* \cdot w$。降低权重的做法说明在训练过程中，平均每个神经元获得的输入比完整神经网络获得的要少，大约为完整网络的 p^* 倍。因此，训练得到的连接强于不采用 dropout 方法时获得的连接。在神经网络应用阶段，由于不采用 dropout 方法，因此需要通过将权重乘以 p^* 来降低过大权重值。幸运的是，无需要手动调整权重，Keras 会自动解决这个问题。对于采用 dropout 方法训练过的神经网络，在测试过程中，对新输入数据进行预测时，Keras会准确完成权重缩放操作。

8.4.2　在训练和测试过程中采用蒙特卡罗 dropout

正如在 8.4.1 节中所了解的一样，在训练过程中利用 dropout 方法可以很容易地提高预测性能。基于此，dropout 方法很快在深度学习领域流行开来，如今仍被广泛使用。其实，除此之外，dropout方法还有更多功能。如果在测试过程中仍采用 dropout 方法，而不是把它关闭，那么可以将其作为贝叶斯神经网络使用！让我们了解一下它是如何工作的。

在贝叶斯神经网络中，权重分布代替了每个固定值权重。在变分推理中，使用具有均值和标准差两个参数的高斯变分分布，来替代固定值权重。与变分推理类似，当采用 dropout 方法时，其实也得到了一种权重分布，只是得到的权重分布更简单，基本上只包含 0 或 w 两个值，如图 8.11 所示。

在定义神经网络时，dropout 概率 p^* 就被设置为了固定值，因此它并不是一个参数，例如 $p^* = 0.3$。同时 dropout 概率是一个可调参数，如果 $p^* = 0.3$ 时没有得到好的训练结果，可以尝试采用其他的 dropout 概率值进行重新训练。在蒙特卡罗 dropout 方法中，权重分布的唯一参数是 w 值，如图 8.11 所示，并且仍照常对其进行训练学习：训练时开启 dropout 方法，以常用的负对数似然值作为损失函数，采用随机梯度下降法最小化损失函数，来实现网络权重 w 的调整优化。有关其详细信息，请参阅 Yarin Gal 和 Zoubin Ghahramani 在网站 https://arxiv.org/abs/1506.02157 上发表的关于蒙特卡罗 dropout 的论文。

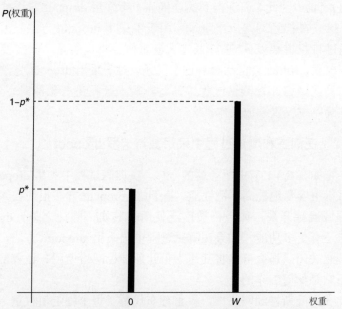

图 8.11　蒙特卡罗 dropout 得到的简单权重分布。在定义神经网络时，dropout 概率 p^* 是固定的，因此该分布中唯一参数是 w 值

顺便提一下，在 Gal 撰写的 dropout 论文中，损失函数由负对数似然和惩罚大权重的正则化附加项组成。在实际运用中，正则项没有必要添加。同该领域的大多数研究人员一样，我们也省去了这个正则化项。在 Gal 构建的框架中，dropout 方法与第 8.2 节变分推理方法类似，都是用于拟合近似贝叶斯神经网络方法。但区别在于，变分推理方法通常使用高斯分布作为权重概率分布，而 dropout 方法则使用图 8.11 所示的分布作为权重概率分布。在 dropout 方法中，

通过更新权重 w 值, 网络学习到了如图 8.11 所示的权重分布, 用以近似权重真正的后验分布。

那么, 对于采用 dropout 方法训练过的神经网络, 如何将其用作贝叶斯神经网络呢? 当进行贝叶斯预测时, 可根据权重分布, 通过求取预测分布的平均值来获得最终的贝叶斯预测分布(请参见公式 7-6)。

$$p(y \mid x_{\text{test}}, D) = \sum_i p(y \mid x_{\text{test}}, w_i) \cdot p(w_i \mid D) \qquad \text{式(8-4)}$$

利用采用 dropout 方法训练得到的神经网络, 获得贝叶斯预测分布, 只需要在测试过程中开启 dropout 方法即可。然后, 对于相同的输入, 就可以进行多次预测, 而每次预测都来自神经网络的不同 dropout 变体。如同下面看到的一样, 以 dropout 方式获得的预测分布是公式 8-4 中预测分布的近似解。更准确地说, 对于相同输入 x_{test}, 预测得到 T 个条件概率分布 $p(y \mid x_{\text{test}}, w)$。对于每次预测, 得到的条件概率分布 $p(y \mid x, w_i)$ 是不同的, 对应于不同的网络权重集采样 w_i, 可参阅后续案例研究。而之所以称为蒙特卡罗 dropout, 是因为由于神经元的随机丢失, 对于每次预测, 都会通过不同的简化神经网络进行前向传播, 即每次预测所使用的网络是不同的。最终, 将 dropout 预测联合起来, 得到贝叶斯预测分布:

$$p(y \mid x_{\text{test}}, D) = \frac{1}{T} \sum_{t=1}^{T} p(y \mid x_{\text{test}}, w_i)$$

上述公式是公式 8-4 的经验近似, 所产生的预测分布同时包含了认知不确定性和偶然不确定性。

在 Keras 中使用蒙特卡罗 dropout, 有两种选择。第一种选择是, 在模型定义时直接将训练阶段设置为 true, 来创建 dropout 网络。另一种或许更优雅的选择是, 无论在测试过程中是否使用 dropout 方法, 让该方法均可供选择。下述代码清单显示了如何在 Keras 中实现上述操作(请参阅网站 http://mng.bz/MdmQ 上的 notebook 文件)。

代码清单 8.5   获取蒙特卡罗 dropout 预测

定义一个新函数,其输入由模型输入和学习阶段构成,其输出仍为模型输出。重要的是学习阶段,当其被设置为 0 时,所有权重都是固定的值,在测试过程中可通过 dropout $p*$ 进行调整,当其被设置为 1 时,在测试时开启 dropout 方法

```
import tensorflow.keras.backend as K
model_mc_pred = K.function([[model_mc.input, K.learning_phase()],
        [model_mc.output])
T= 5
for i in range(0,T):
  print(model_mc_pred([[x_train[0:1],0])[0])

for i in range(0,T):
  print(model_mc_pred([[x_train[0:1],1])[0])
```

每一个 dropout 预测值

定义 dropout 预测数量

对于相同输入,每个预测值都是不同的,因为它们是由不同的简单神经网络计算得到的,对应于不同的 dropout 结果

8.5   案例研究

让我们再次回到引出贝叶斯神经网络的原始问题。回想一下第 7.1 节中的示例,如图 8.12 所示,此处与第 7 章中图像重复。传统非贝叶斯模型无法发现房间里的大象,因为这类图像并不是训练数据集中的一部分。让我们看一下,对于训练数据集中未曾包含的新情况,如果使用贝叶斯模型进行预测,它能否对此输出表达适当的不确定性?

8.5.1   回归中的外推问题

首先对案例研究中的回归任务进行实验分析。如图 8.12 右图所示,该实验采用仿真正弦数据,与第 4.3.2 和 4.3.3 节相同,对具有可变方差的非线性回归模型进行拟合。整个实验主要对第 8.2 节的变分推理贝叶斯近似模型、上一节的蒙特卡罗贝叶斯近似模型以及

非贝叶斯模型的性能进行对比分析。根据下面的 notebook 文件, 请自己动手完成整个实验。

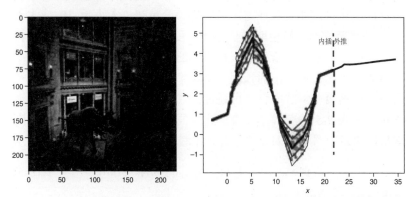

图 8.12　深度学习的失败案例。在 ImageNet 数据集上训练得到的高性能 VGG16 卷积神经网络, 无法识别出房间里的大象! VGG16 网络得到的排名前五类别预测分别是马车、购物车、宫殿、有轨电车和贡多拉船, 大象类别不在其中。对于右图的线性回归问题, 也可参照图 4.18, 在无样本区域, 即标注为 "外推" 的区域, 传统非贝叶斯模型预测的不确定性为 0

　实操时间　打开网站 http://mng.bz/yyxp。在 notebook 程序文件中, 主要对贝叶斯神经网络在回归任务外推问题中具有的优势性能进行分析。利用仿真数据对以下概率神经网络模型进行拟合:

- 拟合一个非贝叶斯神经网络。
- 拟合两个贝叶斯神经网络, 一个通过变分推理方法, 一个通过蒙特卡罗 dropout 方法。
- 研究分析神经网络输出的不确定性。

在 -10 到 30 之间的 x 值范围内, 以 0.1 为步长间隔, 生成 400 个 x 输入数据, 作为验证数据集。所生成的验证数据集不仅涵盖了训练数据集的区间范围, 还包含了训练数据集之外的范围。在训练数据集区间范围内, 模型估计参数应该具有较低的不确定性, 即模型输出较低的认知不确定性，而对于训练数据集之外的区间范围，模型估计参数应该具有较高的不确定性，即模型输出较高的认知不确定性。通过上述实验设定，可以检验分析在进入小于-10 或大于30 的外推范围时，模型能否显著增大预测不确定性。通过实验分析可以发现，三种模型给出了三种不同的结果。

通过对比模型给出的预测结果概率分布，对三种模型方法进行比较。根据第 7.3 节内容，可通过公式 8-5 计算贝叶斯模型的预测分布。公式 8-5 与公式 7-6 表达式相同，不同之处在于采用神经网络常用表示符号 w，对 θ 符号进行了替换。

$$p(y\,|\,x_{\text{test}},D)=\int_{\theta}p(y\,|\,x_{\text{test}},w)\cdot p(w\,|\,D)dw \qquad \text{式(8-5)}$$

上述公式表示贝叶斯预测需要根据网络整体可能权重 w，对 $p(y\,|\,x_{\text{test}},w)$ 进行平均。由于权重 w 维度比较高，难以对其进行积分运算，这里对权重 w 进行多次采样，计算单个采样权重对应的预测概率 $y\sim p(y\,|\,x_{\text{test}},w_i)$，并通过采样平均，近似积分运算。请注意，采样时，不需要在意后验分布 $p(w\,|\,D)$ 的权重，因为后验分布 $p(w\,|\,D)$ 的大小已经体现在相应权重最终采样样本数量上，$p(w\,|\,D)$ 越大，实际采样得到的样本数量越多，无需再考虑具体概率大小。

让我们详细分析一下对于给定输入 x_i，如何计算预测结果分布 $p(y\,|\,x_i,D)$。为了得到预测结果分布，需要基于训练好的神经网络模型，抽取 T 个样本输出，但在具体计算时，三种不同的概率神经网络模型还存在一定差别。

由于非贝叶斯神经网络的网络连接 c 都是固定权重，因此为了与贝叶斯表述一致，需要对其进行重新表述：把固定权重表示为 θ_c，并把 θ_c 设定为概率分布，以 1 的概率为固定值，其他值概率为 0，如图 8.13 中的右上图所示。贝叶斯神经网络的每个连接都对应一个概率分布，对于非贝叶斯神经网络，从固定的网络连接 θ_c 的概率分布中进行采样，总是会产生相同的神经网络，如图 8.13 中第一行的第一列到第三列图所示。因此，对于相同的输入 x，非贝叶斯神经网络在 T

次运行中，每次运行得到的高斯分布 $N(y;\mu_{x,w_t},\sigma_{x,w_t}) = N(y;\mu_{x,w},\sigma_{x,w})$ 都是相同的。如表 8.2 所示，所有行的高斯分布参量 $\mu_{x,w}$ 和 $\sigma_{x,w}$ 都相同。由于在每次运行中，位置 x 的预测结果分布都是相同的 $p(y|x,w) = N(y;\mu_x,\sigma_x)$，因此计算结果经验分布时，可以直接从高斯分布 $N(y;\mu_x,\sigma_x)$ 中进行采样。但为了与贝叶斯方法保持一致，仍然每次运行采样一个值，T 次运行后，每个 x 位置上将获得 T 个预测值，如图 8.14 中第一行的最左侧图所示。

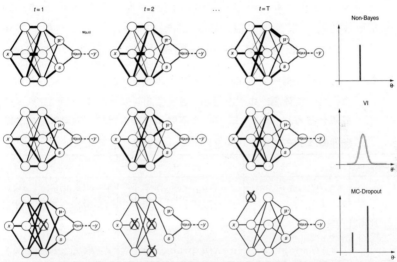

图 8.13　回归案例研究中三个概率模型的抽样过程示意。图中最后一列，以神经网络某条连接边为例，给出了相应的概率分布。其余列显示了对于 T 次不同运行，得到的不同网络实现。在每次运行中，输入 x_i 是相同的，网络权重根据相应分布进行采样。第一行使用的是非贝叶斯方法，其采样得到的神经网络实现都是相同的。中间行使用变分推理贝叶斯方法，其连接边权重由高斯分布采样得到。最后一行使用蒙特卡罗 dropout 方法，其连接边权重服从二进制分布。该图的动画版本，变分推理方法请参阅网站 https://youtu.be/mQrUcUoT2k4，蒙特卡罗 dropout 方法请参阅网站 https://youtu.be/0-oyDeR9HrE，非贝叶斯方法请参阅网站 https://youtu.be/FO5avm3XT4g

贝叶斯变分推理神经网络用均值为 μ_c 和标准差为 σ_c 的高斯分布代替固定权重 θ_c，如图 8.13 中最右列的中间行所示。在测试过程中，从高斯权重分布中采样得到 T 个不同的权重样本，对应略有不同的神经网络连接值，如图 8.13 中第二行的第一列到第三列图所示，其中连接线的粗细表示采样值大于或小于权重分布的平均值。因此，在 T 次运行中，贝叶斯变分推理神经网络每次运行产生的高斯分布 $N(\mu_x, w_t, \sigma_x, w_t)$ 都是略有不同的，相应参数如表 8.2 所示。要获得经验结果分布，可以从这些确定的高斯分布中进行采样。如果在每次运行中采样一个值，那么 T 次运行后，每个 x 位置上将获得 T 个结果值，如图 8.14 第一行中间图所示。

表 8.2　正弦回归任务中变分推理贝叶斯神经网络输出的预测条件概率分布。每行为一次预测，共 T 次预测。每次预测得到 400 个不同的高斯条件概率分布 $N(\mu_x, \sigma_x)$，与 400 个不同 x 值输入对应。利用得到的高斯条件概率分布，可以从中进行采样，得到具体的预测值

predict_no	x_1=-10	x_2=-9.9	...	x_3=30
1	$y \sim N(\mu_{x1}, w_1, \sigma_{x1}, w_1)$	$y \sim N(\mu_{x2}, w_1, \sigma_{x2}, w_1)$	...	$y \sim N(\mu_{x400}, w_1, \sigma_{x400}, w_1)$
2	$y \sim N(\mu_{x1}, w_2, \sigma_{x1}, w_2)$	$y \sim N(\mu_{x2}, w_2, \sigma_{x2}, w_2)$	...	$y \sim N(\mu_{x400}, w_2, \sigma_{x400}, w_2)$
...	...	...	...	...
T	$y \sim N(\mu_{x1}, w_T, \sigma_{x1}, w_T)$	$y \sim N(\mu_{x2}, w_T, \sigma_{x2}, w_T)$	...	$y \sim N(\mu_{x400}, w_T, \sigma_{x400}, w_T)$

蒙特卡罗 dropout 贝叶斯神经网络用二进制分布替代固定权重 θ_c，如图 8.13 最后一列的第三行图所示。在测试过程中，根据权重分布进行 T 次采样，而每次采样对于每个网络连接，总是能得到 0 值或 w_c 值，如图 8.13 第三行的第一列到第三列所示。要获得结果经验分布，可以从所有这些确定的高斯分布 $y \sim N(\mu_{x,w}, \sigma_{x,w})$ 中进行采样，如图 8.14 的右上图所示。

首先利用 T 次预测结果，对三个神经网络模型预测结果的不确定性进行对比分析，结果如图 8.14 所示。在图 8.14 的第一行图中，

利用表 8.2 前 5 行条件概率预测结果，画出 5 条实线，每条实线由不同位置 x 对应的条件概率采样结果 y 连接而成。图 8.14 第二行图表示 T 次运行的统计结果，由平均值和 95% 置信区域构成，其中平均值由实线表示，95% 置信区域由两条虚线表示，下方虚线对应的是 2.5% 分位线，上方虚线对应的是 97.5% 分位线。对于非贝叶斯方法，实际上是从相同的高斯分布 $N(\mu_x, \sigma_x)$ 中进行采样的，因此原则上，可以无需进行采样，直接根据百分位数计算公式 $y = \mu_x \pm 1.96 \cdot \sigma_x$ 画出虚线。但贝叶斯方法则不同，由于无法知道预测结果分布的解析形式，必须进行多次采样，然后根据具体采样结果，计算分位线。

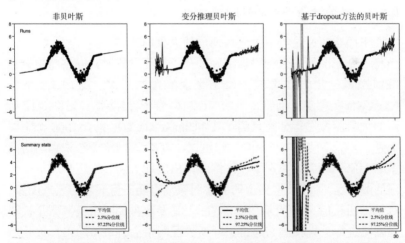

图 8.14　预测分布。第一行图中实线表示由预测条件概率分布采样得到的 5 个样本，每列分别为经典神经网络、变分推理贝叶斯神经网络和基于 dropout 方法的贝叶斯神经网络三种不同模型结果。第二行图给出了预测条件概率分布的统计结果，其中实线表示平均值，上下虚线表示 95% 置信区域的上下边界

最后，根据图 8.14 最后一行图，对贝叶斯方法与非贝叶斯方法进行对比分析。图中中心线表示基于训练数据集，由 T 次运行结果

得到的 y 平均值。对于三种模型，平均值实线变化趋势与训练数据变化趋势一致。两条虚线表示 95% 置信区域，即实际结果以 95% 的概率出现在该区域内。在有训练数据的区域，三种模型方法得到了相似的结果。在实际数据散布较大的区域，所得到的条件概率分布方差越大，对应的不确定性也会越大。因此，可知三种模型都能对偶然不确定性进行建模。当离开有训练数据区域进入外推区域时，非贝叶斯方法完全失效，它给出的结果是 95% 的数据位于一个不切实际的狭窄区域。这完全是一场灾难！值得庆幸的是，贝叶斯方法能知道遇到了未知新情况，对于超过认知范围的新情况，显著增大了不确定性。

8.5.2　分类任务中新类别问题

下面重新讨论一下关于房间里的大象问题，它是一个分类任务。当将一个新图像输入到已训练好的分类神经网络时，网络将根据训练情况，给出新图像属于每个类别的预测概率。采用 7.1 节中 ImageNet 数据集上训练得到的 VGG16 卷积神经网络，对图 8.12 所示的大象图像进行分类预测。其中 ImageNet 数据集有 1000 个不同类别，包括不同种类的大象。经测试，VGG16 网络无法识别出房间里的大象，即大象类别不在网络预测出的前五名类别之列。一个合理的解释是，训练数据集中的大象图像没有涵盖房间里的大象图像。对于如图 8.12 左图所示图像，实际上是要求神经网络模型离开认知范围，进行外推预测。那么贝叶斯神经网络会有所帮助吗？贝叶斯神经网络可能也不能发现大象，但它应该能够更好地表达其不确定性。然而，你无法进行尝试，因为 ImageNet 数据集比较大，训练一个贝叶斯版本的 VGG16 卷积神经网络，即使在强大的 GPU 机器上，可能仍需要几天时间。

让我们利用只有 50000 张图像和 10 个类别的 CIFAR-10 数据集，进行一个小规模替代实验，以便独自在网站 http://mng.bz/MdmQ 中的 notebook 文件上完成。其中 CIFAR-10 数据集典型图片如图 8.15 所示。

　　可以使用 CIFAR-10 数据集中的部分数据来训练贝叶斯卷积神经网络，然后对其进行实验。但是如何设计一个实验来验证神经网络模型在离开知识范围时能否有效表达不确定性呢？考虑一种极端情况，向一个经过训练的卷积神经网络提供新的类别图像，并且新的类别没有在训练数据集上出现过，看看会出现什么结果。为此，利用 9 种类别图像训练卷积神经网络，比如想要去除马的类别，可以把训练数据集中所有马的图像删除。卷积神经网络训练好后，将马的图像输入给训练好的网络，网络会估计预测输入图像属于 9 种训练类别的概率。尽管这些类别都是错误的，但神经网络仍然无法为它们分配 0 概率，因为 softmax 层需要强制满足所有输出概率总和为 1 的约束。那么，根据贝叶斯方法给出的类别预测分布，能否对类别输出结果的可信性进行判断？请利用下述 notebook 文件，自己进行实验验证。

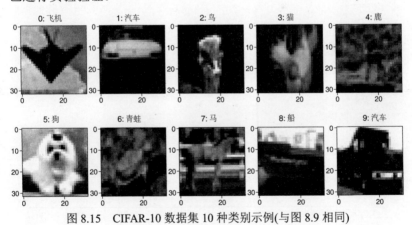

图 8.15　CIFAR-10 数据集 10 种类别示例(与图 8.9 相同)

　　实操时间　打开网站 http://mng.bz/MdmQ。在新类别分类问题研究 notebook 文件中，对贝叶斯神经网络在分类任务中所具有的优势进行分析。利用 CIFAR-10 数据集 10 个类别中的 9 个类别构建训练数据集，对以下概率神经网络模型进行训练拟合：

● 拟合一个非贝叶斯神经网络。

- 拟合两个贝叶斯神经网络，一个采用变分推理方法，一个采用蒙特卡罗 dropout 方法。
- 比较不同神经网络的性能。
- 研究分析神经网络输出的不确定性。
- 利用不确定性来检测新类别。

在测试时，用于分类的传统概率卷积神经网络为每个输入图像输出多项式概率分布，在公式中用 MN 表示。在上例中，多项式概率分布由网络拟合给出，包含 9 种类别，如图 8.16 所示。多项式概率分布的参数由 k 个类别的概率给出，即 $MN(p_1, p_2, \cdots, p_k)$。

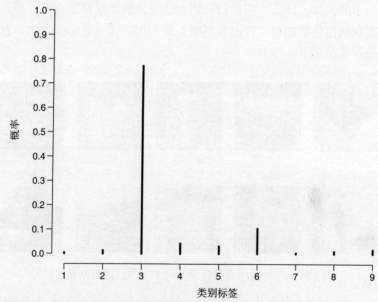

图 8.16　具有 9 个类别的多项式概率分布 $MN(p_1, p_2, p_3, p_4, p_5, p_6, p_7, p_8, p_9)$

与回归情况一样，首先计算三个概率神经网络模型的预测条件概率分布。对于非贝叶斯神经网络，其权重是固定的，对于一张输入图像，可得到一个多项式条件概率分布 $p(y\,|\,x, w) = MN(p_1(x, w),$

$\cdots, p_9(x, w))$，如表 8.3 所示。对相同图像预测 T 次，得到的预测结果也是相同的。因此，在非贝叶斯神经网络生成的表 8.3 中，所有行都是相同的。

表 8.3 概率卷积神经网络的预测分布。其中卷积神经网络用于分类任务，由 CIFAR-10 数据集 10 种类别中的 9 种类别数据训练生成，每个预测结果都是具有 9 个参数的多项式条件概率分布

预测序号	已知类别的图像 x_1	未知类别的图像 x_2
1	$y \sim \mathrm{MN}(p_1(x_1, w_1), \cdots, p_9(x_1, w_1))$	$y \sim \mathrm{MN}(p_1(x_2, w_1), \cdots, p_9(x_2, w_1))$
2	$y \sim \mathrm{MN}(p_1(x_1, w_2), \cdots, p_9(x_1, w_2))$	$y \sim \mathrm{MN}(p_1(x_2, w_2), \cdots, p_9(x_2, w_2))$
...	...	...
T	$y \sim \mathrm{MN}(p_1(x_1, w_T), \cdots, p_9(x_1, w_T))$	$y \sim \mathrm{MN}(p_1(x_2, w_T), \cdots, p_9(x_2, w_T))$

变分推理贝叶斯神经网络采用高斯分布替代固定权重。在测试时，对相同的输入图像进行 T 次预测。每次预测时从高斯权重分布中采样得到不同的权重样本，每次输入图像，网络将输出一个多项条件概率分布 $p(y \mid x, w_t) = MN(p_1(x, w_t), \ldots, p_9(x, w_t))$。因此，对相同的输入图像，每次预测都会得到一个不同的条件概率分布（ $p(y \mid x, w_t)$ ），对应于不同的采样权重集 w_t。这意味着在变分推理贝叶斯神经网络生成的表 8.3 中，所有行都是不同的。

蒙特卡罗 dropout 贝叶斯神经网络用二进制分布替代固定权重。除了采用的权重概率分布不同外，蒙特卡罗 dropout 贝叶斯神经网络的预测过程与贝叶斯变分推理神经网络类似。同样，每个预测都会得到一个多项式条件概率分布 $p(y \mid x, w) = MN(p_1(x, w), \ldots, p_9(x, w))$，对相同的输入图像，每次预测都会得到一个不同的条件概率分布（ $p(y \mid x, w_t)$ ），对应不同的采样权重集 w_i。这意味着在蒙特卡罗 dropout 贝叶斯神经网络生成的表 8.3 中，所有行也都是不同的。

分类模型不确定性统计与可视化

以表 8.3 中的预测概率为参数，对多项式条件概率分布进行绘制，可得到图 8.17 第二、第三和第四行结果。偶然不确定性由类别间的概率分布度量表示，如果一个类别的概率为 1，则偶然不确定性为 0。认知不确定性由类别内的概率分布散布表示，如果概率散布为 0，则认知不确定性为 0。由于非贝叶斯神经网络对同一幅图像无法得到不同的预测结果，因此其无法建模表达认知不确定性，但贝叶斯神经网络可以。

首先对三种网络在已知类别图像上的预测结果进行对比分析。由图 8.17 左图可知，所有网络都能准确对飞机图像进行分类。同时对于两个贝叶斯神经网络，预测结果变化也比较小，表明对分类结果非常确信和肯定。但与变分推理贝叶斯网络相比，蒙特卡罗 dropout 贝叶斯网络输出了更多的不确定性，并且为鸟类别分配了一定概率。对于蒙特卡罗 dropout 贝叶斯网络的输出结果，通过观察飞机图像，也是可以理解的，毕竟飞机与鸟类别的图像有点相似。

对于未知类别预测问题，图 8.17 中的所有预测结果都是错误的。但仔细分析，可以发现贝叶斯神经网络可以更好地表达它们的不确定性。当然，在所有 T 次运行中，贝叶斯网络的预测结果也都是错误的，但需要注意的是每次运行所得到的多项式概率分布差异都很大。当对变分推理方法和蒙特卡罗 dropout 方法进行比较时，蒙特卡罗 dropout 方法再次输出更多的不确定性。此外，蒙特卡罗 dropout 方法和变分推理方法得到的预测概率分布形状也是不同的。对于同一类别，变分推理方法得到的概率分布呈钟形分布，推测可能与使用高斯权重分布有关。而蒙特卡罗 dropout 方法的权重为伯努利分布，因此产生了更丰富预测概率类内分布形状。现在尝试利用 9 维的预测分布，对预测的不确定性进行量化度量，如表 8.3 和图 8.17 所示。

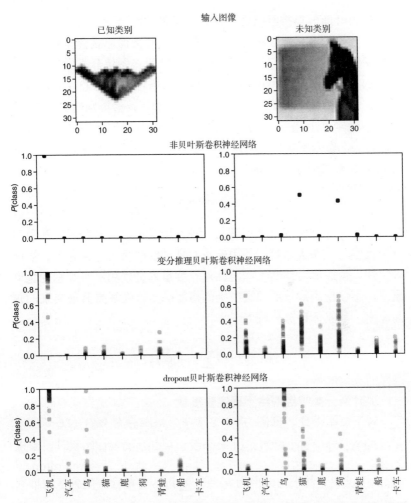

图 8.17　第一行图：向已训练好的卷积神经网络输入的图像包括来自已知类别的飞机图像，如左图所示，和来自未知类别的马图像，如右图所示。第二行图：非贝叶斯神经网络输出的预测分布。第三行图：变分推理贝叶斯神经网络输出的预测分布。第四行图：基于 dropout 方法贝叶斯神经网络输出的预测分布

非贝叶斯分类神经网络不确定性度量

对于传统非贝叶斯神经网络，输入一幅图像，就会得到一个条件概率分布，如图 8.17 第二行图所示。然后将图像分类为最高概率对应的类别，即 $p_{pred} = \max(p_k)$。因此其条件概率分布仅表示偶然不确定性，如果一个类别的概率为 1，而所有其他类别概率为 0，则偶然不确定性的值将为 0。可以将 p_{pred} 作为确定性的度量，或将 $-\log(p_{pred})$ 作为不确定性的度量，即可以采用著名的负对数似然值对偶然不确定性进行度量。

$$NLL = -\log(p_{pred})$$

此外，偶然不确定性还有另一种常用度量，它就是熵，在第 4 章中已学习过相关内容。使用非贝叶斯神经网络时，不存在认知不确定性。使用熵对偶然不确定性进行度量，会使用所有类别的预测概率。不仅使用最终所预测类别的概率 p_{pred}，还需要其他类别的预测概率，其具体计算公式为

$$\text{熵：} \quad H = -\sum_{k=1}^{9} p_k \log(p_k)$$

贝叶斯分类神经网络不确定性度量

对于每幅图像，预测 T 个多项条件概率分布 $MN(p_1(x, w_t), \cdots, p_9(x, w_t))$，如表 8.3 和图 8.17 中的第三行和第四行图所示。对于类别 k，可以确定其平均概率为 $p_k^* = \frac{1}{T} \sum_{t=1}^{T} p_{k_t}$。将图像分类为平均概率最高的类别，即 $p_{pred}^* = \max(p_k^*)$。

现有的文献对于如何最优地量化度量不确定性还没有达成共识，其中不确定性包括认知不确定性和偶然不确定性。事实上，这仍然是一个开放性的研究问题，至少对于两个以上的类别分类问题值得思考。需要注意的是，平均概率已经表示了一部分认知

不确定性，因为它是根据所有 T 个预测计算得到的。平均运算会使概率变为不太极端的概率，远离极端概率 1 或概率 0。可以使用 $-\log(p^*_{pred})$ 作为不确定性：

$$\mathrm{NLL}^* = -\log(p^*_{pred})$$

计算平均概率的熵 p^*_k 是一种更完善的不确定性度量。其中平均概率通过求取所有 T 次运行预测结果的平均值得到。当然还可以使用多维概率分布的总方差来量化不确定性，其中总方差为各个类别的方差之和。

- 熵*：$H^* = -\sum\limits_{k=1}^{9} p^*_k \log(p^*_k)$

- 总方差：$V_{\mathrm{tot}} = \sum\limits_{k=1}^{9} \mathrm{var}(p_k) = \sum\limits_{k=1}^{T} \frac{1}{T}\sum\limits_{t=1}^{T}(p_{k_t} - p^*_k)^2$

使用不确定性度量过滤潜在的错误分类

那么，不确定性度量是否可以帮助我们提高预测性能呢？在第 7 章结尾部分，对于回归问题，其预测性能由测试集上的负对数似然值评估。通过测试集上的负对数似然值比较，可知贝叶斯神经网络确实比非贝叶斯神经网络要好一些，至少对于简单线性回归任务来说是这样的。但现在，让我们转向分类问题。我们当然可以再次对比分析测试集上的负对数似然值，以对模型预测性能进行评估。但现在我们更想关注另一个问题，检验模型是否可以识别不确定示例，以及从测试样本中删除这些示例后是否可以提高分类准确性。其基本想法是，模型对于未知类别图像尤其应该输出较高的不确定性。因此，如果设法过滤掉这些错误分类图像，则可以提高分类准确率。

为验证是否能识别错误分类图像，可以做一个过滤实验，请参阅网站 http://mng.bz/MdmQ。为此，首先选择一种不确定性度量，根据此度量对分类图像进行排序。然后对不确定性最低的测试图像进行分类，计算确定三种卷积神经网络分类准确率。进而按照不确定性顺序依次添加图像，先添加不确定性最小的图像，每次添加后再次计算确定分类准确率。最终得到的结果如图 8.18 所示。添加不确定性最高的图像后，此时所有测试样本都被考虑在内，得到如下分类准确率：非贝叶斯卷积神经网络为 58%，变分推理贝叶斯卷积神经网络为 62%，蒙特卡罗 dropout 贝叶斯卷积神经网络为 63%。分类结果听起来貌似很糟糕，但请记住，所有测试样本中有 10% 来自未知类别，根据定义，这必定会导致错误分类。

当将测试样本限制为已知类别时，非贝叶斯卷积神经网络的分类准确率为 65%，变分推理贝叶斯卷积神经网络的分类准确率为 69%，蒙特卡罗 dropout 贝叶斯卷积神经网络的分类准确率为 70%，请参阅网站 http://mng.bz/MdmQ。

让我们回答最开始的问题，贝叶斯神经网络输出的不确定性是否更适合识别潜在的错误分类？答案是肯定的！由图 8.18 可得，贝叶斯卷积神经网络的分类准确率明显优于非贝叶斯卷积神经网络。此外，对比变分推理和蒙特卡罗 dropout 贝叶斯卷积神经网络，可以发现它们性能上也存在一定差异，蒙特卡罗 dropout 的性能明显优于变分推理。这可能是因为变分推理采用单峰高斯权重分布，而蒙特卡罗 dropout 采用伯努利分布。由图 8.17 可知，变分推理倾向于产生钟形且非常窄的预测分布，而蒙特卡罗 dropout 会产生更宽且不对称的分布，部分看起来几乎是双峰的，近似为具有两个峰值的分布。也许在不久的将来，当变分推理可以轻松地使用更复杂的分布而不仅是简单的高斯分布时，变分推理将实现与蒙特卡罗 dropout 相同或更好的性能。综上所述，采用贝叶斯神经网络可以实现潜在错误分类的有效标记与过滤，并且在回归任务和分类任务中实现更好的预测性能。无论选择变分推理还是蒙特卡罗 dropout，从非贝叶斯神经网络转换为贝叶斯神经网络都是很容易的。

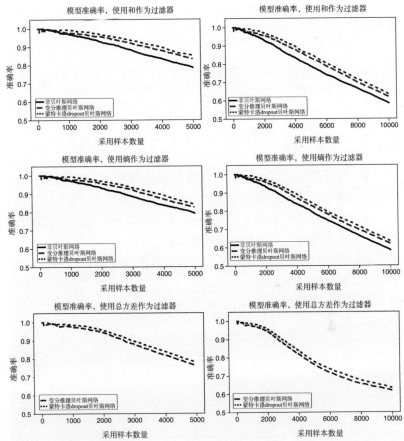

图 8.18　随着待分类图像的不确定性越来越高，模型分类准确率不断降低。每
　　　　个图中的最高准确率对应为最确定测试图像的分类准确率，均是
　　　　100%准确。然后依次添加不确定性不断增大的图像。实线为非贝叶
　　　　斯卷积神经网络分类准确率，虚线为蒙特卡罗 dropout 贝叶斯卷积神
　　　　经网络分类准确率，点虚线为变分推理贝叶斯卷积神经网络分类准确
　　　　率。左列图显示了将 5000 张最确定图像考虑在内的分类准确率曲线；
　　　　右列图显示了将全部数据集共 10000 张图像考虑在内的分类准确率
　　　　曲线。最后一行图中，只有贝叶斯卷积神经网络可以用于过滤，因为
　　　　根据非贝叶斯卷积神经网络的预测结果，无法计算方差

8.6 小结

- 标准神经网络无法表达不确定性。他们无法处理房间里的大象问题。

- 贝叶斯神经网络可以表达不确定性。

- 贝叶斯神经网络通常比它们的非贝叶斯变体具有更好的性能。

- 与标准神经网络相比，贝叶斯神经网络可以更好地识别新类别，并且能够表达认知不确定性和偶然不确定性。

- 变分推理和蒙特卡罗 dropout 是贝叶斯神经网络近似方法，可实现深度贝叶斯神经网络训练拟合。

- TFP工具箱提供了易于使用的变分推理层，可用于拟合贝叶斯神经网络。

- 可以直接在 Keras 中实现利用蒙特卡罗 dropout 拟合贝叶斯神经网络。